有機栽培の基礎と実際

肥効のメカニズムと施肥設計

小祝政明＝著

農文協

はじめに

有機栽培をこころざして二〇年が経とうとしている。

「有機のチッソが吸収されていて、それが効率的に作物の体づくりやエネルギー源として使われている。だから有機栽培は品質のよいものが安定してとれる」

このように説明してきたものの、科学的な根拠は十分示すことはできなかった。というのも、「根から吸収されるチッソは硝酸やアンモニアといった無機のチッソだけである」というのがこれまでの定説だったからだ。だから、二〇〇二年に国の試験研究機関の成果を「作物の根、有機物を吸収」と報じたニュースは、当時、有機栽培の実践を裏付ける根拠に乏しかった私にとって大きな支えとなった。もっとも、組織培養で細胞はアミノ酸を直接吸収し、それを細胞へと作り替えていることは知っていたので、同じことは根でも起きているはずだということを拠り所としていた。そのことが証明されたのだ。

作物の行なっている二つの大きな事業は光合成と呼吸（仕事）であり、どちらにも炭水化物がかかわっている。炭水化物は光合成の生産物であり、呼吸のエネルギーであるわけだ。そして有機の肥料であるアミノ酸肥料（本書では、アミノ酸単体ではなく、水溶性のタンパク質からペプチド、各種アミノ酸といった有機体のチッソの総称として使っている）はチッソとこの炭水化物の変形体で構成されている。アミノ酸肥料は炭水化物をもった肥料であり、その能力としては、チッソ肥料としてのものだけでなく、炭水化物としての能力をあわせもっていると考えてよい。そのアミノ酸肥料をチッソ肥料として供給し、作物が吸収することで、作物は地上部からだけでなく根からも光合成の産物である炭水化物を得ることができる。それが体づくりの材料になり、生きていくうえでのさまざまな活動のエネルギー源となるわけだ。有機のチッソを吸収することで、作物は非常に効率よく生長することができる。それは作物が生き残っていくうえから見ても有利なことにちがいない。

おなじような考えから、堆肥についても新しい見方ができるようになった。腐植をふやし、団粒構造を発達させるというのが堆肥の見方だったわけだが、堆肥中の水溶性炭水化物の役割に注目することで、冷害や気象災害時の堆肥効果を説明できるようになった。ここにも炭水化物が顔を見せてくる。

まさに作物は炭水化物によって生かされ、生きている。

本書は、私がこれまでさまざまな講習会などで感じていた農家の要望を一冊にしたものだ。その要望というのは、「作物の収量・品質をよくしたい」というだけでなく、「なぜ収量・品質が高まるのか」「作物の体の中ではどんなことが起こっているのか」「作物が生きているとはどういうことか」「では人間（農家）は何ができるのか」といった、作物の生長の背後にある「生きていることの本質・根拠」を知りたいという欲求である。しかし、そのような方のニーズに応えるような本は探してもなかった。栽培のノウハウの本は多い。また作物生理や生化学の専門書はあるものの、作物栽培との関連で紹介した本はなかった。そこで、能力を超えているとは思いながらも、自分の考えをまとめてみようということで、このような本を執筆することとなった。

そのため、作物生理や生化学的なことについてもかなり突っ込んだかたちで作物栽培、それも有機栽培のやり方、考え方を紹介した本となった。このような本はあまり例のないものだと思う。

前半、とくに第1章、第2章は作物生理的な話が中心である。そのため、とにかく有機栽培のノウハウをすぐにでも知りたいということであれば、序章に目を通してから第6章以下を先に読んでいただき、その後で第3章、第4章と読み進めていただきたい。また作物のことを基礎から知りたいという方は、第1章からじっくりとお読みいただきたい。

この本は私のいまこの時点での有機栽培の考え方・理論・ノウハウをまとめたものだ。今後さらに実践を積み重ね、作物を前にして農家の皆さんと話し合うなかで、有機栽培について、より深めていきたいと思っている。この本がそのたたき台として意味があるものになれば幸いである。

二〇〇五年二月　　著者

目次

序章　なぜ、有機栽培で失敗するのか
——思いちがいから探る
その1　堆肥を入れていればまちがいない？　10
その2　ボカシをやっていればいいものがとれる？　11
その3　ボカシなら水田でも畑でも、同じように使える？　14
その4　有機なら作物が必要なときに必要な養分を吸収する？　15
その5　有機だから、収量は低くても仕方がない？　17

第1章　有機栽培って何だろう？
作物の生長と炭水化物……20
(1)育つ基本は炭水化物　20
(2)作物の体をつくる炭水化物　21
(3)エネルギー源としての炭水化物　23
有機栽培のメリット……25
(1)炭水化物をたくさんつくり、効率よく使う作物の戦略　25
(2)有機態のチッソも吸われている！　26
(3)アミノ酸は炭水化物をもったチッソ肥料　28
有機栽培で実現できること……30
(1)アミノ酸直接吸収のメリット　30
(2)おいしいものをより多く生産できる　31
(3)天候に左右されない栽培が可能になる　33
［資料］有機のチッソも吸収されている
——試験研究の成果より　36

第2章　作物の生長と有機栽培
作物の生長のしくみ……48
(1)作物の生長の流れ　48
(2)作物の生長と〈製造部〉・〈運搬部〉・〈合成部〉　49
〈製造部〉のしくみと有機栽培……51
(1)葉緑素の構造　51
(2)光合成が行なっていること　52
(3)葉緑素が働く条件と有機栽培　54
転流のしくみと有機栽培……56
(1)〈運搬部〉の役割と養水分の流れの調整　56
(2)〈運搬部〉の機能と有機栽培　57
合成・貯蔵のしくみと有機栽培……59

(1)栄養生長と有機栽培 59
(2)花芽分化と有機栽培 60
〈果菜類の場合〉 60
〈果樹の場合〉 62
(3)成熟・蓄積のしくみとおいしさ 65
(4)根の働きと有機栽培 66

第3章 有機栽培の土つくり

土つくりのねらい……72
(1)活力の高い根と養分吸収 72
(2)土つくりの考え方 74
土をよくする要素とよくなる順番……75
(1)根の呼吸環境を整える——物理性の改善 75
(2)土壌病虫害を出さない——生物性の改善 78
(3)肥料をつかみ、必要なときに手放す土のふところをつくる——化学性の改善 81
堆肥の役割と力……88
(1)堆肥の働き 88
(2)堆肥の持ち味を生かす使い方 91

第4章 有機栽培と肥料——アミノ酸肥料とミネラル肥料

有機栽培のねらいと肥料……94
(1)有機栽培に使う肥料 94
(2)有機栽培の肥料の両輪 95
アミノ酸肥料の特徴と使い方……97
(1)発酵肥料としての特徴 97
(2)アミノ酸肥料の使い方 99
(3)アミノ酸肥料の肥効 103
ミネラルの働きとバランス……107
(1)ミネラル肥料とその特徴 107
(2)ミネラル肥料の拮抗作用と相乗作用 109
(3)ミネラル肥料の施用の考え方 111
(4)ミネラル肥料の種類と特徴 113
注目したい堆肥の「肥料」的効果……119
(1)堆肥の中のアミノ酸 119
(2)センイ類の効果——根から吸い上げられる炭水化物 120
よい有機質肥料、悪い有機質肥料の見分け方……123
(1)仕上がったもので見分ける 123

(2) 原料、つくり方で見分ける 124
有機栽培の補助資材——葉面散布剤など……125
(1) 葉面散布のねらい 125
(2) 葉面散布の実際 125

第5章 土壌分析の考え方とその実際

有機栽培の土壌分析……130
(1) 土壌の化学分析の前に圃場チェック 130
(2) 有機栽培と土壌分析法 132
体積法による土壌分析法……135
(1) 採取時期 136
(2) 採取方法 137
(3) 分析項目 138
土壌を診断する——分析データの読み方と処方箋……143
(1) CECで施肥の幅を知る 143
(2) リン酸が多いときどうするか 144
(3) 肥料成分バランスが悪いときどうするか 146
(4) 高pHのときどうするか 147
(5) 低pHのときどうするか 148

第6章 有機栽培の作目別施肥設計とその実際

イネ……152
(1) 施肥設計の前提 152
(2) イネに必要な肥料とは 153
(3) 施肥の実際 155
(4) よくある失敗 156
◆事例❶イネ 157
果菜類……160
(1) 施肥設計の前提 160
(2) 果菜類に必要な肥料とは 162
(3) ハウスでの有機栽培 162
(4) 作目別の施肥設計 163
◆事例❷ナス 169
根菜類……172
(1) 施肥設計の前提と肥料 172
(2) 作物別の施肥設計 175
◆事例❸ニンジン 177
葉菜類……179
(1) 施肥設計の前提 179

(2) 堆肥施用と施肥のコツ 179
落葉果樹……181
(1) 施肥設計の前提と肥料 181
(2) いちばん大事なのは礼肥 183
(3) 元肥の施し方 186
(4) 追肥の決め方と実際 189
(5) 失敗しないための注意点 190
◆事例❹モモ 192
常緑果樹……195
(1) 施肥設計の前提と肥料 195
(2) 温州ミカンの施肥の実際 197
◆事例❺カンキツ 202
チャ……204
(1) 施肥設計の前提と肥料 204
(2) 旨み・甘みをさらに引き出すには 207
(3) チャ園の施肥のコツ 209
花き……210
(1) 施肥設計の前提と肥料 210
(2) 施肥の実際 213
飼料作物……214
(1) 施肥設計の前提と肥料 214
過剰障害に対する処方箋……216
(1) 養分の過剰はどこでもおこり得る 216
(2) カリ過剰 217
(3) 石灰の過剰 217
(4) リン酸過剰 218
(5) 硝酸態チッソの過剰 219
有機栽培と病虫害対策……222
(1) 病虫害を招いてしまう要因 222
(2) 有機栽培での病虫害対策 224

第7章 堆肥・アミノ酸肥料（ボカシ肥料）のつくり方

堆肥の効用、アミノ酸肥料の効用……230
(1) C／N比からみた堆肥とアミノ酸肥料 230
(2) 堆肥・アミノ酸肥料のもっている付加価値 231
堆肥素材の選び方……232
(1) 堆肥による土の改善 232
(2) 素材の選び方 233
堆肥づくりのポイント……236
(1) 堆肥づくりと微生物の遷移 236
(2) 「戻し堆肥」で失敗しない堆肥づくり 238
(3) 堆肥づくり四つのポイント 239

良質堆肥づくりの実際……243
(1) 品温の管理 243
(2) エアーレーションの実際 244
(3) 堆肥施設の装備 245
(4) 品質のチェック 247
アミノ酸肥料……249
(1) アミノ酸肥料づくりの考え方 249
(2) タネ菌の採取法と培養法 251
(3) アミノ酸肥料づくりの実際 251
失敗の原因と解決法……256
(1) チッソ不足による失敗と改善法 256
(2) 水分過多による失敗と改善法 258
■付録 施肥設計ソフト、堆肥設計ソフトの入手法と使い方 259

序章

なぜ、有機栽培で失敗するのか
――思いちがいから探る

堆肥やボカシ肥、あるいは有機質肥料などを使ったさまざまな有機栽培が試みられている。しかし現場では意外と成果があがっていない。理由はさまざまあるが、共通の要因としてあげられるのが、これから紹介する五つの「思いちがい」(「思い込み」や「錯覚」など)だ。もちろん、肥料のやり方や栽培のしかたにまちがいも多いが、そのまちがいの背景にはこれらの「思いちがい」があるように思われる。

まずは、有機栽培に対する「思いちがい」をはっきりさせ、そのうえで本書を読み進めていただきたい。

思いちがい　その1

堆肥を入れていればまちがいない？

「有機栽培といえば何をおいてもまず堆肥。堆肥さえ入れていればまちがいない」という思い込みをしている場合が少なくない。

ある高原レタス産地でのこと。Aさんは付加価値をつけていこうと、堆肥を使った有機栽培レタスをつくり始めた。といっても、まだ気温が低い四月作付け分については、肥効を確保するために「堆肥＋化成肥料」という栽培方法をとり、五月以降の作付け分から「堆肥＋有機肥料」という有機栽培にした。

牛ふん堆肥を晩秋に畑に散布し、翌春に耕うん、レタスを作付けた。四月の作付け分は順調に生育したが、五月以降の作付けから生育が悪化。六月に入るといよいよ生育が悪くなり、葉が黄色くなって株の芯が腐る。抜いてみると根が赤く焼けていたり、なかには腐っている根もあった。ネグサレセンチュウやフザリウム菌の病害が蔓延していた。土壌消毒を続けたが、それもだんだん効かなくなってきた、というときに相談を受けた。

原因は堆肥にあった。その牛ふん堆肥は、発酵が十分進んでいない生に近いものだった。そんな堆肥を一〇aに三tから四tも入れていたのだ。Aさんは、「秋に投入しておけば春までには発酵が進むだろう」「堆肥を入れておけばまちがいない」と安易に思い込んでいた。

また、四月作付けのレタスの生育が順調だったことが、堆肥の質を疑うきっかけを失わせていた。四月作付け分だけがうまくいった理由は、元肥の化成肥料が効いたということと、地温が低い時期はまだセンチュウやフザリウム菌の活動も活発になっていなかったからだ。堆肥がよかったわけではないのである。

相談を受けて行なった私の対策は、拮抗菌のたくさん入った堆肥を一t、春に施用することと、土壌分析をしてわかった石灰と苦土の不足を補うこと。さらに、初期の肥効を高めるために、堆肥にアミノ酸肥料を組み合わせることだった。この対策の結果、その畑のレタスはどの作付け時期のものでも順調に生育するようになり、収量・品質も格段に向上した。

堆肥を入れていればまちがいないと、レタス畑に未熟な堆肥を秋に入れたところ、あちこちで株がいじけたようになってしまった

「堆肥だから大丈夫」「堆肥を入れていればまちがいない」という思い込みほど怖いものはないのである。

Aさんの堆肥は生に近いものだったが、じつは、完熟堆肥でも同じような現象はおこり得るのだ。一般に、家畜ふんを利用した堆肥には、カリが多く、石灰、苦土は少ない。完熟しているからといって、これらのミネラルバランスが自然と整えられることはない。だから堆肥の量が多いほど投入期間が長いほど、これらのバランスは崩れやすくなる。そして作物の生育を弱くし、病気にかかりやすくしてしまう。

⇒参照する章：「堆肥」については第7章、「土壌分析」については第4章を、「施肥設計」については第6章を。

思いちがい その2 ボカシをやっていればいいものがとれる？

●キウイでの例

堆肥同様、多いのが「ボカシ信仰」だ。とくに微生物農法に取り組んでいる人の中に多く見受けられる。「ボカシをやってさえいればいいものがとれる」という思い込みだ。

ボカシを入れてるのに樹が元気ないのは寿命のせいかな？
ちがうよ～っ!!
ミネラルがなくなっているんだよ～
苦土と石灰がほしいよ～！

Bさんもそんな一人だった。一〇年ほど前から、市販の微生物資材を使ったボカシ肥でキウイフルーツをつくってきた。当初の三～四年は順調で、品質のよい果実がたくさん採れていたが、次第に収量、品質とも頭打ちになってきた。ここ数年は葉の色が抜けたような症状がみられるようになった。とくに果実の成っている葉に多く出るせいか、玉伸びが悪い。Bさんは二〇年以上も栽培してきたのだから、樹が疲れ、そろそろ寿命なのだろう。だからボカシをやっても成果が上がらなくなってきたのだと思い、そろそろ樹を伐ろうかと考えていた。

相談を受けて畑を見てみると、土の排水性も保水性もよい。生物性も悪くなかった。しかし、土壌分析をすると石灰と苦土が不足しており、葉の変色の原因はミネラル不足と考えられた。

そこで、石灰と苦土を五月に施肥してもらった。とくに苦土は早急に効かせる必要があるので、水溶性とく溶性の苦土を両方施用した。二カ月後、伐ろうかと思っていたキウイが大変身した。

薄くて黄色かった葉っぱが、ぶ厚く濃い緑色に変わり、葉脈が浮き出て、油を塗ったようにテリが出てきた。高いところから見た園地の様相は、葉が黒々と光って圧巻だった。もちろん、果実のなりっぷりもすばらしく、収量・品質も文句のないできだった。

●ナスでの例

キウイをつくっているBさんの場合はボカシ肥の施用をはじめてから三～四年でミネラル不足が現われたのだが、栽培期間の長い果菜類では、作付けから収穫までの間にミネラル不足になることがある。

Cさんは水田転換畑でナスをつくっていた。元肥のときにボカシ肥料とミネラルを施用し、その後はボカシ肥料だけの追肥でこれまで栽培してきた。ところが次第に収量が頭打ちとなり、ナスの色つやもいま一つのように感じていた。そこで作の途中で土壌分析をしてみると、石灰、苦土、そして微量要素が欠乏していた。ナスの生育が進むのに伴い、これらのミネラルが吸われ、作の後半には明らかに欠乏状態に陥っていたのだ。

翌年からCさんは、定植後、月に一度の簡易土壌分析をして、不足しているミネラル（石灰、苦土が中心）を補給するようにした。そうしたところナスの色つやが戻り、栽培当初のような品質になってきた。樹勢も維持できるようになって、収穫期間も延び、収量は二～三倍になった。

●ボカシの効果でミネラル欠乏が早まる

Bさんは「ボカシさえやれば作物はできる」「ボカシは万能の肥料」「苦土や石灰は酸性を中和する資材で肥料ではない」と思っていた。Cさんも、元肥にしっかりミネラル肥料を入れていたので、まさか、作の途中でミネラル欠乏がおきているなど思いもしなかった。ここに落とし穴があった。「ボカシさえやっていれば大丈夫」という思い込みから、ミネラル肥料を施用していなかったのだ。

確かに上手につくられたボカシ肥料の効果は高い。作物の根が活性化して吸肥力が増し、土中にあるミネラルをどんどん吸収するからだ。Bさんの場合、はじめの三～四年は土に蓄積していたミネラル分を吸ってよい成果があがっていた。ところが栽培を続けるなかでミネラルが底をついてきた。そのため生育のほうも下降線をたどり、収量品質が頭打ちになっていたのだ。Cさんの場合は、そんなミネラル欠乏が作の途中で起きたことになる。

実際、ボカシをしっかりやっている人ほど、作物にミネラルの欠乏症状がよく見られる。ボカシのような発酵肥料は作物を健康にし、根を活性化させる。そして、ミネラル分の吸収が盛んになる分、土中のミネラル分の減少はこれまで以上に早くなる。だから有機栽培では、土壌分析を適宜行なって土の状態を把握して、不足しているミネラルは絶えず補給していかなければならない。

「ボカシには作物に必要なものは何でも入っている」「ボカシは万能だ」「ボカシを入れていれば大丈夫」というのは思いこみにすぎない。

⇒参照する章：「作物の生理」と「葉緑素の働き」については第2章、「ミネラル肥料」については第4章、「土壌分析」については第5章を。

思いちがい その3
ボカシなら水田でも畑でも、同じように使える？

水田は水が湛えられている特殊な環境である。ここには畑とちがった、おもに嫌気的な環境に対応した微生物群が生活している。そのため、好気的発酵で調製したボカシ肥料ではうまくいかないことがある。

Dさんはコシヒカリをつくるイナ作農家で、化成栽培から有機栽培に切り替えようと考えていた。そこで、クズ大豆とオカラ、米ヌカを原料にしたボカシ肥料（チッソ成分三％）を購入して元肥として田んぼに施用した。

一〇aに入れた量は二〇〇kg、入れて耕うん、すぐに水を入れて代をかき、田植えをしたのが五月半ば頃だ。

ところが田植え後のイネの様子がおかしい。黄色くなって生育が止まったようになった。草も生えてこない。五月下旬頃にはドブのような臭いがしてきて、気付いたときには、根腐れが発生。典型的なガスわきだった。すぐに落水してガス抜きをしたものの、初期生育の遅れがたたって、いつもは八俵のところが六俵止まり、品質も悪かった。

あれ？イネが黄色くなってきたよ ボカシまいたのに！
元気がないね？
畑用を田んぼに使うときは気をつけてよ～っ

Dさんの場合は、これまで化成栽培を続けてきたために田んぼの微生物の種類・量ともに少なかった。そこへ、畑で使うような好気性のボカシ肥料を施し、しかもすぐに代をかいたりしたものだから、ボカシ肥料やワラの周りは一気に嫌気的な環境になってしまった。

有機栽培を何年も続けてきて微生物が豊かになった田んぼでも、好気的な発酵をさせたボカシ肥料を施用するときは注意が必要なのである。ボカシは必ず乳酸菌や酵母で発酵させて、嫌気的な環境でも有機物が腐敗のコースに乗らないようにすることが大切なのだ。

ボカシ肥料を使うときは、材料だけでなく、どんな微生物でどのように発酵させたものか、施用するのは田んぼなのか畑なのか、ということをきちんと把握しておかないと思わぬ失敗を招くことになる。

「ボカシなら、どんな条件でも使える」と考えたら大まちがいだ。

⇒参照する章：「イネの栽培」については第6章を、「アミノ酸肥料のつくり方」は第7章を。

思いちがい その4
有機なら作物が必要なときに必要な養分を吸収する？

有機栽培に限らないが、肥料の土の中での動きや作物生理を知っていれば、そんな失敗をしないでもすむものをと思う例も多い。

たとえば、リンゴでは一般に春肥と称して春先（二〜三月頃）に肥料を施すが、これが失敗の原因になっている。

リンゴの根は地表から二〇cmくらいまでに吸収根があり、深いところの根から動き始め、地温が上がるにつれて地表近い根の活動も始まる。これがリンゴの根の生理だ。だから、芽吹きや開花時期にきちんと養分を効かそうと思ったら、肥料分は春早い時期に、地表から二〇cm下の根の周辺に届いてないといけない。そのためには、一般に行なわれている春肥では遅すぎるのだ。

そして、春の樹の状

いい花芽をつけてくれよ！
肥料を春になってまいても吸収根に届くまで時間がかかりすぎるよ。もっと早くやっといてよ!!!

態を見て肥料が足らないと判断、開花の時期にまた肥料（花肥）などやったりするものだから、肥効が重なり、いつまでもダラダラとチッソが効いてしまう。新梢が止まらない、堅くならないのはこのためだ。結果、病害虫の被害も受けやすくなる。

春にきちんと肥料を効かせるためには、年内、雪が降る前に施肥することがポイントなのだ（これを「雪前肥」と呼んでいる）。春の根の動きに間に合わせるためには降雪の前に施肥し、雪解け水の浸透に伴って地下二〇cmの根に届くようにする。こうすると、充実した大きな葉が新梢の第一葉として出てくる。その後次々に出てくる葉も大きく、よく揃い、光合成能力の高い充実した新梢になる。枝もきっちり止まり、病害虫の被害も受けにくい。

このように、肥料をきちんと効かせることができるかどうかで、有機栽培の成果も分かれてしまう。きちんと効かせるためにも、土の中での肥料の動きや作物の生理を知っておくことが大切になる。

「有機なら作物が必要なときに必要な養分を吸収するから、施肥はあまり気にしないでよい」というように、すべてを作物任せにするのは、作物への責任転嫁であり、まちがった考え方だ。作物の生理と肥料の実際の動き、効き方を十分に知っておかないと、労多くして実り少ない栽培になってしまう。

⇒参照する章：「土の中での肥料の動き」については第3章、第4章を、「作物の生理と施肥設計」については第6章を。

思いちがい その5　有機だから、収量は低くても仕方がない？

近年、品質重視がいわれるあまり、作物の健全さが失われてきている。たとえば、有機栽培に取り組む農家の間でも、品質（糖度）の向上をねらって、水やチッソを制限する栽培が行なわれている。そのために収量が伸び悩んでいるだけでなく、ミネラル欠乏や病虫害に弱い体質をつくってしまっていることはあまり知られていない。

このような作物の代表がトマトだろう。水を切ってチッソを吸わせないようにして、光合成でできた炭水化物を極力、果実のほうへふりむけて糖度アップにつなげようとする。しかし水を切ればミネラルも吸えない。その結果、石灰欠による尻腐れなどが発生する。さらに水を切ることで上根が乾燥して傷み、病原菌も侵入しやすくなる。アオガレなどが発生するのは、何も着果負担による樹勢の低下だけが原因ではないのである。もちろん十分な収量は得られない。

また水のコントロールが難しい果樹では、チッソそのものが減らされる。そのために光合成の器官である葉緑体へのチッソ供給が減ることになり、炭水化物の生産量が低下する。チッソ減によって一時的な糖度上昇は得られても、炭水化物減によって枝や根に貯蔵養分を十分ためられずに樹勢が低下してしまう。そうして隔年結果をもたらし、収量・品質が不安定になる。チッソの制限によって、収量だけでなく、良くしようとした品質にまで悪影響が及ぶことになる。

いま求められているのは、水もチッソも必要量を施して生育を健全にして、収量と品質を同時に向上させる方法である。その品質も、単に糖度が高いだけでなく、ミネラルやビタミンをたっぷり含んだ、滋養豊かな農産物、食べて健康になる食べものでなければならない。そんな農産物をつくるための栽培方法が、本書で紹介する「有機栽培」である。

「有機栽培だから、収量は低くても仕方がない」というのは、誤った思い込みにすぎない。品質と収量の両立は可能なのであり、有機栽培はその実現に、もっとも近いところに位置している栽培法なのである。

⇒参照する章：「有機栽培でのチッソ・ミネラルの施用方法」については第4章を、「作物の栽培方法」「有機栽培の病虫害対策」については第6章を。

有機栽培に対する「思いちがい」の背景には、作物の生長や肥料養分についての「思いちがい」がある。そこで、有機栽培の具体的なノウハウを述べる前に、作物がどのように生長しているのか、肥料はどのようにして作物の体と

うちのトマトはおいしいよ！
収量は、二の次
有機だからしょうがないね。
有機トマト
ホントは有機だからこそ、収量・品質が両立しやすいんだけどね〜

なり、作物の活動を支えているのか、さらに、土の中での養水分の動きなどについて紹介しておきたい。このようなことを整理するなかで、おのずと有機栽培のメリットが浮かび上がり、具体的なノウハウをより深く理解することができるようになる。

第1章

有機栽培って何だろう?

作物の生長と炭水化物

(1) 育つ基本は炭水化物

●作物の生長と炭水化物

私たちは作物を栽培するときに、田畑を耕したり、肥料を施したり、かん水をしたり、とさまざまな作業を行なっている。これらはすべて、作物が健康に育ち、収穫物が多くなるようにという目的で行なっている。

では、作物が育つ（作物の生長）とはどういうことなのだろうか。

作物が生きていくために行なっていることは大きく分けると二つある。

一つは、水と二酸化炭素を吸収して、光のエネルギーを利用して炭水化物を合成すること（光合成）。もう一つは、こうしてつくられた炭水化物を材料とエネルギー源として使って、葉や根、茎を伸ばし、養水分を吸収し移動させ、花を咲かせ、実を結び、子孫を残すことだ。つまり作物は、炭水化物をつくりだし、その炭水化物を活用することで生きている。これが作物の生長ということだ。

この炭水化物がたくさん結びついてセンイ類となり、根から吸収したチッソと結びつけばアミノ酸、タンパク質となり、さらに細胞となっていく。センイ類とタンパク質が組み合わさって作物の体はつくられ、収穫物である葉や根や実となる。つまり、炭水化物こそ作物が生きていくための基本となる物質なのだ。

●炭水化物が多いことのメリット

だから、作物が生きていくためには、この炭水化物をたくさんつくり、効率よくタンパク質やセンイ類につくり換えることが作物の戦略としては一番大事なことになる。

炭水化物がたくさんあれば、作物はその炭水化物を収量をふやすことに使ったり、糖度を上げることに使うことができる。また、センイを強固にしてしっかりした体をつくり、病害虫の被害を受けにくくすることができる。さらに天候の悪いときに低下してしまう光合成を補うことに使うこともできる。

つまり、作物に炭水化物が多いということは、作物が生きていくうえでとても有利に働く。したがって、作物を栽培するうえでは、炭水化物をより多くする手立てこそが、最大のポイントになる。農業はこのような作物の生存のための戦略（炭水化物をより多く生産し、効率よく使うこと）を上手に手助けし、方向づけをすることなのである。

(2) 作物の体をつくる炭水化物

●細胞をつくるタンパク質とアミノ酸

炭水化物の使い道をもう少し具体的にみていこう。

まず、作物の体はいったい何からできているのだろうか。

たとえばダイズを土にまくと、種子は水を吸って根を伸ばし、双葉を展開する。そして二酸化炭素と水を吸い始めて光合成が行なわれるようになり、さらに吸収した養分も加わって、新根を伸ばし、新葉を順次展開して体を大きく生長させる。やがて花を着け、実を結ぶ……。

このように作物が生長し、体を大きくしていけるのは、新葉や新根といった生長点で新しい細胞を次々とつくり続けているからだ。作物の体は多くの細胞からつくられており、その細胞はタンパク質を主体につくられている。つまり、タンパク質なしには、植物の細胞は一つとしてふえることはない。植物が生長し続けることができるのは、植物が休みなくタンパク質をつくり続けているからだ。

ダイズの新葉を構成しているものも、もちろんタンパク質だし、根が伸びるのも、花が咲き、実をつけるのもタン

写真１-１　植物の各器官はすべて細胞からできている（メロンの苗の双葉）（神奈川県三浦市）

図1-1　植物の体は細胞からできている

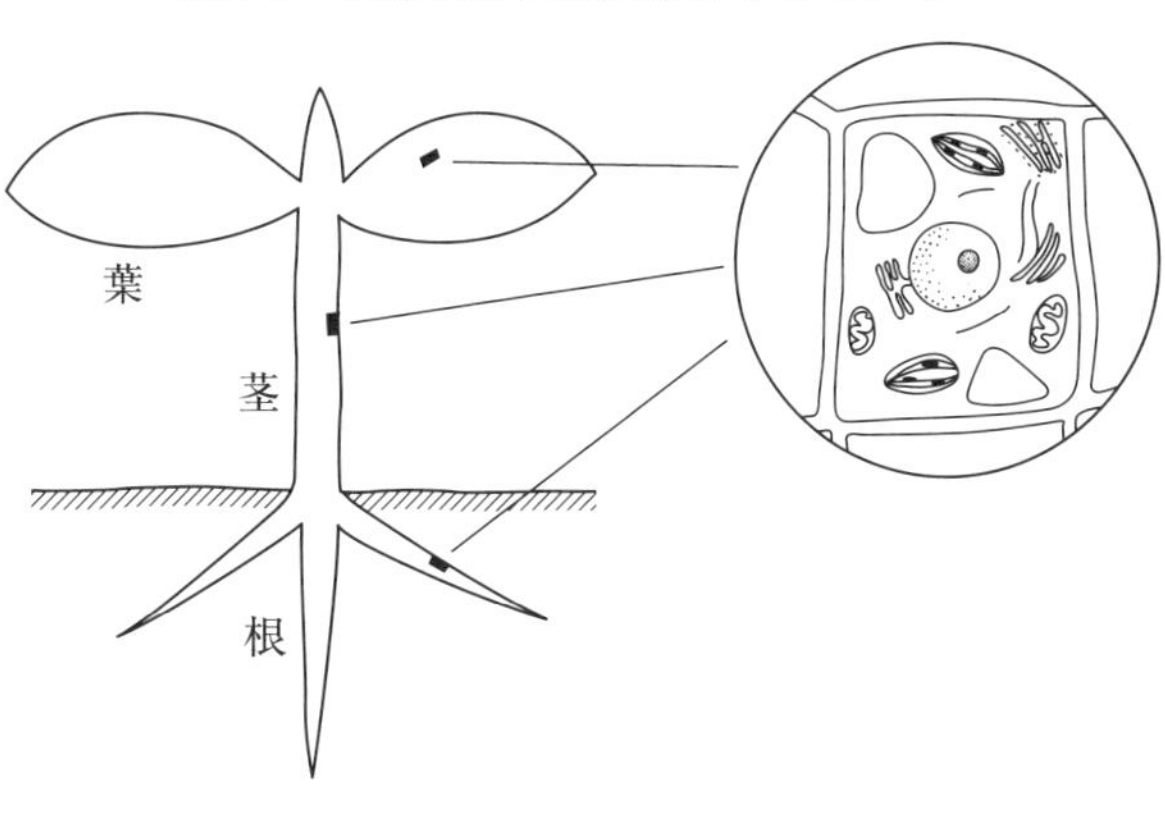

パク質なしにはできない。タンパク質は植物の生長にとって、体をつくる材料として、もっとも重要な物質の一つなのである。

そしてこのタンパク質の基本となる原料が、アミノ酸である。生物がつくるアミノ酸は二〇種類、その二〇種類をさまざまに組み合わせて多様なタンパク質がつくられるのだ。

●アミノ酸の原料はチッソと炭水化物

作物が体内で合成するアミノ酸の原料は、光合成によってつくられた炭水化物と根から吸収した硝酸などの無機態チッソである。作物栽培でもっとも重要な肥料成分はチッソだが、その理由は、体づくりにとってもっとも基本的な材料であるアミノ酸をつくるうえでなくてはならないものだからだ。

そのアミノ酸がつくられる工程はおおよそ図1―2のように説明されている。

まず土壌溶液中の硝酸が根から吸収され、酵素によって亜硝酸、アンモニアと順次変換されていく。こうしてつくられたアンモニアと、葉でつくられた光合成物質である炭水化物とがいっしょになってアミノ酸が合成される。つまり、光合成によってつくられた炭水化物は、吸収した無機態チッソをアミノ酸に変える役割をもっていることになる。

こうして合成されたアミノ酸が作物体内を移動して生長点の細胞に送り込まれると細胞分裂が始まり、これを原料にタンパク質が合成されて、新しい細胞が生まれる。こうして作物は、新葉を増やすことで光合成量をふやし、さらにたくさんの炭水化物を生産して、作物の骨格であるセンイをつくり、吸収したチッソをアミノ酸に変え、各種の器官をつくる原料にしているのだ。このしくみは植物のすべての器官で同じように繰り返されている。

このように作物は、根から吸収した無機態チッソと葉でつくられた炭水化物を使ってアミノ酸をつくり、そのアミノ酸を組み合わせてタンパク質をつくり、生長しているといわれてきた。

作物は光合成によってつくった炭水化物と吸収したチッソを原料に、二種類の生産物をつくる。一つは、チッソ化合物であるアミノ酸やタンパク質であり、これらはおもに細胞をつくる。もう一つは、炭素化合物である糖やセンイ類であり、作物の骨格や果実の成分となる。

いかに効率よく、たくさんの生産物をつくり出すかが、農業生産上のポイントになるわけだが、その基本となるのはやはり炭水化物ということになる。

(3) エネルギー源としての炭水化物

●仕事をするためのエネルギー

作物の体は、これまでみてきたように、タンパク質とセンイ類からできている。しかし、アミノ酸やタンパク質、センイ類といった体づくりの材料があるだけでは、作物は生きていけない。

水や肥料を根から吸収する、二酸化炭素を気孔から取り込む、光合成でつくられた炭水化物を根や果実に運ぶ、アミノ酸を生長点まで運びタンパク質をつくる。さらに、つくられたタンパク質を使って新芽を伸ばし、花を咲かせ、果実を肥大させる、……といったさまざまな仕事をしなければならない。

作物が生きていくためには、「体をつくる材料」だけでなく、その材料を吸収したり、運んだり、組み立てたりと

図1-2　作物の生長と炭水化物の使い道
（無機のチッソを吸収したばあい）

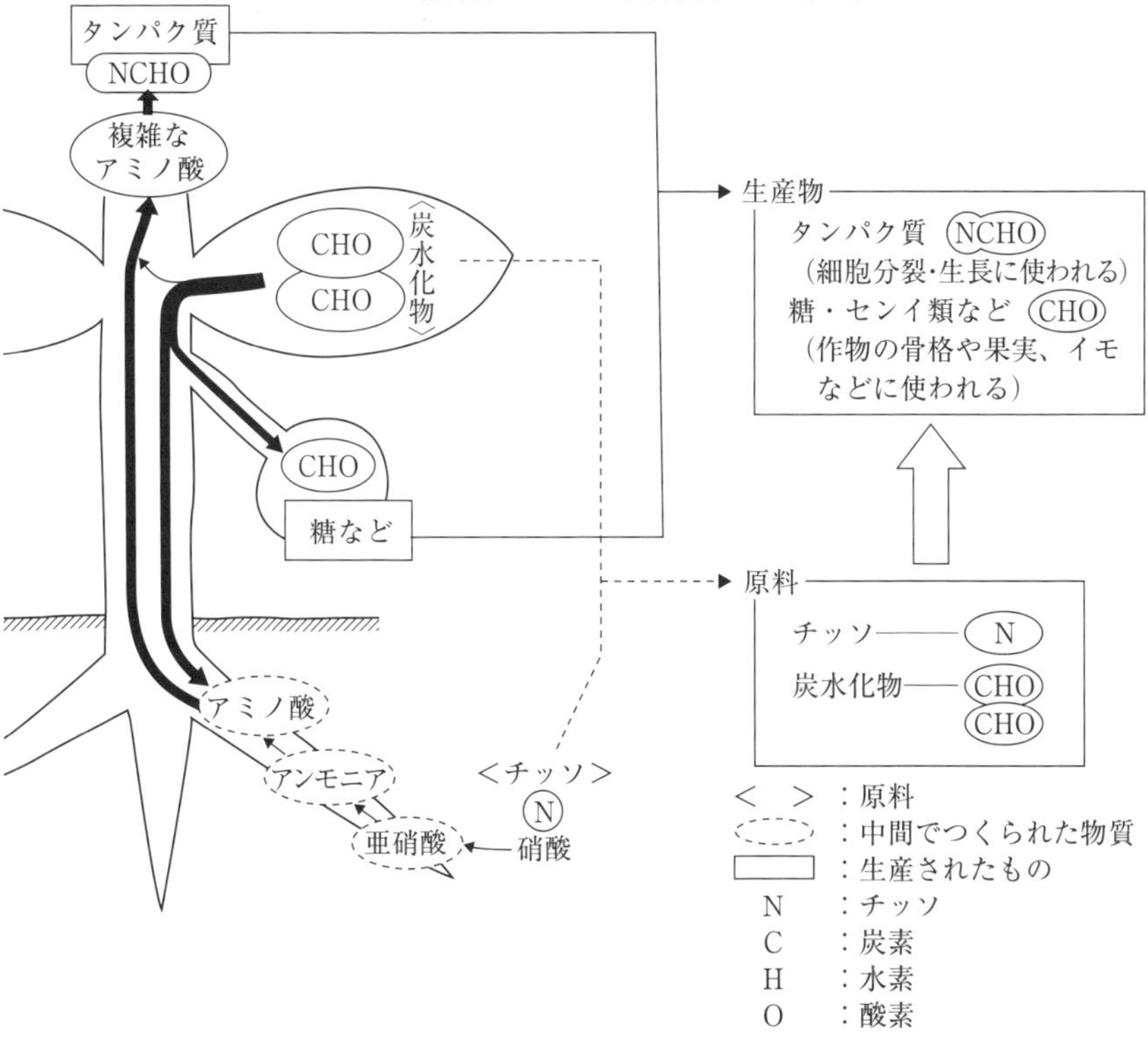

いったさまざまな「仕事をする」ための「エネルギー」が必要である。

●エネルギー源は炭水化物から

仕事をするためのエネルギーを作物は、光合成によってつくられた炭水化物から得ている。

光合成は、太陽の光エネルギーを吸収して、二酸化炭素と水から炭水化物という「エネルギー凝縮物」をつくり、酸素を放出する。その反対に、炭水化物に酸素を反応させて「仕事をする」ための「エネルギー」を取り出し、二酸化炭素と水を放出するのが「呼吸」と呼ばれる反応である。作物は呼吸によって、炭水化物から化学反応に利用できるエネルギーを取り出し、物をつくったり、運んだり、組み立てたりしている。

つまり作物は、太陽の光エネルギーを直接利用することはできないので、光合成によって炭水化物をつくってその光エネルギーを封じ込め、その炭水化物から呼吸によって生命活動に必要なエネルギーを取り出して生きているのである。

このようにみてくると、炭水化物は作物の体をつくる原料であり、仕事をするためのエネルギー源でもあることがわかる。まさに炭水化物は作物が生きていくための、もっとも重要な物質なのである（図1―3）。

図1-3　光合成と呼吸

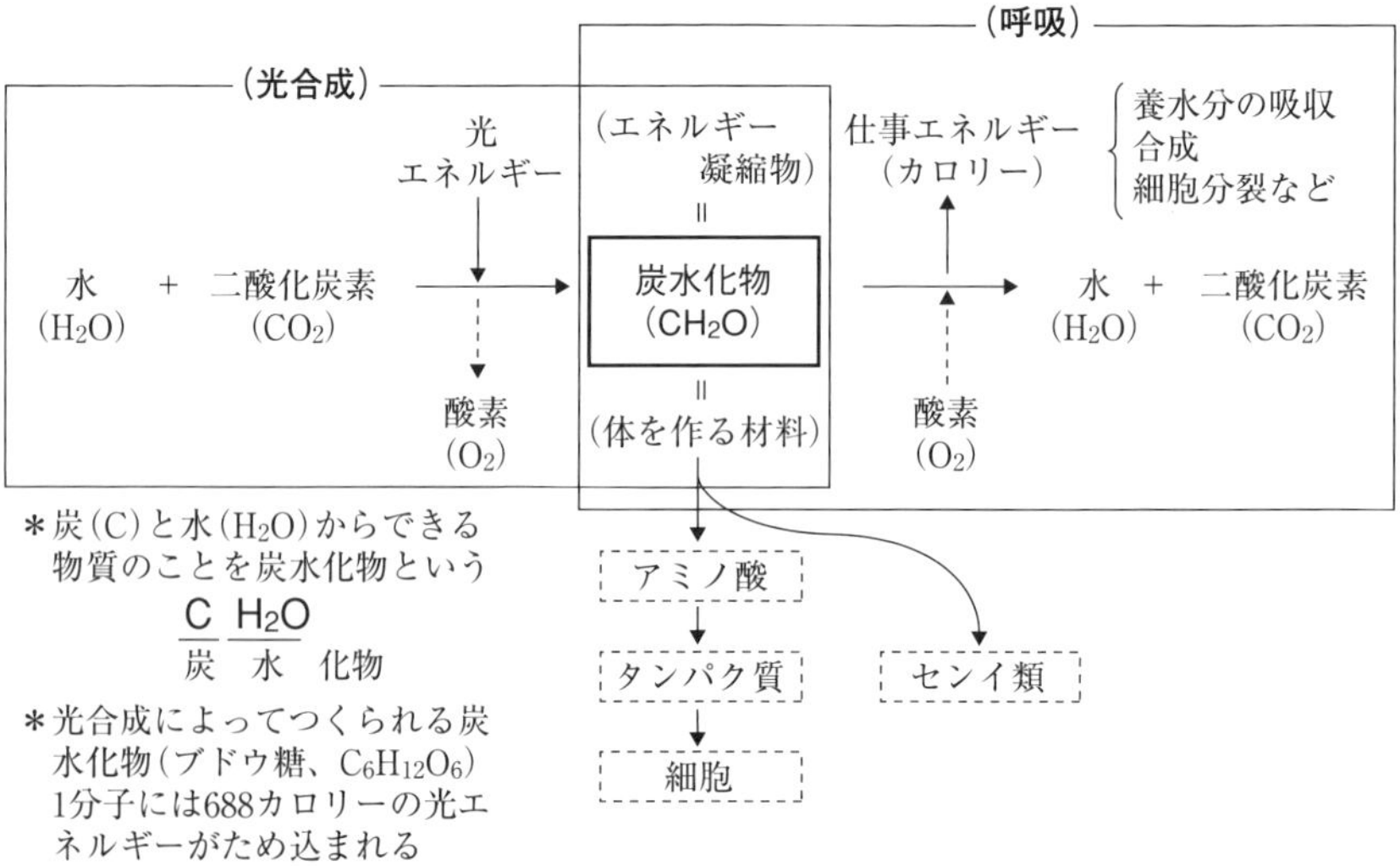

有機栽培のメリット

(1) 炭水化物をたくさんつくり、効率よく使う作物の戦略

●炭水化物をたくさんつくり、効率よく使いたい

さてここまでざっと作物の生長のしくみについてみてきた。浮かび上がってきたのは、炭水化物の重要性だ。

炭水化物があることによって、作物の体のもとになるアミノ酸やタンパク質、糖類やセンイ類がつくられる。そして、これらが組み合わさってできあがった体の諸器官を動かすエネルギー源も得られる。炭水化物はまさに、作物が生きていくための基本となる物質なのである。

作物に意志があれば、「炭水化物をたくさんつくり、効率よく使いたい」と考えるだろう。それが作物が生きていくうえでもっとも重要なことがらだからだ。このように考えると、農業生産のポイントは、「作物が炭水化物をたくさんつくり、効率よく使えるように条件を整えること」であるといえる。

●タンパク同化の効率

さてそこで、もう一度、図１―２をみていただきたい。

作物は吸収した硝酸を亜硝酸、そしてアンモニアに変え、これに光合成によってできた炭水化物を結合させてアミノ酸をつくる。このアミノ酸にさらに炭水化物が結合して複雑なアミノ酸になり、さらにアミノ酸がいくつも組み合わさってタンパク質となっていく。

この図は、無機のチッソ（硝酸）を吸収したときに、どのようにタンパク質がつくられていくのかを説明したものだ。

先の農業生産のポイントからすると、光合成でつくられる炭水化物量が同じであれば、工程の数が少ないほどエネルギー源である炭水化物の消費も少なくなる。

●炭水化物がいきなりアミノ酸と結びついたら

そこで、この工程のなかで、炭水化物がいきなりアミノ酸と結びついて複雑なアミノ酸ができるとしたらどうだろう。図で、硝酸、亜硝酸、アンモニアという一連の物質の変化を飛び越えてタンパク合成が進んだらということだ。つまり、根からアミノ酸が吸収さ

れて、そのままタンパク質合成の工程に乗ったら、ということだ。

当然、タンパク質合成にかかる時間と工程が短縮される。具体的には、硝酸をアミノ酸にまで変換していく工程がなくなるから、タンパク質が合成されるまでの時間は短縮され、変換のためのエネルギーの消費量も減る。タンパク質合成の工程がシェイプアップされ、葉でつくられる炭水化物の消費量も減ることになる。

このことによって作物は炭水化物を多く利用することができる。炭水化物を原料としている糖類やセンイ類、タンパク質の生成量もふえるだろう。利用できるエネルギーも多くなる。これらのことは、作物にとっては非常に有利だ（アミノ酸が直接吸収されることのメリットはもっと大きいのだが、詳しくはあとに述べる）。

しかし従来の農学ではこうしたことはないとされてきた。チッソは無機態でしか吸収されないし、それが作物体内でアンモニアに変わってからでないと炭水化物と結合できない、というのが常識だったからだ。

(2) 有機態のチッソも吸われている！

●タンパク様チッソが吸収されている

作物は堆肥や有機物を施されても、土の中の微生物によってアンモニアや硝酸という無機態のチッソにまで分解されるまで待って吸収している。

自然のしくみはなんともまわりくどく、融通が利かない。無機のチッソは吸えるけど、有機のチッソはそのままでは吸えない、というのがこれまでの農学の考え方だった。

しかし、そんな風向きが少し変わってきた。たとえば、「作物の根、有機物を吸収」という記事が日本農業新聞に載った（二〇〇二年七月三十一日）。国の研究機関である農業環境技術研究所で「堆肥などを土壌に施用した際、細菌が分解して、無機態チッソになる手前のタンパク様チッソという有機物を、作物が吸収している」ことが証明されたというのだ。

●有機態チッソが吸収されている意味

報道では「タンパク様チッソ」というかなり大きな分子が直接吸収されているようだが、さらに低分子のタンパク質やペプチド、アミノ酸なども同様に吸収されていると考えてよいだろう。分子構造が小さい物質のほうが、より吸収されやすいと考えるのは自然だからだ。

作物も進化の歴史を生き抜いてきて

いる。無機のチッソだけでなく、アミノ酸や低分子のタンパク質といった有機のチッソも吸収できたほうが、生き残るうえで有利だし、より合理的でもある。

そうした有機態チッソの吸収については、他の研究事例とともに、この章の最後に「資料」として詳細に記したが、ここで大事なことは、作物が無機態のチッソばかりではなく、有機態のチッソも吸収しているということの意味合いだ。それは作物にとって、アミノ酸合成（あるいは複雑なアミノ酸の合成）までの工程が省略できるということであり（図１—２参照）、そのことは、作物の生長がより効率的に行なわれ、より多くのタンパク質や糖類、センイ類が生産できる、ということだ。

●発酵によって水溶性の有機のチッソが得られる

実際、私たちの勧めている有機栽培では、醤油や味噌のようなアミノ酸臭に若干のアンモニア臭が混じるくらいまで発酵させた有機質肥料（それだけ分解の進んだ低分子の有機態チッソ、アミノ酸肥料と呼ぶ）を施用して、収量・品質ともに優れた農産物を生産している。

このことは有機態のチッソが水溶性のチッソとして作物に吸収されているということを示している。つまり微生物による発酵は、有機物をより小さな分子に分解することと同時に、有機物中の炭素を二酸化炭素として放出し、水素（H）に対する炭素（C）の割合（C／H比）を低くして有機物を水に溶けやすい形にし、チッソをより利用しやすくしているのだ。

このような現場の事例と先の研究成果などを踏まえると、作物が有機態チッソを吸収している範囲は、アミノ酸のような小さな有機態チッソから、大きなタンパク様チッソまで、かなり幅の広いものではないかと考えている。

THE JAPAN AGRICULTURAL NEWS
日本農業新聞
2002年（平成14年）7 31 水曜日
作物の根、有機物を吸収
「無機栄養説」覆す？
農業環境技術研究所
新しい施肥法に期待

図１-４　有機物が根から吸収されることを報じた日本農業新聞（2002年７月31日）

図1-5　タンパク質がより小さな物質に遷移していく過程と植物のチッソ吸収

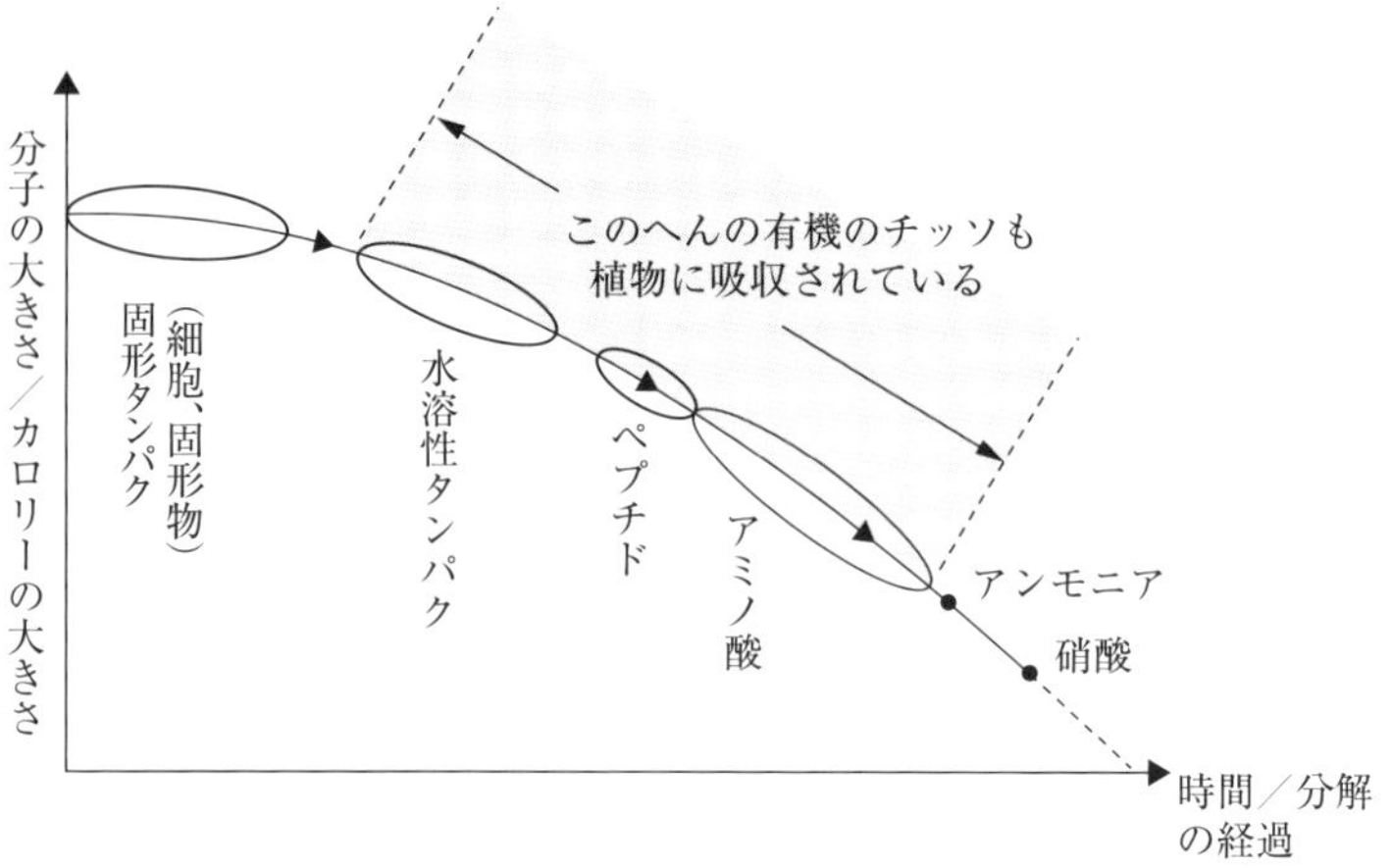

(3) アミノ酸は炭水化物をもったチッソ肥料

●光合成産物を根から吸収できる

アミノ酸は作物体内で、アンモニアと炭水化物がいっしょになって合成される（図1―2参照）。このような工程から考えると、アミノ酸は、炭水化物がそのままのかたちではないが、かたちを変えて含まれている物質、つづめていえば、炭水化物をもった物質ということができる。

炭水化物は作物の基本となる物質であり、本来なら光合成によってつくられ、作物の体づくりの原料として、また活動のエネルギー源として利用される。その物質が、アミノ酸を肥料として吸収することで、体内に取り込むことができるのだ。このことは作物を栽培するうえで、とても重要なポイントとなる。

●吸収されたアミノ酸の使い道は多様

肥料として吸収されたアミノ酸を作物は、大きく分けると二つの場面で生かすことができる。一つは体づくりの材料として、もう一つは活動のエネルギー源としてである。これらは前にも述べたように作物が生きていくための基本的な要素でもある。

〈タンパク質とセンイ類の原料〉

「体づくりの材料」という面では、さらに二つに分かれる。

一つは、吸収されたアミノ酸は、そのまま、あるいは少し手を加えられて細胞をつくっているタンパク質の原料となる。タンパク質が細胞をつくり、さらに各器官をつくっていく。アミノ酸は細胞や各器官の原料なのだ。

もう一つは、アミノ酸の炭水化物部分を使ってセンイ類をつくることができる。センイが強固になれば、体がしっかりしたものになり、病害虫にも強い作物になる。

〈カロリーをもったチッソ肥料〉

「活動のエネルギー源」としては使われるのは、やはりアミノ酸の炭水化物部分だ。炭水化物は作物のいろいろな活動のエネルギー源であるから、炭水化物をもったアミノ酸から、活動エネルギー（カロリー）を取り出すこともできる。炭水化物は呼吸によってそこからエネルギーを取り出すことのできるカロリーをもった物質でもあるから、アミノ酸はいってみれば「カロリーつきチッソ」ということになる。

また、天候不順のときは、光合成によってつくられる炭水化物量が少なくなる。そんなときに、吸収したアミノ酸の炭水化物部分を使うことで、炭水化物量の減少を抑えることができる。つまり、光合成が果たしている役割をアミノ酸が代替することができるということだ。

〈付加価値を高める〉

さらに、「付加価値」を高めるためにも使われる。これは作物が生きていくための基本的な要素とは若干異なるものの、農業生産上は非常に大きな要素だ。

アミノ酸の炭水化物部分は、その量にゆとりがあれば、容易に糖類に変換できる。糖類は炭水化物そのものだからだ。そしてこの糖類は、果実にたくわえられればそのまま糖度アップにつながるし、ビタミンCなどにも変換される。つまり、農産物の付加価値を高めることにつながるのである。

その他にも、作物体中の糖類の含有量（糖含量）が高まれば、耐寒性や耐凍性を向上させる効果もある。

図1-6　アミノ酸は「カロリーつきチッソ」

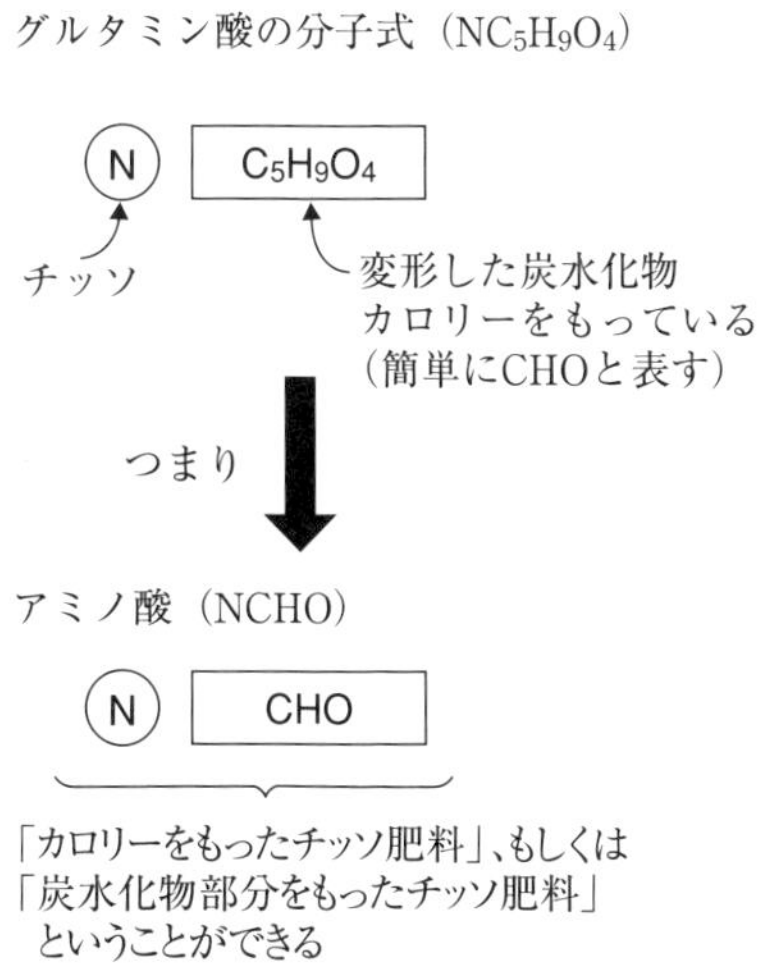

図1-7　肥料として吸収されたアミノ酸の使われ方

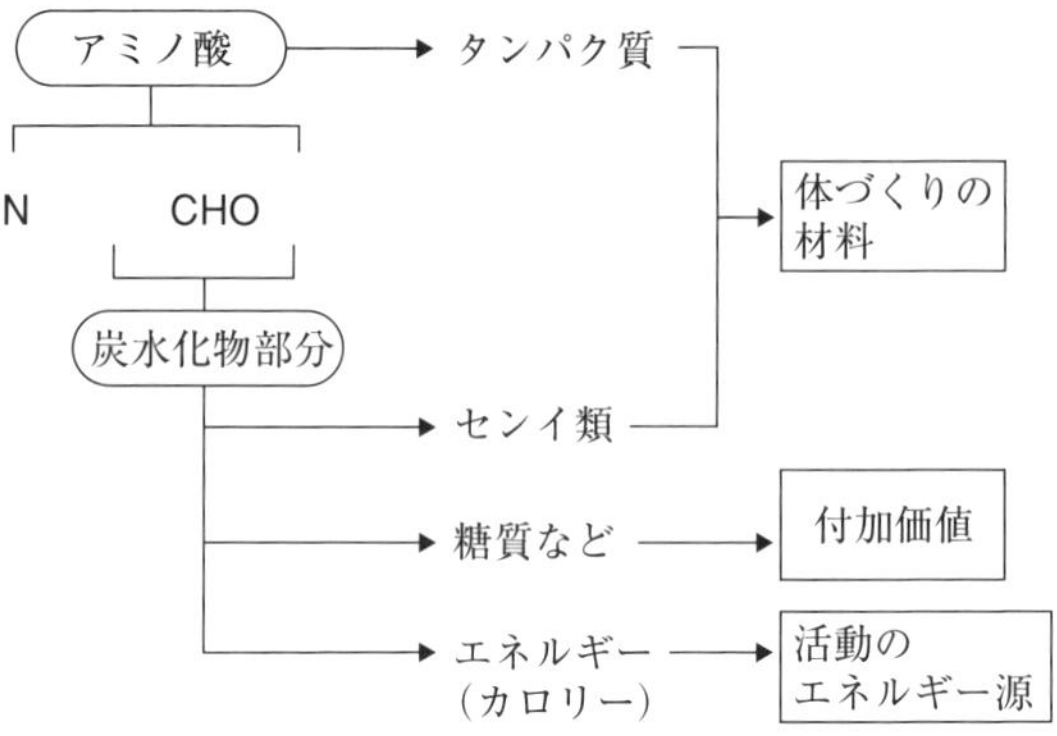

以上のような、アミノ酸のもっている数々の特性を作物栽培に生かそうというのが本書で紹介する有機栽培なのだ。

つまり、有機栽培とは、有機態チッソを作物に直接吸収させることで、効率のよいタンパク質合成を実現して、作物の健全な生長を促し、同時に、光合成産物である炭水化物のゆとりを生み出すことで、全天候型の無病・高品質・多収の作物栽培を目指す農法のことをいうのである。

有機栽培で実現できること

(1) アミノ酸直接吸収のメリット

●タンパク質の生産効率がよい

有機栽培の発想というのは実は非常にシンプルなものだ。

作物の体がタンパク質でできていて、その原料がアミノ酸であれば、アミノ酸を直接根から吸収させればいいではないか。そうすれば、作物が硝酸を吸収したときのように、硝酸を亜硝酸、アンモニアに変え、さらに光合成によってつくられた炭水化物を組み合わせてアミノ酸をつくる工程が省略できる。硝酸を亜硝酸に変えるひと手間、アンモニアに変えるひと手間（エネルギー）、さらにアミノ酸に変えるひと手間をかけずにすむことになる。

つまり、アミノ酸を直接吸収することで、作物にとっては、エネルギーロスの少ない、効率のよいタンパク質生産ができるではないか。

●余剰炭水化物で生命力を増強できる

さらに、アミノ酸を直接吸収することで炭水化物に余剰が生まれる。

アミノ酸は炭水化物部分をもった物質であることから、アミノ酸を吸収した作物の体の中では、光合成によってつくられた炭水化物にアミノ酸の炭水化物部分が加わることになり、総炭水化物量が多くなるのだ。炭水化物は先に見たように、体づくりの材料であると同時に、エネルギー物質でもあるから、作物は生長に使って残った余剰炭水化物で、収量・品質の向上や病害虫に負けない体づくり、悪天候対策に役立てることができることになる。

つまり、アミノ酸を直接吸収することで、作物にとっては、炭水化物に余剰が生まれ、厳しい環境条件のなかでも生き抜く力を得ることができるのだ。

(2) おいしいものをより多く生産できる

この炭水化物やアミノ酸の余剰を農業生産に生かすことによって、おいしくて栄養ある農産物を多収することができる。しかも低温や日照不足などの悪条件のなかでも安定した生産が可能になる。

有機態チッソを「アミノ酸」と表記する

本書では、新聞報道で紹介したタンパク様チッソも含めて、土壌中に有機物の分解物として存在し、作物に直接取り込まれて、体づくりの素材として、あるいは作物のエネルギー源として使われる有機態のチッソを総称して「アミノ酸」と表記する。もちろん、タンパク質の分解の過程で生まれる有機態のチッソは、低分子のタンパク質から、アミノ酸がいくつかくっついたペプチド、さらに何種類ものアミノ酸と、多種多様なものがあり、「アミノ酸」と単純にひとくくりにはできない。しかし、それらはみな、低分子のアミノ酸の複合物あるいは変形物と考えられ、土壌中、作物中では似たような働きをしていると考えられるからだ。

本書でアミノ酸という場合、植物生理における化学変化では、狭い意味の文字どおりのアミノ酸だが、土壌中での働きなどで使っている場合は、広い意味の有機態チッソのことをアミノ酸と表記していることが多い。場面ごとに勘案して読み進めていただきたい。なお、有機栽培の実際の場面では、このような有機態チッソの複合体としての有機肥料、ボカシ肥料のことを「アミノ酸肥料」と定義している。

図1-8　吸収されるチッソによって総炭水化物量が変わる

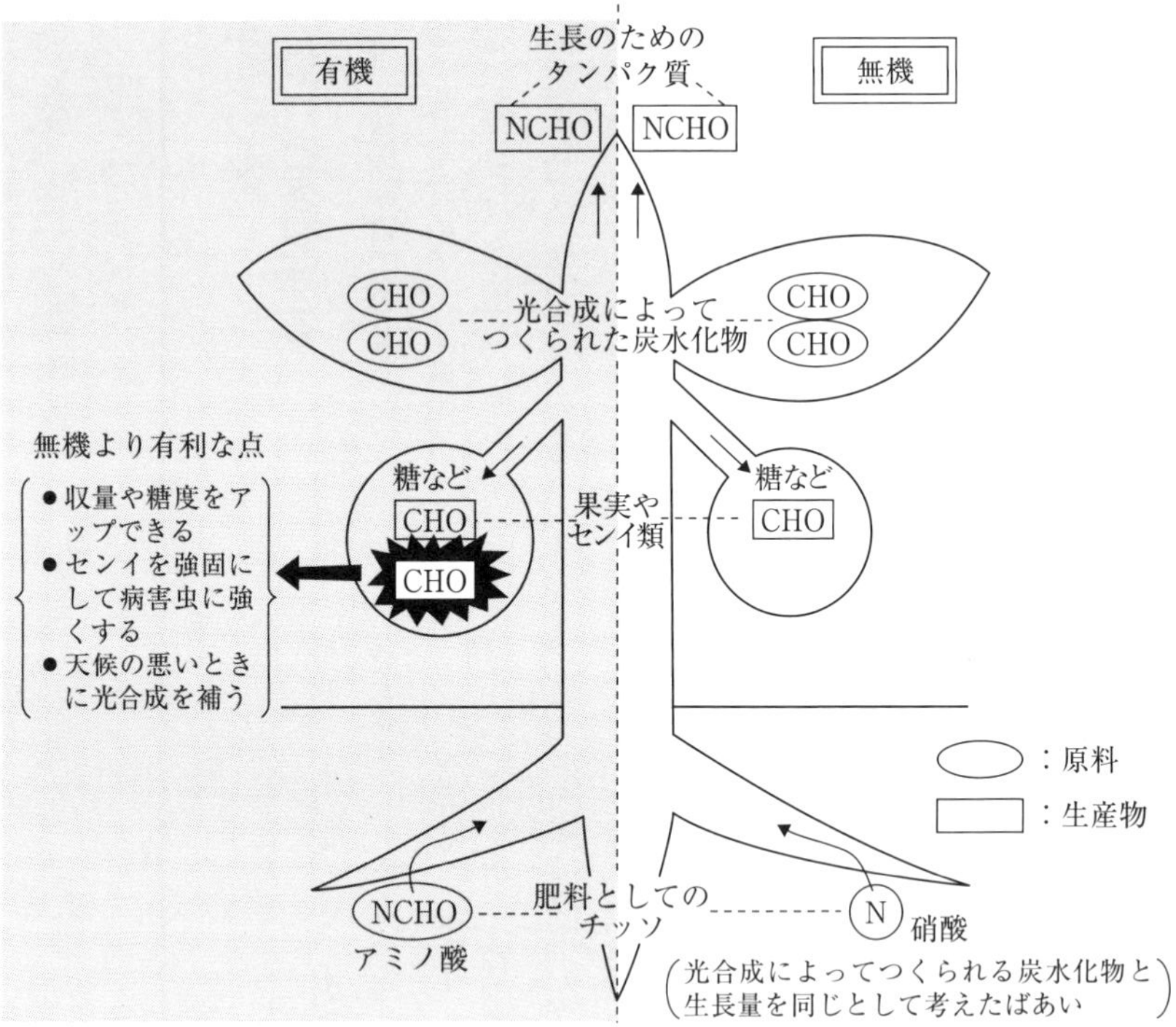

●炭水化物で糖度や栄養価アップをねらう

炭水化物の余剰は、そのまま農作物の品質に直結する。

糖類やデンプンは炭水化物の代表的なもので、炭水化物が多く生産されると、果実やイモなどの貯蔵器官に蓄積されることになる。果実では糖度アップにつながり、イモ類や穀物では増収につながる。

また、糖類だけでなく、ビタミンなども炭水化物が基本になってつくられるから、炭水化物の量が多くなればそれだけビタミンや機能性物質を多くつくりだすことができる。高品質な作物栽培が可能になるのである。ちなみにビタミンC（$C_6H_8O_6$）は、ブドウ糖（$C_6H_{12}O_6$）と分子数についてはよく似ており、どちらも光合成によってつくられる炭水化物の仲間なのだ。

●病害虫に対する抵抗力を増す

また、余剰の炭水化物があるということは、細胞をつなぎあわせるセメントでもあるペクチンや細胞膜の主成分であるセルロース、さらにはヘミセルロースやリグニンといった体のセンイ質を厚く丈夫にする。これらのセンイ類は炭水化物が多数結合した物質であり、炭水化物が多いほど、より強固なものとなる。

図1-9　ビタミンCとブドウ糖

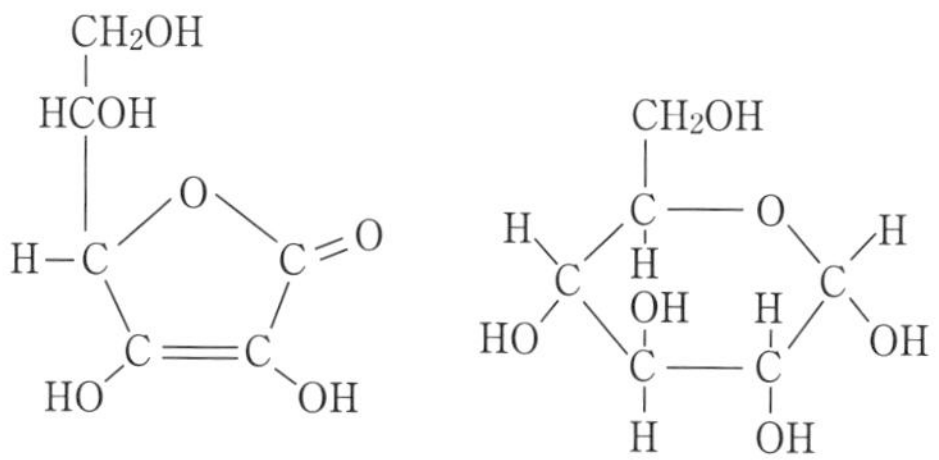

ビタミンC（$C_6H_8O_6$）　ブドウ糖（$C_6H_{12}O_6$）

さらに、炭水化物が多くなるほど根酸がふえるので、石灰（カルシウム）や苦土（マグネシウム）などのミネラル吸収量をふやすことになる。カルシウムには病害菌がもつ細胞壁分解酵素を阻害する働きがあることが知られているし、その他のミネラルも作物の生長を整序する働きがあるので、作物全体が病害虫に強い体質に変わっていくことになる。

つまり、作物組織を強くして、収量や品質だけでなく、病害虫に対する抵抗力を大きくするのだ。

●アミノ酸で旨み成分のアップ

アミノ酸の余剰も農産物の品質アップにつながる。

アミノ酸は食物の旨み成分としても知られているように、作物の味の面で重要な役割をもっている。たとえば、トマトの味では、二つのアミノ酸、グルタミン酸とアスパラギン酸の割合がもっとも大切なポイントといわれており、その割合が四対一のときにもっともトマトらしくおいしい味になるといわれている。このようにアミノ酸の組み合わせが農作物の味を決める重要な要素になっている。

単に糖度が高いというだけでなく、このような旨み成分のバランス、つまりアミノ酸のバランスを考えた高品質な農産物が求められている。アミノ酸を肥料として用いる有機栽培なら、このようなアミノ酸バランスに配慮した農産物の生産につなげることが可能だ。

(3) 天候に左右されない栽培が可能になる

●収穫物の安定生産

天候の振れに強いのも有機栽培の特

表1-1　アミノ酸の味

旨み・酸み	グルタミン酸 アスパラギン酸
甘み	グリシン アラニン スレオニン プロリン セリン グルタミン
苦み	フェニルアラニン チロシン アルギニン ロイシン イソロイシン バリン メチオニン ヒスチジン

＊アミノ酸をいくつか混ぜ合わせることで複雑な味となる。なお、分類は味の素株式会社のホームページ「アミノ酸大百科」より

写真１-２　有機栽培では「チッソを切る」というより、チッソを絞ってミネラルも十分吸えるようにして、品質と収量を両立しようとしている（青森県平賀町）

徴である。気象条件の悪化による収量・品質の低下を最小限に食い止めることができる。

たとえば低温寡照条件下では葉の炭水化物生産は滞る。当然、生育は停滞し、収量・品質の低下、病害虫の発生などが心配される。しかし有機栽培なら、施肥したアミノ酸のもっている炭水化物部分を作物の生育に振り向けることで、気象条件の悪化に伴う炭水化物量の低下を補い、健全な生育に近づけることができる。お日様が顔を見せなくても、アミノ酸肥料から炭水化物部分を調達できるからだ。このことはあとに紹介する試験機関の研究成果からもいえることである。

実際、各地で有機栽培を実践している方の多くは、気象条件が悪いなかでも、収量・品質のよいものを収穫している。

写真１-３　貯蔵養分が潤沢にあることで開花揃いがよいリンゴの枝（長野県下條村）

図1-10　有機栽培では天候が悪いときでも生育が安定する

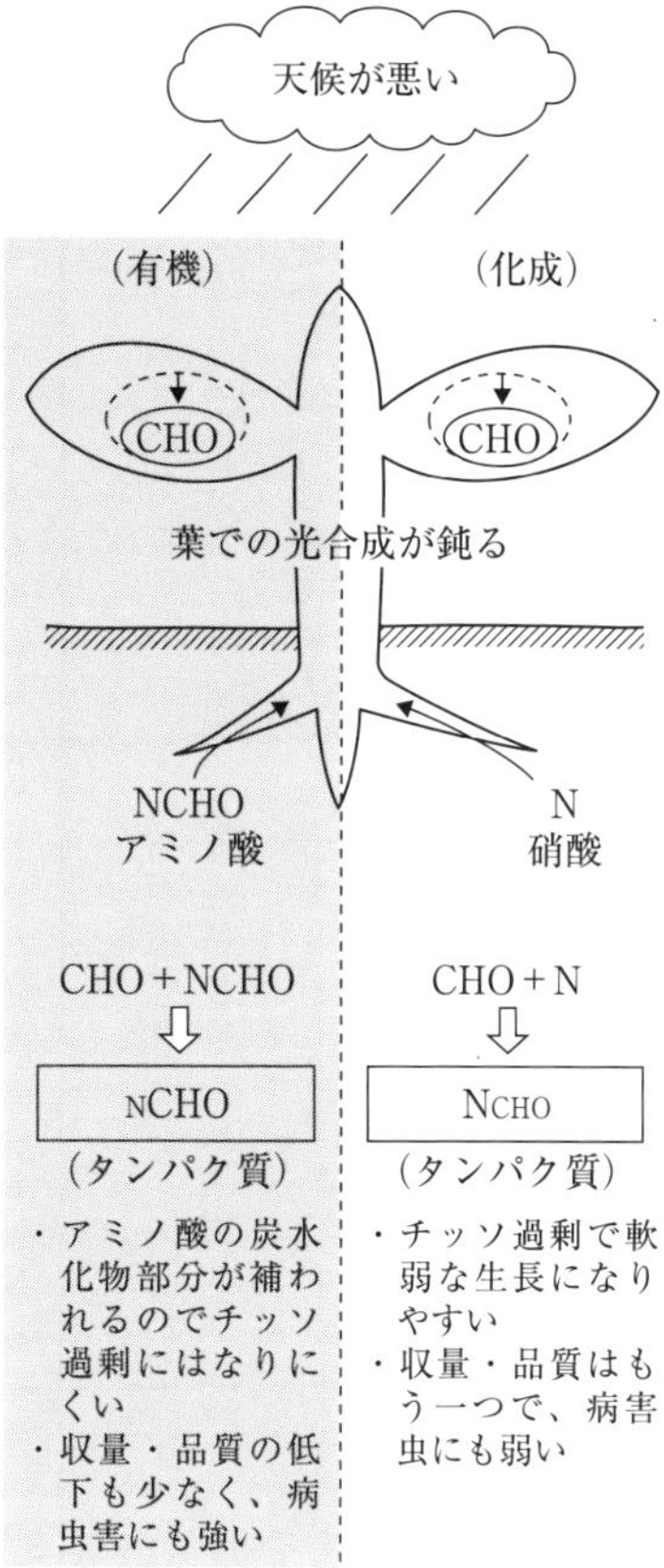

●品質面での安定生産

気象条件の悪化は収量だけでなく品質面にも影響する。果物などでは長雨や低温の影響で、味がうすかったり、甘みが十分でないことが多い。それは天気が悪いために炭水化物の生産が低下し、果実に糖分や旨み成分が蓄積できなかったからだ。

その点、有機栽培ではアミノ酸肥料の炭水化物部分で、炭水化物生産の低下を補ってくれる。その結果、味や旨みの低下を少なくすることができる。

［資料］有機のチッソも吸収されている——試験研究の成果より

●無機栄養説

化学肥料は水に溶けやすく、化学肥料を構成していた物質が水に溶けて、土壌溶液中で陽イオン、陰イオンとなったものを植物が吸収する。堆肥や有機質肥料も、基本的には土壌中の微生物の力によって分解されて、無機のイオンになってはじめて植物に吸収される。

これが無機栄養説と呼ばれているものである。歴史的にはドイツのリービヒがその理論を構築した。

化学肥料が生まれる前から農家は、さまざまな有機質肥料や堆きゅう肥を投入することで、作物の増収や品質の向上を得てきた。無機栄養説によると、有機質肥料や堆きゅう肥といったさまざまな有機質は、土中に生息している微生物の力で小さな分子に分解され、最終的には無機のイオン、硝酸態チッソやアンモニア態チッソの形にまで分解されてはじめて、作物の根から吸収される、というのである。もっと極端にいうと、有機質肥料や堆肥の肥料成分は、無機の肥料によって代替できる、というのである。

現在では、有機態チッソが作物に直接吸収されるというさまざまな知見が得られているが、それでも、土壌肥料の分野では、無機栄養説がいまだに幅をきかせている。しかし、多くの実験結果や実際の有機栽培の実践から、いまや有機態のチッソが植物に吸収されているという事実は否定しようがない。しかも有機態のチッソ、すなわちアミノ酸を吸収できるということは、そのチッソ成分を無機のチッソで施用した以上のメリットがある。そこに有機栽培の存在意義がある。

●有機態チッソの吸収説

リービヒの無機栄養説に対抗して、有機物が直接植物に吸収され代謝されるという研究は多数存在し、それらの研究を総括してSCHREINERは次のように述べている。

「土壌中でのタンパクの分解産物は直接植物に吸収され、植物はこれらのユニットを可能なかぎり利用して複雑な自らのタンパク質をつくる。なぜなら、植物が体内で硝酸からタンパク質を構成するアミノ酸類をつくるには多大なエネルギーを消費するので、これらのタンパク分解産物の単位構成分を利用できるときは利用した方が、硝酸同化に体力を消費するよりは有利である、と考えるほうが理にかなっているからである」。

このSCHREINERの言葉を紹介している「植物による有機成分の吸収」という東京大学・森敏氏の論文には、興味深い研究の成果が紹介されている。そのうちのいくつかを引用するかたちで以下、紹介しよう。もっと詳しく知りたい方は直接本文を参照されたい（農文協『農業技術大系・土壌施肥編』第二巻に収録）。

●チッソ源として効率のよいグルタミン酸

槙らは小型の無菌装置でイネ幼植物を栽培し、アミノ酸の影響を調べた。

その結果が図①である。論文では、「γ—アミノ酪酸、グルタミン酸、グリシン、フェニルアラニンの順によいチッソ源であったが、いずれも硫安に劣っている」としている。

しかし、図①のグルタミン酸をみてみると、チッソの吸収量では三番目だが、全重では数値が一番大きい。農業は経済行為である以上、収量（ここでは全重）の多寡を問題にしなければならない。その点からこの実験をみていけば、グルタミン酸がチッソ源として一番効果をあげている、ということもできる。つまり、グルタミン酸のチッソは硫安のチッソよりも、より効率よくイネの体内で使われていることを示しているのではないか。アミノ酸がそのまま吸収されてタンパク合成などに利用されるほうが、吸収した無機態チッソからアミノ酸、タンパク質をつくっていくより、明らかにエネルギー消費が少なくてすむからだ。そのことをこの実験は示してもいる。

図①　イネの無菌栽培幼植物の生育に及ぼすアミノ酸の影響

（槙ら、1996年）

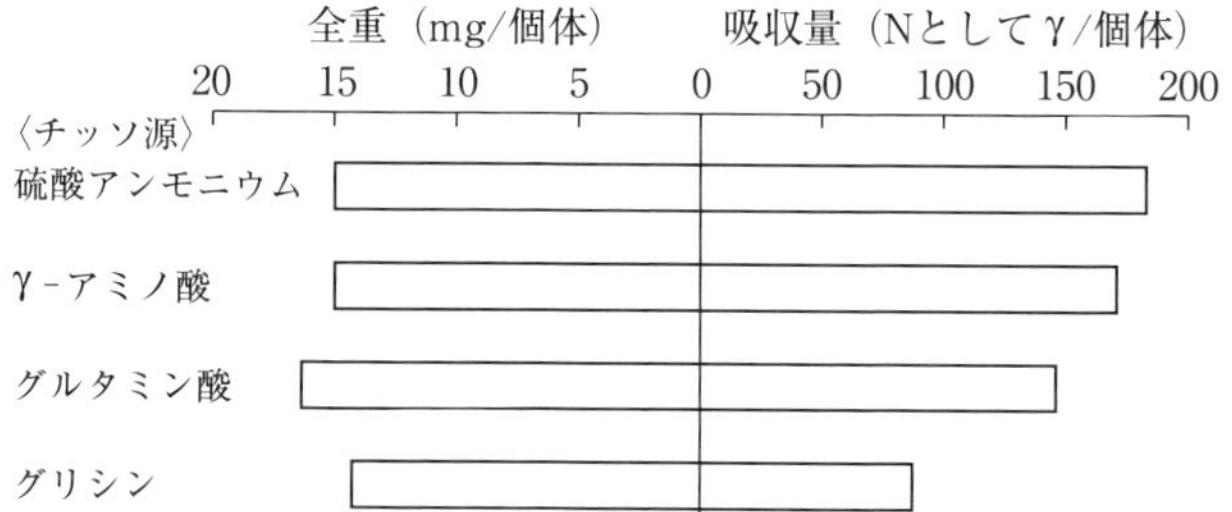

生育試験日数：無チッソ培地で発芽時より17日間生育させたのち処理を施し、10日間生育収穫した
供試物質添加量：Nとして3mg/l
3連平均値

●各種アミノ酸の肥効（水耕法、土耕法）

森らは、完全無菌ではないが、各種アミノ酸を唯一のチッソ源としてハダカムギを水耕栽培で収穫期まで育てて図②を得た。

これによると、アミノ酸の効用といってもさまざまであり、アンモニアや硝酸単独で育てたより収量が高くなるものもある反面、逆に生育を阻害してしまうものもあるということである。

論文ではアミノ酸の吸収メカニズムについて、①細胞壁の通過性、②細胞膜表面への吸着、③細胞膜の通過性、④代謝の難易、の面からアミノ酸の肥効を論じている。

また、土耕法による実験データも紹介されている。土耕実験の場合には、土壌中の微生物活動の影響が効いてくるので、アミノ酸の種類と収量との間に直接的な関係を見いだすのは困難で

図②　各種アミノ酸を唯一のチッソ源として水耕栽培したハダカムギの収量
（森・内野、1976）

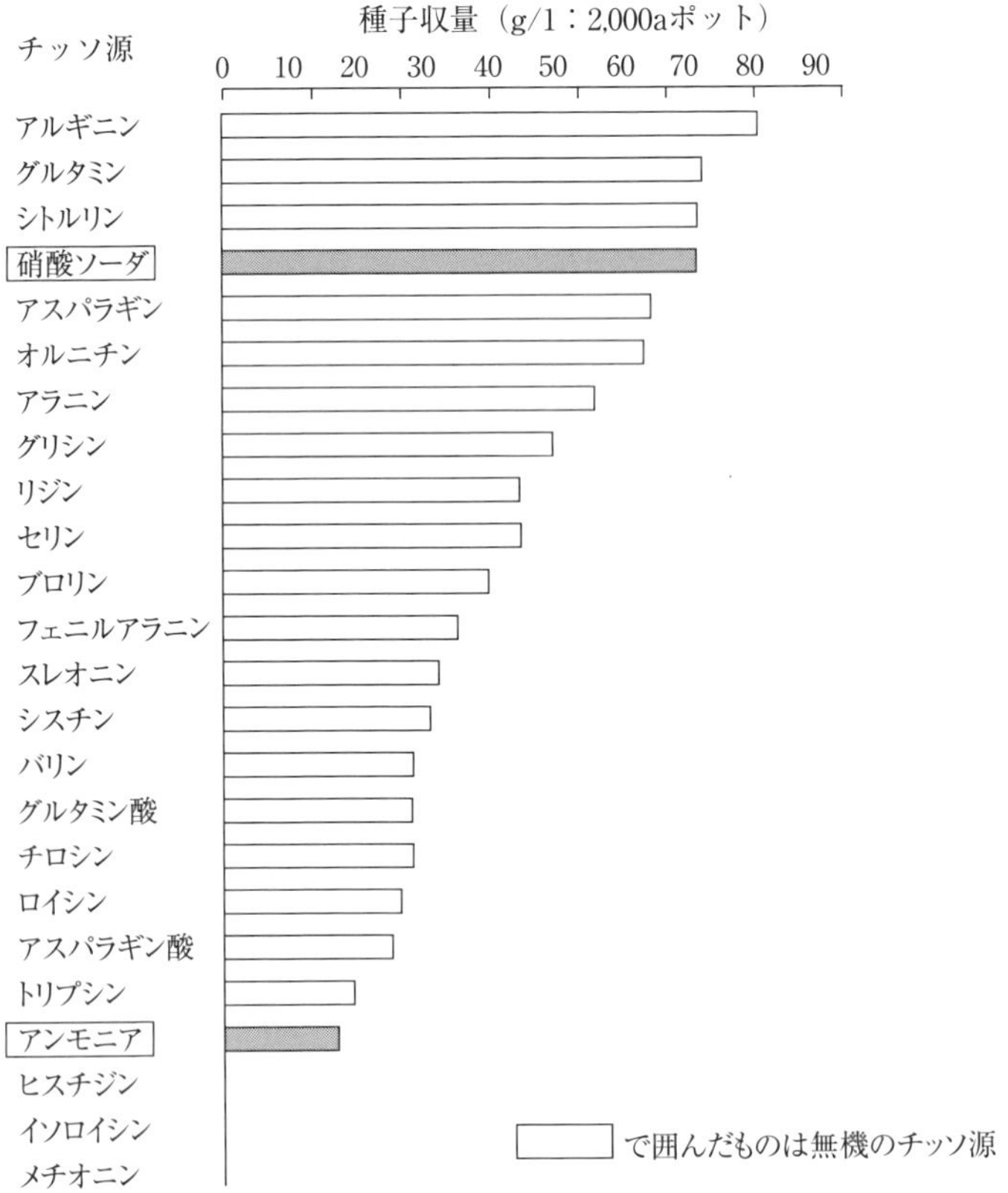

ある。しかし、「収量の悪い化合物については、ハダカムギの場合も、イネの場合もおおよそ、水耕で生育が悪かったアミノ酸と一致するものが多いことがわかる」としている。このへんは、アミノ酸ならすべてよい結果をもたらすものではないこと、アミノ酸を肥料として活用する場合の参考データであるといえる。

　どちらにしても、アンモニアや硝酸という無機チッソと同等か、それ以上の収量をもたらすアミノ酸（単独）が存在するということである。とくに、ハダカムギではその傾向が強いのだが、その点について、論文の締めくくりの箇所で、「冬作であるハダカムギの場合、全生育期間の大半を低温寡照で過ごすために、慢性的な光合成産物の欠乏状態を示している。この状態はイネの場合の初期生育の条件と類似しているので、この期間に有機チッソ源が根から供給されることは、根自体の生育にとってきわめて有利に働く。同時にそれが、光合成産物の根への転流分を一部代替していることになるので、地上部の生育にそのぶんが回った結果、全体として、良好な生育を示すことになる」と結論づけている。

●無機態チッソ源より吸収のよい有機態チッソ源が存在する

　無機態チッソと有機態チッソが同時に存在する条件下で、いずれがよく吸収同化されるかについての研究が紹介されている。ハダカムギ幼植物に三種のチッソ源を与えたときの吸収をみた（図③）。

　その結果、高温（二〇℃）条件下では、グルタミン、アルギニン、硝酸の

図③　ハダカムギによる3種のチッソ源の等モル（Nとして各10ppm）混合液からのチッソの吸収
（森・西沢、1979）

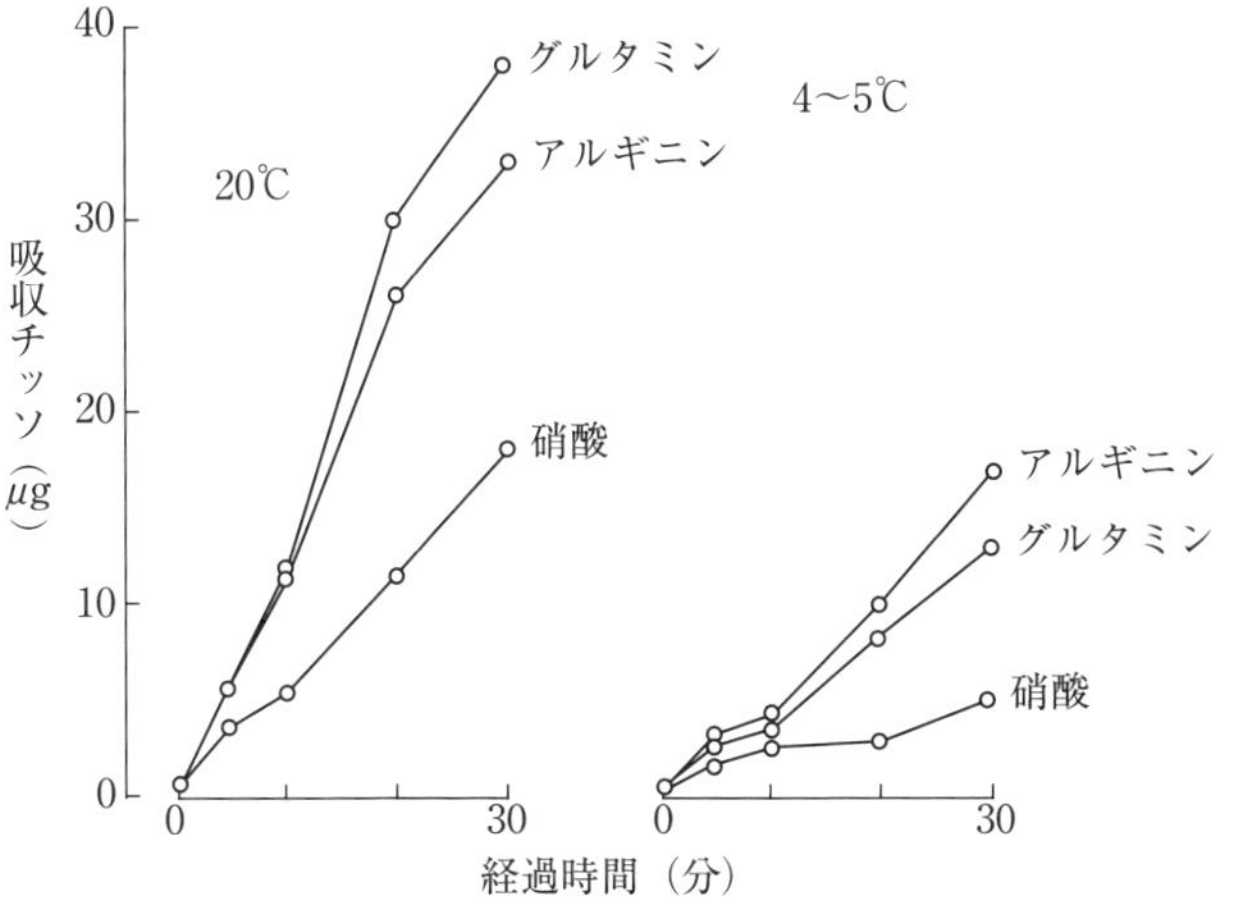

チッソ源として〔U－^{14}C〕グルタミン、〔2,3－^{3}H〕アルギニン、^{15}N－NO_3を用いて、それぞれの化合物からのチッソの吸収量を計算した

順に吸収が盛んであり、低温（四～五℃）下では、アルギニン、グルタミン、硝酸の順に吸収される。いずれの場合も、有機態チッソ源による吸収が硝酸よりもまさっていた。グルタミン、アルギニンともにそのままの化合物のかたちで吸収されたのち、ただちに代謝されていくことも証明されている。そして、イネの幼植物での実験も紹介し、「以上の研究から、無機態チッソ源よりも吸収のよい有機態チッソ源が少なくとも存在することが証明された」としている。

図④　イネの野外での水耕栽培実験期間中の月別の日平均太陽エネルギー　（MORIら、1985）

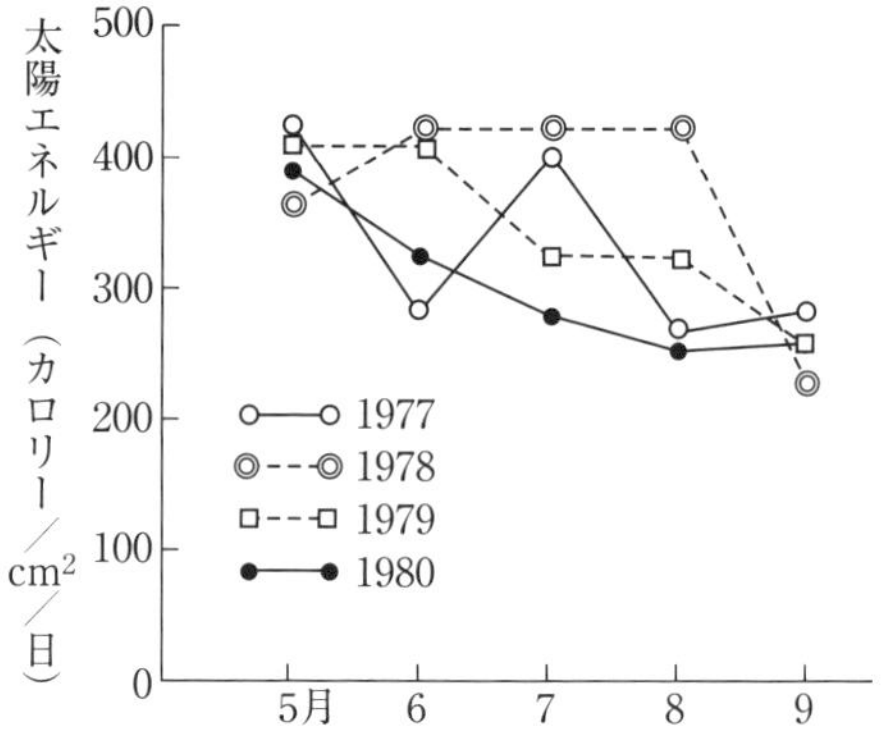

図⑤　各年次の水耕液温度・光条件の異なる水耕イネの収量変化に及ぼすアルギニンの効果（単位：g／ポット）　（MORIら、1985）

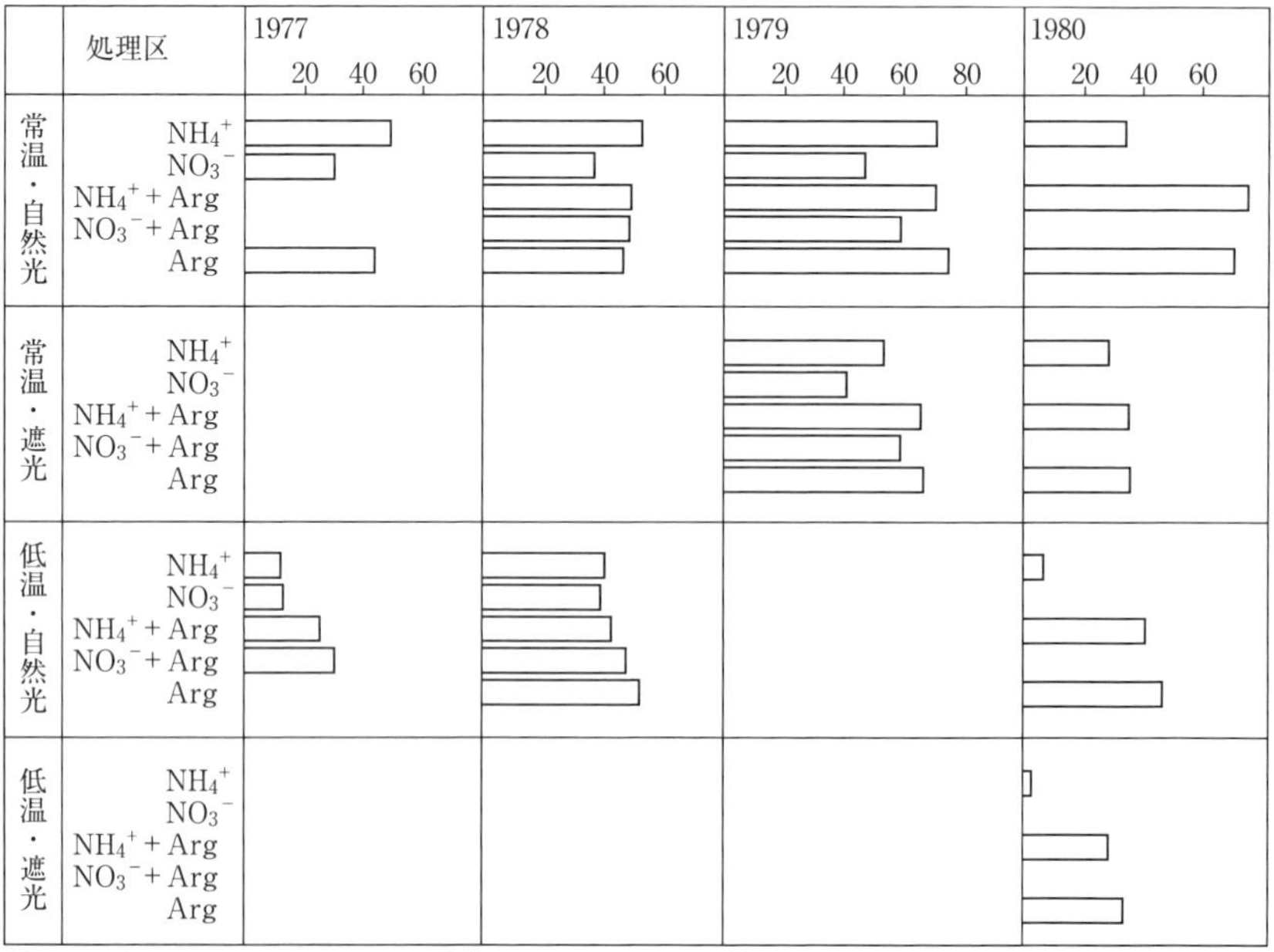

（注．NH_4^+：アンモニア　NO_3^-：硝酸　Arg：アルギニン）

●低温寡照条件のイネの生育阻害に対するアルギニンの補償効果

著者らの行なっている有機栽培では日照不足や低温などの不順天候下でも、一般の栽培に比べて収量・品質が安定している。この論文には、自然光または遮光（四七％）と水耕液の低温処理という人為的な阻害条件との組み合わせによって、野外でのイネの生育・収量がどう変わるかについての実験結果も紹介されている。実験は、チッソ源としては無機のアンモニア、硝酸と有機のアルギニン、無機と有機の各チッソの組み合わせで、一九七七年から一九八〇年にかけて四年間、遅延型冷害（一九七七）、平年（一九七八）、平年（一九七九）、障害型冷害（一九八〇）という気象のふれの大きい期間に行なわれた（図④、⑤）。

そして実験の結果を次のように整理している。

「イネの場合、本邦において生育の初期は一般に低温寡照である。このときイネは葉の同化産物の一部を根に転流させねばならない。そして、根の成長にみあって養分吸収力を増大させていく。この養分吸収力が逆に光合成能を規定し、したがって地上部の生育も律している。

このように低温または寡照のゆえに光合成速度が生育の律速になっているときに、根から吸収代謝されやすいチッソと炭素を同時にそなえた有機チッソ源が与えられれば、それは根の生長にそのまま使われ、したがって、光合成産物（炭素源）の根への転流分を一部代替することができる。同時に、根の活性が増加するので、地上部への養分供給量も増大し、地上部の生育が促進される。

イネの場合、生育の後半は平年の気象であれば（一九七八、一九七九）、高温で強い日照条件下におかれることになるので、光合成が律速になっていた無機チッソ源の効果をマスクしてしまうこともある（一九七七、一九七八、一九七九年の常温×自然光区を見よ）。」

ここには明確に、チッソと炭素をもった有機チッソ源（たとえばアミノ酸）が、光合成産物

表①　化学肥料の減肥と堆肥の施用がニンジンの収量に及ぼす影響

（徳島農試、1998から抜粋）

試験区	収　量 (t/10a)	土壌中の無機態チッソ（mgN/kg）			
		2月13日	3月3日	4月21日	5月25日
慣行化学肥料*	8.4	291	207	194	60
40%減肥+豚ぷん堆肥**	9.3	136	143	51	70

注　*28kgN/10a施用
　　**1t/10a施用

の不足を補償することが述べられている。

図⑥　**有機態チッソとしてナタネ油かすを施用したときのさまざまな野菜のチッソ吸収反応**（化学肥料との比較）

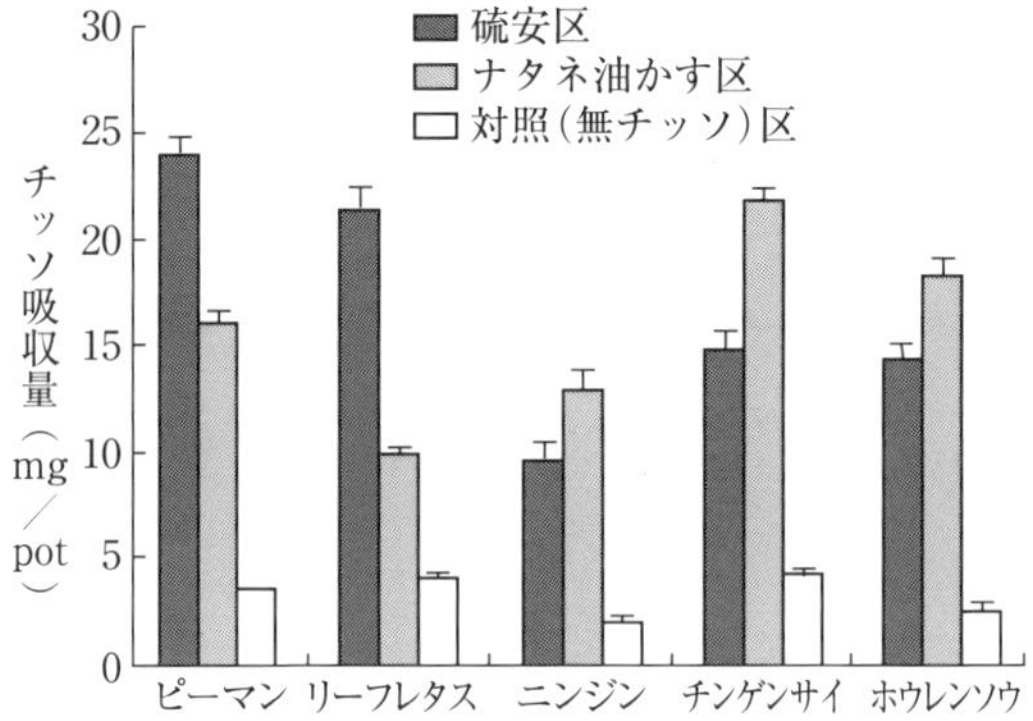

●無機態チッソ量が少ないのに多収している堆肥区

以上は実験データだが、一般の圃場試験データからも有機態チッソを植物が直接吸収している姿がわかる。以下は二七ページで紹介した新聞報道の詳しい内容を収めたものだ。

農業環境技術研究所の阿江教治氏らの論文「土と作物間でおこるさまざまな養分吸収システム」（『農業技術大系　土壌施肥編』第二巻所収）によると、「これまで作物が吸収できるチッソは無機態チッソに限られると考えられてきた。それは有機物を施用した場合でも同様で、有機物由来の有機態チッソが無機化されてから作物に吸収されると考えられてきた。ところが、都道府県農試で行なわれている有機物施用に関連した成績書のなかには、この論理に疑問を抱かざるを得ない結果が見受けられる」として、いくつかのデータを紹介している。

豚ぷん堆肥の施用がニンジンの収量にどのように影響を及ぼすかの試験を徳島県農試が行なっている。その栽培期間中の無機態チッソ量のデータが表②である。「豚ぷん堆肥を施用した区の無機態チッソ量は化学肥料区よりも少なく推移したが、最終的にはニンジンの収量は多かった」ことから「必ずしも無機態チッソだけが主要なチッソ源ではないことを示し

表②　**栽培期間中の無機態チッソ、アミノ酸態チッソおよびタンパク様チッソの濃度変化**

施用チッソ	無機態チッソ (mgN/kg)	アミノ酸態チッソ (mgN/kg)	タンパク様チッソ (mgN/kg)
無施肥	27.5～ 50.0	0.1～ 0.2	18.7～34.7
化学肥料(硫安)	90.5～133.0	0.3～ 0.4	18.9～31.0
菜種油かす	41.0～ 82.5	0.4～ 0.6	34.6～55.9

注　最小値～最大値

ている」としている。

また、同じニンジンの例で、茨城県農試からの報告では、化学肥料区と堆肥区で、収量とチッソ吸収量とを比較している。そのデータによると、化学肥料区は収量三・九t、チッソ吸収量一〇・五kgに対して、堆肥区は六・〇t、一四・五kgであった。全チッソ施用量は二五kgと二八・九kgでほぼ同程度であること、堆肥中の有機態チッソがすべて無機態チッソに変わるとしても相当な期間が必要となることなど、を考え合わせると「ニンジンが無機態チッソだけを吸収すると考えると、堆肥区のニンジンの収量およびチッソ吸収量が化学肥料区より多いことが説明できない」としている。

さらに阿江氏らは、「既存の論理と合致しないがゆえに学術論文にはなりにくく、なかなか表面にはでてこない。しかし、学術論文として出版されないがゆえにこれらのデータは圃場からの生の声ではないか」という意見も表明している。

●分子量八〇〇〇のタンパク様チッソが吸収されている

阿江氏らは以上のようなデータは「作物の養分吸収特性の多様性によるものではないか」と考えて、さらに研究を行なっている。その結果、分子量八〇〇〇というタンパク様チッソがある作物には直接吸収されることが示された。

その実験とは、ナタネ油かすと硫安を使って、リーフレタス、ピーマン、ニンジン、チンゲンサイ、ホウレンソウを栽培してチッソ吸収反応を見たものである。その結果が図⑥で、栽培期間中の各種チッソの濃度の幅を見たものが表②である。

この実験から、まず、作物によっては有機態チッソの施用で生育（チッソの吸収）が促進するもの（ニンジン、チンゲンサイ、ホウレンソウ）と、抑制されるもの（レタスやピーマン）に分かれた。そして有機物（ナタネ油かす）を施用した区の無機態チッソは化学肥料区よりも低く推移していることから、「ニンジン、チンゲンサイやホウレンソウは「ナタネ油かす」からのチッソ吸収量が多く、必ずしも無機態チッソを主要なチッソ吸収源と考えることはできない」とした。さらにこの実験では、土壌中に遊離した状態で存在するアミノ酸量は非常に少なく、アミノ酸がチッソ吸収の増加に寄与したとは考えにくい。つまり、「有機態チッソの施用で増加し、比較的大量に存在するのはタンパク様チッソであり、このチッソを利用していると考えるのが妥当であろう」としている。そしてチンゲンサイやニンジン、ホウレンソウの導管液を採取して調べたところ、タンパク様チッソと同じ分子量八〇〇〇のところにピークを検出した。ところが、ピーマン、レタスの導管液からは検出されなかった。

以上の結果は、「チンゲンサイやニンジンやホウレンソウはタンパク様チッソを直接吸収できる能力があることを示し、植物によってその吸収に違いがあることを示唆している」としている。そして、先の徳島県農試、茨城県農試のニンジンのデータは、タンパク様チッソの直接吸収機構から説明できるとして、次のように記している。

「冬ニンジンには堆肥が効く」といわれており、地温が低い秋冬期でもニンジンが栽培されているが、この期間、有機態チッソの無機化速度は地温の高い夏期と比べてきわめて遅い。したがって、有機物施用で土壌中にタンパク様チッソが長くとどまるのは当然であり、そのタンパク様チッソをニンジンは効率よく吸収していると考えることができる」

さらに論文では、樹木のチッソ吸収の本体は有機態であるという『ネイチャー』誌の報告をひきながら、「われわれの研究によると、日本の土壌だけでなく、ブラジル、タイ国などの土壌においても、貯蔵態の有機態チッソは分子量八〇〇〇のタンパク様チッソであり、これは普遍的に存在し、しかも無機態チッソへ変換しうる貯蔵態チッソである。したがって、森林土壌に存在するチッソの主要形態はこのタンパク様チッソであり、これを樹木が吸収すると考えることは容易に推察できる」としている。

引用が長くなってしまったが、この阿江氏らの論文では、施用した有機物が「生」のナタネ油かすで、土壌中のアミノ酸態チッソの濃度は低く、生育への寄与はほとんどない数値になっている。しかし、問題はそこではなく、分子量八〇〇〇というタンパク様チッソが直接根から吸収されている、という事実に注目したい。もちろん吸収のメカニズムがどのようなものなのかについては未解明の部分も多く、分子量だけで比べることは注意しなければならないが、生体物質であるアミノ酸は分子量の大きなもので

表③　アミノ酸の分子量

グリシン	75
アラニン	89
バリン	117
ロイシン	131
イソロイシン	131
メチオニン	149
プロリン	115
フェニルアラニン	165
トリプトファン	204
セリン	105
トレオニン	119
システイン	121
チロシン	181
アスパラギン	132
グルタミン	146
アスパラギン酸	133
グルタミン酸	147
リジン	146
アルギニン	174
ヒスチジン	155

二〇〇程度（トリプトファンで分子量二〇四、表③参照）であることを考えると、アミノ酸を主体にした肥料であれば容易に、根から吸収されると考えてまちがいはないのではないか。

●遺伝子が関与している

さらに関連して、遺伝子レベルでの知見もふえている。松中照夫氏は『土壌学の基礎』（農文協刊、二〇〇三）のなかで、次のように紹介している。

「最近、植物でアミノ酸やペプチド（アミノ酸がいくつか結合した物質）、糖といった有機化合物が植物の細胞膜を通り抜けることに関与する遺伝子（トランスポーター遺伝子）が発見され、その一部は根でも発現していることがわかってきた（Nishizawa and Mori，2001）。したがって、植物根がアミノ酸やペプチドといった有機態チッソを吸収できることは否定できなくなってきた。ただし、そのトランスポーターが土壌からのそれら有機化合物の取り込みに関与しているかどうかは、現段階では不明である。

有機態チッソ吸収能の作物間差がどのようにして現われるのかは、今後に残された大きな研究課題である。しかし、少なくとも、植物の養分が無機物だけでなく、有機物も植物養分であり得るということは確かになってきた」。

植物は自分で移動できない以上、さまざまな環境条件のなかで生き延びる術を獲得してきたはずである。たとえば、ツンドラ地帯の植物ではアミノ酸の直接吸収が認められている。これは「この地域が極低温に推移するため土壌の有機物分解が不十分となり、土壌中の無機態チッソが常に不足し、有機物の分解中間産物であるアミノ酸が豊富に存在するという環境に置かれた植物が、環境に適応した結果であろう」（『土壌学の基礎』一九一ページより）といえる。

植物の生き残り戦略からいっても、無機態チッソだけでなく有機態チッソをも吸収利用できるほうがよい。おそらく植物が吸収できるチッソの幅は、大は分子量の小さいタンパク質からペプチド、アミノ酸、小はアンモニアや硝酸まで幅の広いものではないかと考えている。

第2章

作物の生長と有機栽培

作物の生長のしくみ

(1) 作物の生長の流れ

●収穫物は太陽エネルギーのかたまり

作物は、太陽エネルギーを使って水と二酸化炭素から炭水化物を合成する光合成を行ない、さらにその炭水化物と根から吸収したいろいろな養分を材料にさまざまな有機物を合成している。そして、光合成によってつくられた炭水化物を、作物の体づくりの材料としてだけでなく、作物の行なっているさまざまな活動のエネルギー源としても活用している。

私たちが得る収穫物は、いわば太陽エネルギーのかたまりであり、その流れを見ると、次のようになる。

①太陽の光エネルギーを受けて葉で光合成を行ない炭水化物をつくる。

②光合成によってつくられた炭水化物や、根から吸収された養水分を必要な器官や部位に運ぶ（転流させる）。

③器官や部位に、送られてきた炭水化物や養水分を使って有機物を合成・蓄積し、細胞や器官をつくりあげる。

このような工程を経て生長した作物から私たちは、たとえばチャでは新葉を、ホウレンソウやコマツナでは葉を、ダイコンやニンジンでは根を、トマトやミカンでは実（果実）を収穫物として得ている。

写真2-1　みごとに揃った有機栽培のハクサイ。これらの農作物も、もとをたどれば太陽エネルギーのかたまりなのだ（長野県川上村）

●太陽エネルギーから収穫物になるまで

光合成の工場である葉（葉緑素）を〈製造部〉、養水分の運搬を担う導管や篩管、二酸化炭素や酸素、水の出入り口である気孔を〈運搬部〉、そして有機物が合成・蓄積される新葉や根、茎や花、実（果実）を〈合成部〉とすると、太陽エネルギーが収穫物となる工程は〈製造部〉〈運搬部〉〈合成部〉という流れでとらえることができる。

この工程のなかで、〈製造部〉では光合成によって、有機物の材料であり、カロリー物質である炭水化物を合成し、〈運搬部〉では炭水化物のカロリーを使って炭水化物を含めた養水分を運ぶ。そして〈合成部〉では、炭水化物のカロリーを使って、運ばれてきた養水分から有機物を合成、あるいは蓄積することになる。

(2) 作物の生長と〈製造部〉・〈運搬部〉・〈合成部〉

●養水分の流れをみる

このように太陽エネルギーから収穫物を得るまでの過程を、〈製造部〉、〈運搬部〉、〈合成部〉という三つの部分に分けて、その間の養水分の流れや、仕事の効率やロスを考えることで、作物栽培のポイントや特徴がみえてくる。

作物栽培で収穫物を多く得るためには、〈製造部〉でできるだけ多くの炭水化物をつくり、〈運搬部〉では転流のロスを少なくして運び、〈合成部〉では効率よく有機物に合成していくことが大切になる。

しかし、単純に〈製造部〉である葉面積を大きくしようとして、チッソや水分を過剰に供給しても、過繁茂になってしまっては病虫害を招くし、品質のよいものが得られない。チッソや水

図2-1　太陽エネルギーが収穫物となる工程

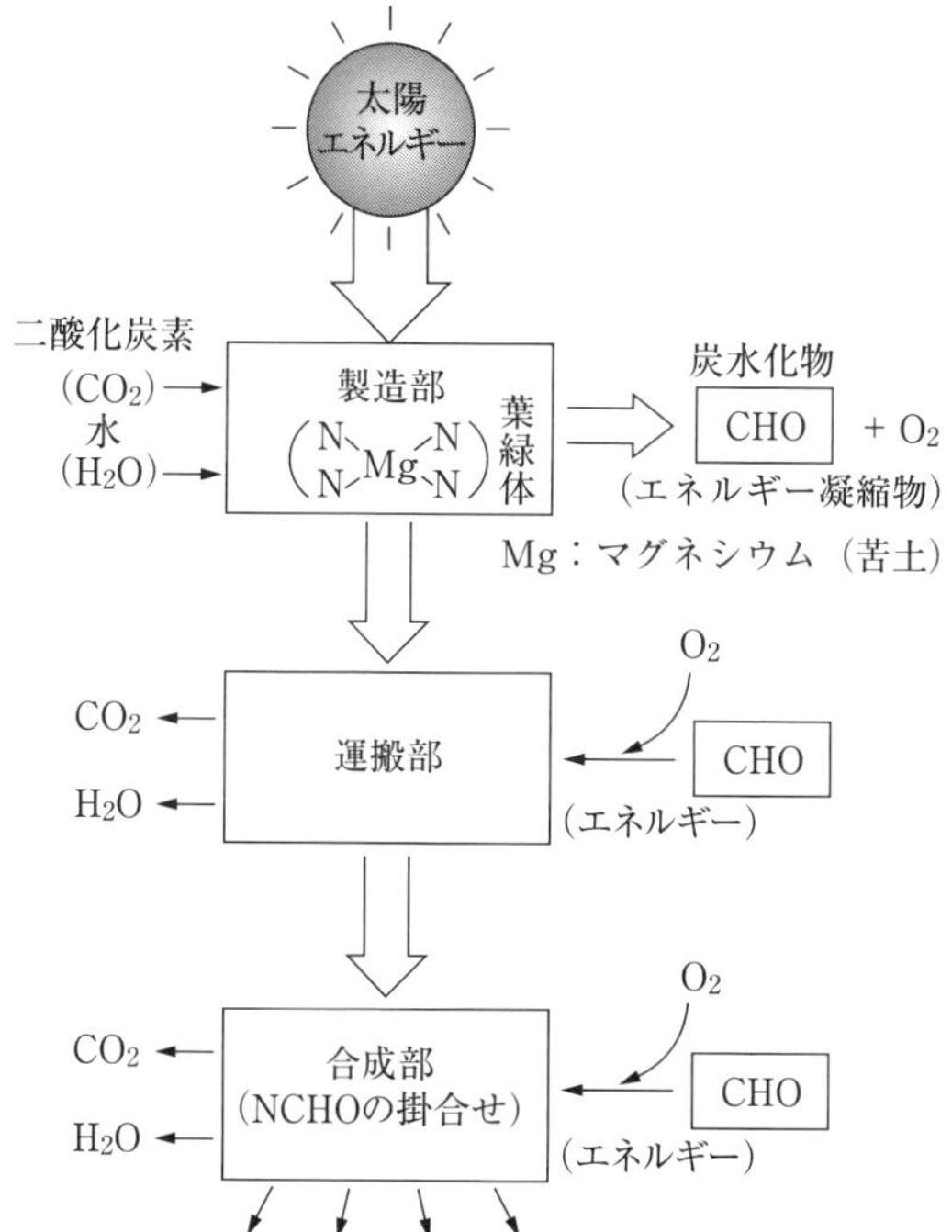

分のコントロールが重要な技術になる。また、たくさん収穫物を得ようとして、必要以上にたくさんの果実をつけてしまったのでは、〈運搬部〉のルートが多くて転流物質が分散してしまい果実そのものが充実しない。転流先をしぼる摘果やせん定といった技術が大切になってくる。

農業では〈合成部〉が収穫物になることがほとんどだが、作目によって、収量や品質を上げるためのポイントの置き方がちがってくる。

●製造・運搬・合成の各部の連関をみる ——トマトを例に

たとえばトマトで考えてみよう。

葉でたくさんの炭水化物をつくるには、光合成の生産工場である葉面積を多く確保することがまず必要になる。しかし、そのために多チッソ・多水分の状態にしては、生育が旺盛になりすぎて過繁茂になってしまう。これではトマトは花芽が飛んだり、奇形果ができたりと、商品生産としてはうまくない。生長が葉や茎の栄養生長に片寄らずに、生殖生長である果実の生長に向かうように、光合成、物質生産を考えなければならない。

また、〈運搬部〉での仕事は、光合成産物である炭水化物や根から吸収した養水分を、〈合成部〉である果実へ大量に移行させなければならない。しかし炭水化物や養水分が必要な器官や部位は果実だけではない。生長点や展開中の葉、伸長中の茎や腋芽なども〈合成部〉であり、養水分を引っ張り込むように働く。そこで養水分を果実に多く転流させるには、これらの器官・部位との競合をできる限り少なくすることが大切になる。側枝を整理したり、摘果などの栽培管理が重要になってくるのはこの理由からだ。

さらに、〈合成部〉では、単に養水分が多ければいいわけではない。果実のおいしさを追求するためには、水分やチッソ肥料を上手に抑制することが必要になる。かん水を控えることでトマトの果実の糖度が上がることはよく知られている。その他にたとえば、水耕トマトで、無チッソの培養液で約二〇日間生育させた場合には、果実の含糖量はチッソ施用区に比べて増加する。その要因として「植物体のチッソ含量が低下すると、アミノ酸合成、タンパク質合成が抑制され、それらの代謝過程で必要な糖の消費が抑えられるため」と考えられている（『農業技術大系・野菜編』第2巻、「糖度を左右する条件」、今田成雄より）。つまり、アミノ酸やタンパク質が合成されるときに光合成産物である糖をエネルギー源として使うために糖が減ってしまい、その分、果実の糖が減るというわけである。

では炭水化物をもったチッソ肥料であるアミノ酸を施肥した場合については、どうだろうか。

このように〈製造部〉〈運搬部〉〈合成部〉は相互に関連しているのだが、各部に分けてみることで、その作物の特徴や栽培のポイントがみえてくる。そこで、有機栽培の特徴について、〈製造部〉〈運搬部〉〈合成部〉にそれぞれ分けてみていくことにしよう。

〈製造部〉のしくみと有機栽培

(1) 葉緑素の構造

●タコのような構造

〈製造部〉である葉は光合成を行なっている工場であり、その機能は葉緑素が担っている。この葉緑素はすべての緑色植物に存在するわけだが、その構造は、正月の空に浮かぶタコ（凧）に似ている。葉緑素の基本的な構造は、ピロール環というロケットのような形をした五角形の構造をもつ物質が四つ集まり、その中心に後からマグネシウムが入り込んで、各ピロールを結び付けてできている。

特徴的なのは、中心のマグネシウムに四つのチッソがくっついて基本骨格をつくり、さらに、四つのピロールのロケットの一つにはとくに長い炭素化合物がついていることだ。これがフィトールと呼ばれる化学物質である。葉緑素（クロロフィルa）の化学式は $C_{55}H_{72}O_5N_4Mg$ だが、そのうちのフィトール部分は $C_{20}H_{39}OH$ という化学式だ。そのため、葉緑素はマグネシウムを中心に四つのチッソをもった本体部分と、フィトールという長い分子をしっぽの部分としてもった、タコのような形をしている。

●葉緑素は炭素化合物の集合体

化学式からもわかるように、葉緑素は光合成によってつくられる炭水化物（ブドウ糖、$C_6H_{12}O_6$）よりずっと複雑で、炭素が多い化合物である。つまり、葉緑素をつくるにはマグネシウム一個に対してチッソ四個という基本骨格を維持しながら、十分な量の炭素化合物が必要になる。

またこの葉緑素はけっこう不安定なことが知られている。たとえば基本骨格のマグネシウムは、もともと葉緑素の骨格ができてから後に入り込んだもので、これを葉緑素から取り外すことはそれほどむずかしくない。たとえば、

図2-2　葉緑素はタコのような構造をしている

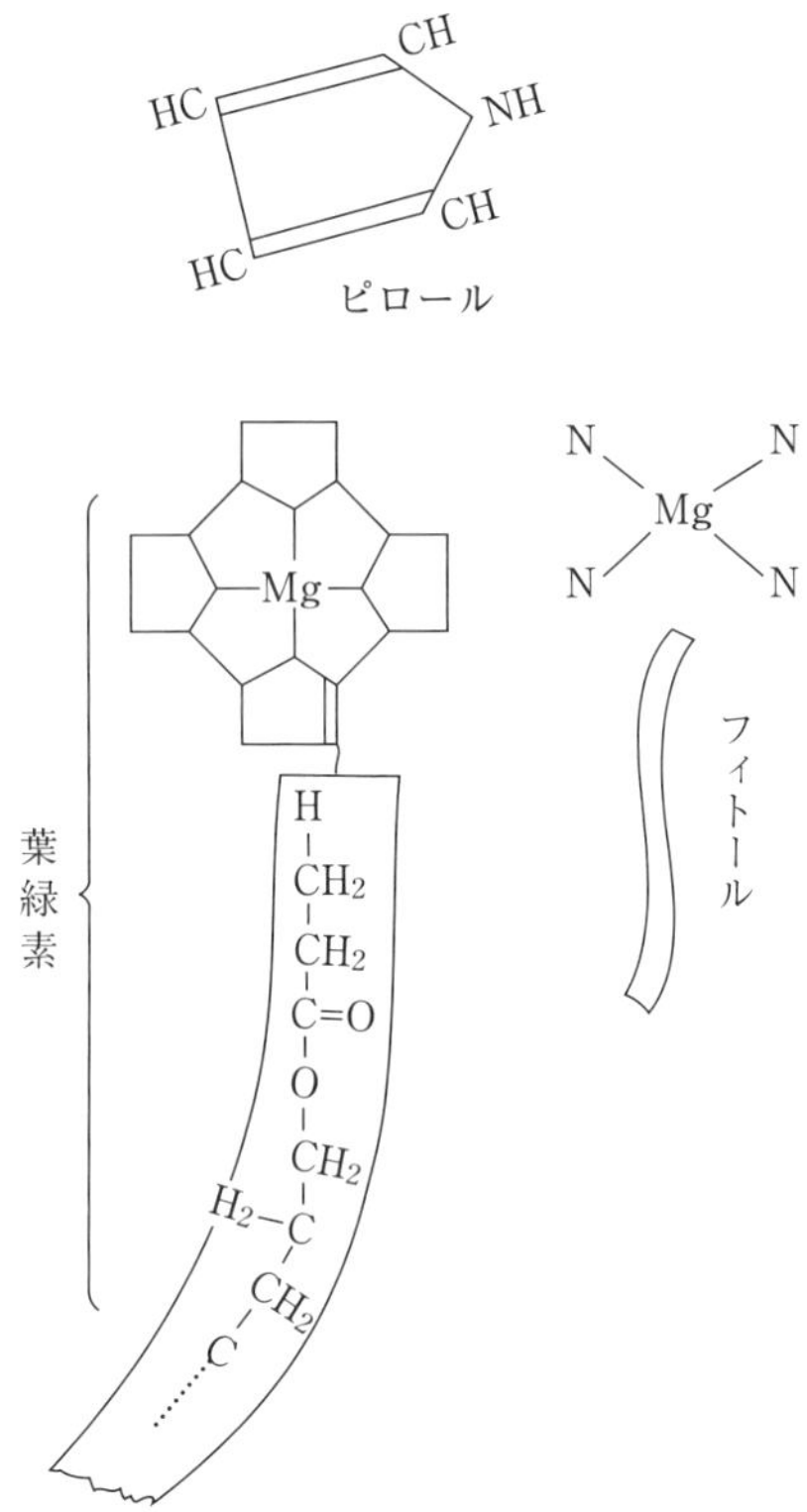

（『光合成の世界』（岩波洋造著、講談社）P67の図を改編）

酸を働かせたりすれば容易にマグネシウムのない葉緑素になる。作物の葉の緑を長く保つのはなかなかむずかしいことなのだ。

(2) 光合成が行なっていること

●葉緑素は光エネルギーを電気エネルギーに変える

光合成は、太陽の光エネルギーを利用して、根から吸収した水と大気中の二酸化炭素を材料に炭水化物をつくり、酸素と水を放出する反応だ。その機能を担っているのが葉緑素である。この光合成は大きく二つの段階からなっている。

はじめの反応は明反応と呼ばれているもので、太陽の光エネルギーを利用して根から吸収した水を分解して酸素を放出する。この過程で、エネルギーの高い電子が発生する。光合成で植物が放出する酸素は、実は根から吸収した水分子のなかの酸素なのだ。この反応は、水の光分解とか、光化学反応とか呼ばれていて、光が必要であることから明反応と呼ばれている。

この第一段階の明反応では、光エネルギーで水を分解して、高エネルギーの電子を発生させる。光合成は太陽の光エネルギーを電気エネルギーに変換していることになり、葉緑素はそのための変換機ということになる。このとき発生した高エネルギーの電子はATP（アデノシン三リン酸）やNADPH（助酵素で、還元型ニコチンアミドアデニンジヌクレオチドリン酸）という物質に蓄えられ、二酸化炭素から炭水化物を合成する暗反応に引き継がれる。

明反応は、これらATPやNADPHという、エネルギー物質をつくることを目的とした反応ということができる。

●電気エネルギーで炭水化物をつくる

第一段階の明反応で得られた高エネルギーの電子は、エネルギーの宅配便ともいえるＡＴＰとＮＡＤＰＨによって、第二段階の暗反応へ伝えられる。暗反応では、この電子のエネルギーをもらって、気孔から吸収した二酸化炭素から炭水化物（ブドウ糖などのさまざまな種類の有機物）を合成する。

この反応は暗反応と呼ばれており、光は必要としない。明反応で得られたＡＴＰとＮＡＤＰＨを使って、二酸化炭素を還元して、炭水化物をつくる反応だ。

作物が光合成を行なうのは、この炭水化物を得ることが最終目的で、人間など動物の生存に不可欠な酸素の放出は、光合成の副産物に過ぎない。

作物は太陽エネルギーという物理的なエネルギーを化学的なエネルギー（カロリー）に換えるために、光合成を行なって炭素化合物の中に太陽エネルギーをとり込む。そして呼吸によって

図2-3　光合成のしくみ（明反応と暗反応）

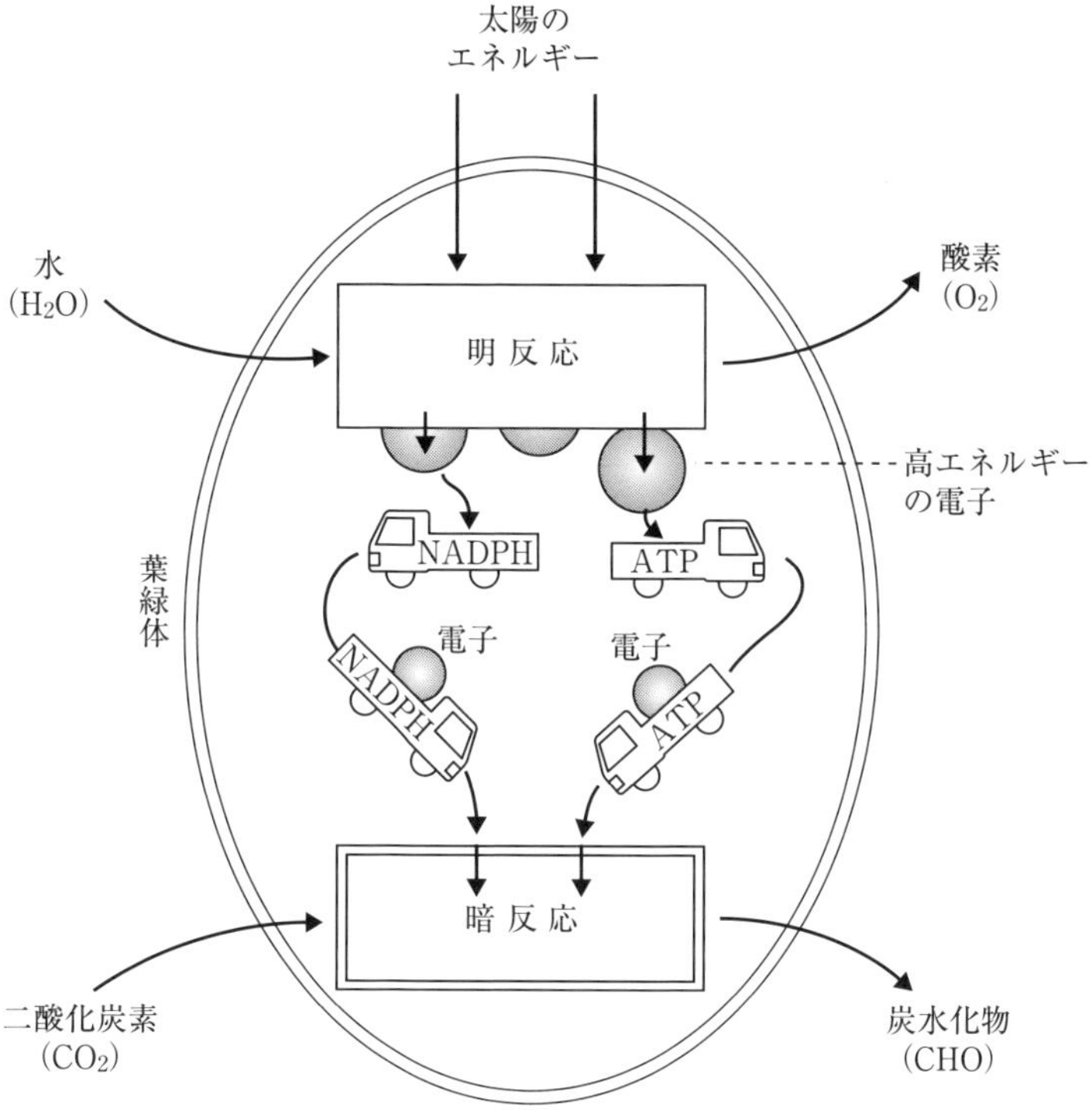

明反応でつくられた高エネルギーの電子が暗反応に伝えられ、暗反応はその電子のエネルギーをもらって二酸化炭素から炭水化物をつくる

その物質を分解して、その中からカロリーをとり出しているのだ。

写真2-2　光合成のエネルギーは、光エネルギーを電気エネルギーに変えたもの。リンゴの果実も、電気エネルギーなしには実らないのだ（長野県松川町）

(3) 葉緑素が働く条件と有機栽培

●葉緑素が働く条件

光合成によってつくられる炭水化物は、体づくりの材料であると同時に、さまざまな活動のエネルギー源でもある。作物は炭水化物なしには生きていけない。

葉緑素によって光合成がしっかり行なわれれば、その生産物である炭水化物がたくさんつくられる。糖やアミノ酸、ビタミンなどはこの炭水化物を材料につくられるので、炭水化物量が多くなることは、収穫量を多くし、収穫物を甘くし、ビタミンCなどの機能性成分などを豊富にすることにつながる。

この葉緑素は、先にみたように、中心に一つの苦土（マグネシウム）と四つのチッソをもっていて、その他の大部分は炭素化合物でできている。この葉緑素がしっかりつくられ、機能していることが健全生育の基本である。そのためには、苦土とチッソをバランスよく供給し、しかも炭水化物を十分に供給することが何よりも大切なことなのだ。とくに施肥で考慮しなければならないのはこのことである。

●葉緑素の材料はアミノ酸

葉緑素の構造をきちっとして、その機能を発揮してもらうためには、葉緑素をつくっている材料（炭水化物やチッソ、苦土など）を供給し、同時に、葉の機能が発揮できるようにしなければならない。

従来の施肥方法では、チッソ肥料は基本的に硝酸などの無機態チッソが中心だ。この無機態チッソを元に、光合成でつくられた炭水化物を組み合わせて、チッソ化合物である葉緑素をつくることになる。作物のもっている炭水化物は、葉緑素づくりの材料として、また葉緑素づくりのエネルギーとして使われることになる。そのため炭水化物の総量が減り、収穫物へまわる分が少なくなってしまう。

その点、有機栽培では、光合成由来の炭水化物に、施肥されたアミノ酸の炭水化物部分が加わるので、葉緑素をつくる材料が豊富に、しかも早く調達できる。そのため、葉緑素がつくられるスピードも速く、つくられる量も多くなる。光合成もしっかり行なわれることになるので、葉緑素でつくられる炭素化合物量も早期から飛躍的に多くなっていく。もちろん、有機栽培でも葉緑素づくりのエネルギーとして炭水化物は使われるが、アミノ酸はいわば炭水化物部分の弁当をもって葉緑素づくりに参加しているので、作物のもっている炭水化物を消費する量をぐっと少なくすることができるのだ。

無機態チッソよりアミノ酸のほうが、葉緑素づくりを効率よく行なうことができるのだ。

●苦土やその他のミネラルの存在

いっぽうで、葉の機能を発揮するためには、苦土も重要である。

苦土はチッソやカリ、リン酸などの肥料の三要素に比べるとあまり注目されてこなかったが、構造式からもわかるように葉緑素の機能を担う中心物質なのだ。土壌中に少なければ必ず施用しなければならない。

ところが、「有機だからいいものがとれる」「堆肥やボカシ肥を入れているから大丈夫」といって、ミネラルの施肥をしない人が多かった。その結果、「当初はよかったが、三～四年したら品質も収量も上がらず、最近は病気や害虫もふえてきた」といった悩みがけっこう聞かれるのである。

このような失敗の背景には、序章でも述べたように、「有機だから大丈夫、ほかに何も必要ない」という思いちがいがある。有機でも特定の養分が不足することもあるし、過剰になることもある。いや、有機栽培だからこそ、根が活性化してミネラル分が不足しやすくなり、堆肥の多投で養分が過剰になりやすいのだ。

不足する養分の典型が、苦土である。苦土は作物のもっとも基本となる光合成に関係しているので、苦土の不足は即、光合成の低下を招いてしまうので、つねに注意をはらっておかなければならない。

その他、カルシウムや鉄、マンガンなどのミネラルも不足しがちだ。これらのミネラルは、酵素などの特殊なタンパク質に関係していて、作物のさまざまな機能を支えている。ミネラルの不足は即、作物の機能障害を招くことになる。

〈製造部〉にその機能を十全に発揮してもらうには、葉緑素を効率よくつくることのできるアミノ酸肥料と、葉緑素の機能を支えているミネラルを、バランスよく吸わせることがもっとも重要なポイントなのである。

転流のしくみと有機栽培

(1) 〈運搬部〉の役割と養水分の流れの調整

●〈製造部〉と〈合成部〉をつなぐ

〈製造部〉と〈合成部〉をつなぐ〈運搬部〉の役割は、養水分を、目的とする器官や部位に、大量に、ロス少なく転流させることだ。転流するものは、葉でつくられた光合成産物である炭水化物や、根から吸収された養水分である。根から吸収された養水分は導管を通って移動し、葉でつくられた炭水化物は篩管を通って移動する。

〈運搬部〉の役割や効率を考えるときは、〈製造部〉と〈合成部〉の状態や能力、〈運搬部〉の養水分の流れを決めている要素を考える必要がある。

たとえば、葉の光合成は、葉の生理状態だけで決まるのではなく、光合成産物を使って生長する〈合成部〉からも影響を受けることが知られている。〈合成部〉が光合成産物を要求して、〈運搬部〉である篩管からどんどん光合成産物を取り去ることで、〈製造部〉である葉の光合成を高めることがある。〈製造部〉である葉は、新芽や果実、穂などの〈合成部〉と、〈運搬部〉を通して関わりあっているのだ。

●養水分の流れの調整と栽培管理

葉で光合成が行なわれているのと並行して、作物は新葉や新芽を伸ばし、花を咲かせ、実を肥大させている。新芽や新葉、花、実といった器官はすべて〈合成部〉であり、葉でつくられた光合成産物が〈運搬部〉を通って流れ込んできている。

農業は経済栽培だから、作物を放任して育てればいいものではない。新葉や新芽を伸ばし放題にしたのでは、病害虫の巣になって、農薬代ばかりかかることになる。さらに、枝や葉に隠れて果実に色がつかなかったり、花や果実がつきすぎて一つ一つの果実が小さくなって売り物にならなかったりすることになる。

そこで、光合成産物の流れ込む先を調整する必要が出てくる。それが、摘葉や摘心、ツルの整理、摘果やせん定といった栽培管理だ。

●炭水化物の使われ方

いっぽうで、炭水化物の使われ方にも留意したい。炭水化物が十分あっても、必ずしも花芽分化や生殖生長に使われるとは限らないからだ。

たとえばスイカではツルボケという現象がよくみられる。チッソが多いためにスイカが栄養生長的になり、光合成によってつくられた炭水化物がツルを伸ばすために使われてしまうために、花芽ができない。たとえ花芽ができても、花芽に使われる炭水化物量が十分でないため、実にならずに落花してしまう。

スイカに限らず、作物は一般に、光合成でつくられた炭水化物を、チッソが多いと栄養生長に使い、チッソが少なくなってくると生殖生長に使うという性質をもっている。

作物はまず、チッソと炭水化物を使って光合成を行なう器官である葉をつくる。つくられた葉では光合成によって炭水化物をたくさんつくる。そうして十分に炭水化物をためてから、あるいは十分に炭水化物をつくりだすことができるようになってから、子孫を残すために花芽をつくり、花を咲かせ、実を結び、タネをつくるようになる。

こうした生長の過程は、作物が体内のチッソをだんだん減らし、炭水化物をだんだんふやしていく過程としてとらえることができる。そうして炭水化物とチッソとの相対比（C／N比）がある値を超えると、これから子孫づくりに向かうスイッチが入り、根が吸収したチッソや葉でつくられた炭水化物が、子孫を残すために総動員されることになる。

しかし、チッソが多いとこのスイッチの切り替えがうまくいかない。光合成によってつくられた炭水化物は、枝葉などを伸ばす栄養生長に使われてしまい、生殖器官に十分まわらなくなってしまうのだ。このようなことは、実や花などを収穫する作目ではつねについてまわることがらで、チッソの施肥や水のやり方で樹勢をどうコントロールするかが重要な技術となっている。

(2)〈運搬部〉の機能と有機栽培

●光合成産物の奪い合いを緩和

作物の生長では、新葉の展開や開花、果実の肥大など、新しい器官が光合成産物を引っ張り込もうとする性質を強くもっている。この性質は生長にはなくてはならない性質なのだが、光合成産物の奪い合いが既存の器官との間で生まれてくる。

たとえばインゲンマメの落花・落莢。この原因として、開花期や莢の伸長期に花や莢に加えて、茎葉が生長し続けるために光合成産物が多く消費されてしまい、茎の炭水化物含有率が低くなりやすいことが原因と指摘されている。〈製造部〉でつくられた炭水化物が生長した茎葉にとられて、茎への炭水化物蓄積が減ってしまう、その結果、花や莢が落ちてしまう、というわけだ。

しかしこれが有機栽培ならば、施用したアミノ酸の炭水化物部分を使うことで、作物全体の炭水化物量を高く維持できる。茎への炭水化物蓄積も多くなり、落花や落莢を抑えることが可能になる。

作物の生長の過程では、さまざまな器官の間で光合成産物の奪い合いがおきてくる。しかし、有機栽培なら、施用するアミノ酸のもっている炭水化物部分を、光合成産物が不足しがちな器官に供給することで、炭水化物の総量をふやしながら、光合成産物の奪い合いを緩和することができる。結果として、収穫物の品質を高め、収量を向上させることができる。

●光合成産物を根に運び根酸をふやす

光合成産物の転流は、〈合成部〉の強さによって変わってくることが知られている。ここで問題になるのが根である。

根は根酸を出して養分を吸収しているのだが、この根酸は師管を通して送られてきた光合成産物を、根の先端で酸化することでつくられる。当然、光合成産物が多いほど養分を多く吸収できる。しかし、葉でつくられた光合成産物は地上部の器官に吸引され、葉から遠くにある根に届きにくくなっている。

作物は光合成産物を師管を通して根に届けるために、浸透圧の差を利用している。地上部の各器官の吸引力にさからって、根に光合成産物を運ぶためには、この浸透圧の差をできるだけ大きくしなければならない。この浸透圧の差をつくり出すのが他ならぬ炭水化物なのである。

有機栽培は炭水化物の総量が多くなるために、この浸透圧を高く維持でき、師管を通して光合成産物をより遠くまで、より多く運ぶことができるのである。

合成・貯蔵のしくみと有機栽培

(1) 栄養生長と有機栽培

●栄養生長と生殖生長

作物の生長は大きく、栄養生長と生殖生長に分けることができる。栄養生長は枝葉や根を伸ばして体を大きくする生長であり、生殖生長は花を咲かせ実を結び、種子を残すための生長だ。

栄養生長はチッソを吸って細胞分裂によって枝葉をどんどん生長させ、葉面積をふやし、炭水化物製造能力を高めるための生長をいう。いっぽうで、生殖生長は、栄養生長でつくられた炭水化物を子孫をつくるためにためていく方向の生長をいう。

生長点に養水分が集まり、細胞分裂によって新葉が伸長、展開していく。このときの新葉は、養水分を集めてタンパク合成を行なっている〈合成部〉である。展開した後の新葉は成熟し、光合成の工場である〈製造部〉としての葉となる。このように、新葉が展開して成熟葉になり、成熟葉が新たな新葉を支えることがくり返され、どんどん葉の枚数がふえ、株となっていく。

●炭水化物を葉づくり以外にまわせる

この〈合成部〉である葉は、炭水化物とチッソを原料につくられる。その際、化学肥料を用いた栽培では、タンパク質の材料となるアミノ酸を、根から吸収した硝酸をアンモニアにまで変換して、そのアンモニアと光合成でつくられた炭水化物を結びつけてつくり出している。このとき、光合成産物である炭水化物は、そのほとんどがアミノ酸の材料となってしまい、その他の用途に振り向ける余裕はないのが実情だ。

これに対して有機栽培の場合は、炭水化物部分をもったアミノ酸そのものを根から吸収することになるので、作物はタンパク合成がラクにできる。そのため、アミノ酸の材料でもあり、エネルギー源でもある炭水化物の消費を少なく抑えることができる。その結果、光合成産物である炭水化物を、葉づくり以外の用途に振り向ける余裕がでてくる。

つまり有機栽培では、作物体内の炭水化物の収支が化成栽培よりよく、余裕のある炭水化物を葉づくり以外の用途にまわすことができるのである。こ

図2-4　チッソと炭水化物からみた作物の生長

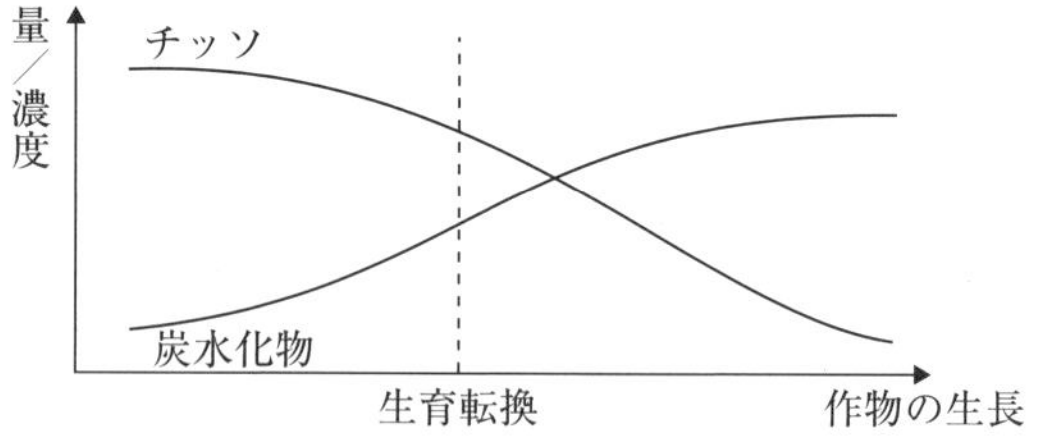

作物はチッソをつかって光合成器官である葉（それを支える茎や根）を生長させ、炭水化物をつくるために生長している。生育転換はチッソと炭水化物がある割合になると起こると考えられる。その割合は作目ごとにちがう

うして、有機栽培で育つ作物は、余裕の出た炭水化物を、センイ量を多くして病害虫の被害回避に生かしたり、根酸をふやしてミネラルの吸収を多くしたり、品質・収量・栄養価を高める、といったことに生かすことができるようになる。

(2) 花芽分化と有機栽培

●花芽分化とC／N比

栄養生長から生殖生長に切り替わるときは、花芽が分化するときでもある。花芽が分化する条件は作目によって異なる。低温や日照時間が体内の花成ホルモン生成を促して、生長点での方向を、葉づくりから花づくりに変えるわけだ。

いっぽう、作物体内の栄養状態の指標としてよく使われるのがC／N比である。ようするに作物体内の炭素（主要には炭水化物）とチッソの割合ということだ。

作物の生長を考えると、種子が発芽初期の段階はチッソが多く、炭水化物が少ない。それが葉の展開とともに光合成が行なわれるようになると炭水化物がふえてくる。さらに進むと、花芽が形成されて生殖生長に入る、とされている。チッソに比べて炭水化物が多い条件では、花成ホルモンが増加し、花成阻害ホルモンが減少して、花芽分化が行なわれる。つまり、C／N比がある割合を超えると花芽が形成されるようになる。だから生殖生長への転換を促すためには、チッソを抑え、炭水化物をふやす手立てが必要になる、という考え方である。

●作物の花芽分化とC／N比

〈果菜類の場合〉

このような花芽分化と栄養状態との関係は作物によってさまざまである。

たとえばナスは日長や温度とは関係なく、「植物体の生育に伴って花芽形成に関与するようなある種の物質が徐々

図2-5　有機栽培のメリット

図は右列のⒶⒷⓒと仮定したときの各養分の使われ方をイメージしたもの

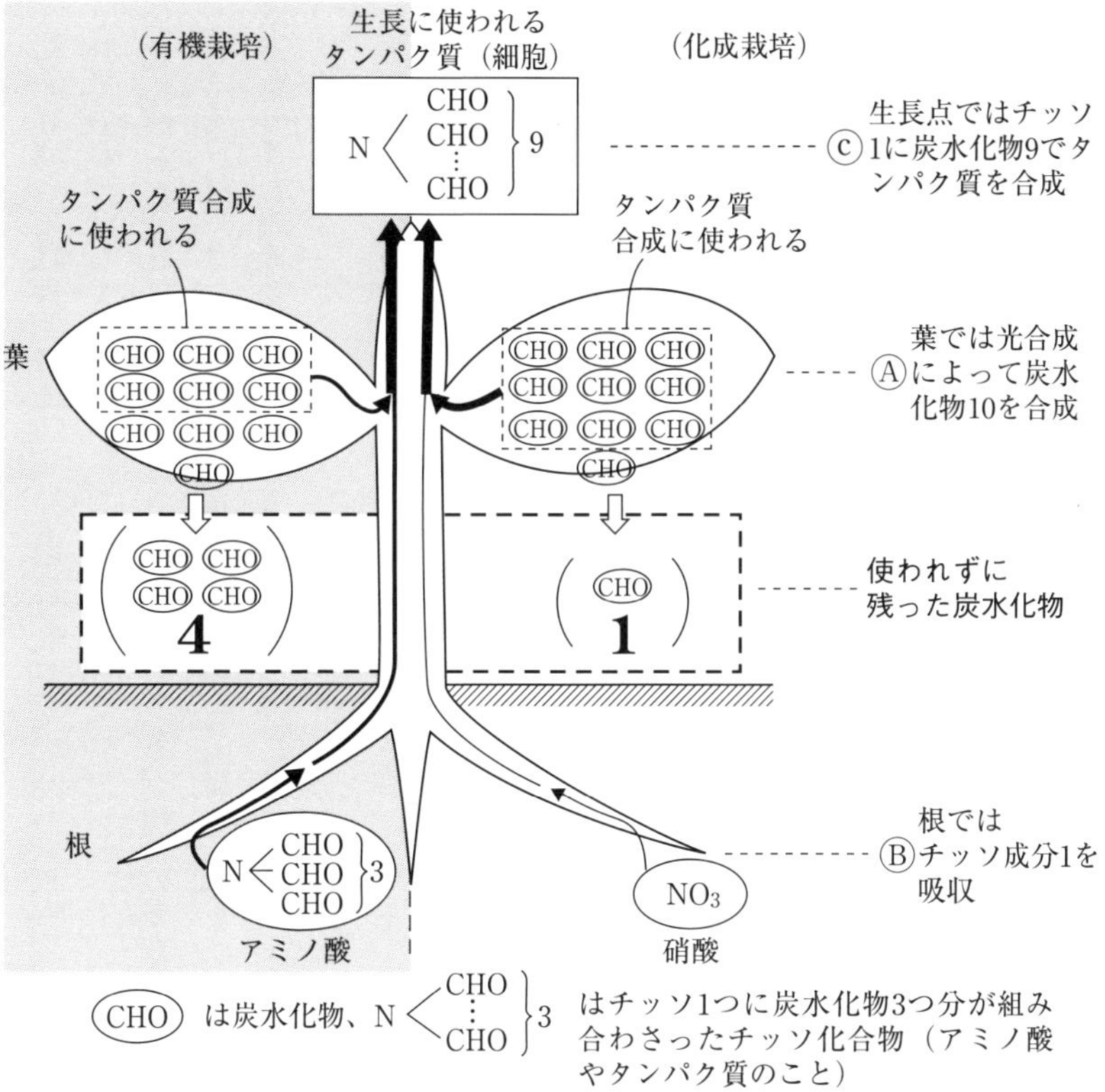

CHO　は炭水化物、N　CHO　CHO　3　はチッソ1つに炭水化物3つ分が組み
合わさったチッソ化合物（アミノ酸
やタンパク質のこと）

■有機栽培を含めて、どのような栽培法でも、いちばんの課題は炭水化物量を多くすることにある。

有機栽培では上図に示したように、化成栽培と同量の光合成を行ない同量の生長をしたとしても、生長に使われずに残る炭水化物量が多くなる。作物はこの炭水化物を収量や品質の向上などに役立てることができる。これが有機栽培の最大のメリットとなる。

炭水化物
→ センイ量を多くする（病害虫の被害を少なくする）
→ 根酸をふやしミネラルの吸収量をふやす
→ 品質・収量・栄養価を高める

} 全天候型の無病・高品質・多収の栽培をめざす基礎となる

に体内に生成、蓄積され、一定の限界濃度に達することによって花芽形成をおこす」とされている。そして、このような花芽分化に関わる物質として、根から吸収されるチッソやリン酸などと、葉で生成される光合成産物が元になっている、と予想されている。（『農業技術大系・野菜編』第5巻ナス「花芽分化の生理、生態」、斎藤隆）。

写真2-3　スイカはチッソが多すぎるとツルボケになって、実がつかないことがある（長野県伊那市）

花芽分化にC／N比が直接関与しているとはいえないにしても、形成された花芽の多少、結実の多寡などとは関連がある。「炭水化物とチッソ成分が釣合って、ともに多いような場合に花数が多く、炭水化物とチッソ含量がともに少ないか、あるいはいずれか一方でも少ない場合には、花数は少なくなっており、花数とC（炭水化物）、N（チッソ）の量とは密接に関連しているように認められる」としている。

〈果樹の場合〉

また、ニホンナシをはじめとする多くの温帯果樹では、花芽分化の時期は日長にも温度にも影響を受けず、萌芽後一定の時間がたつと自然に始まると観察されている。また花芽の着生数でいえば、C／N比に関係するというよりも、C（炭水化物）とN（チッソ）、いずれが不足しても花芽着生は不良となるデータが得られている（『農業技術大系・果樹編』第3巻ナシ、「花芽分化を左右する要因」、伊東明子）。

なお、花芽分化後に摘葉や遮光を行

図2-6　チッソと炭水化物の変化と生育転換

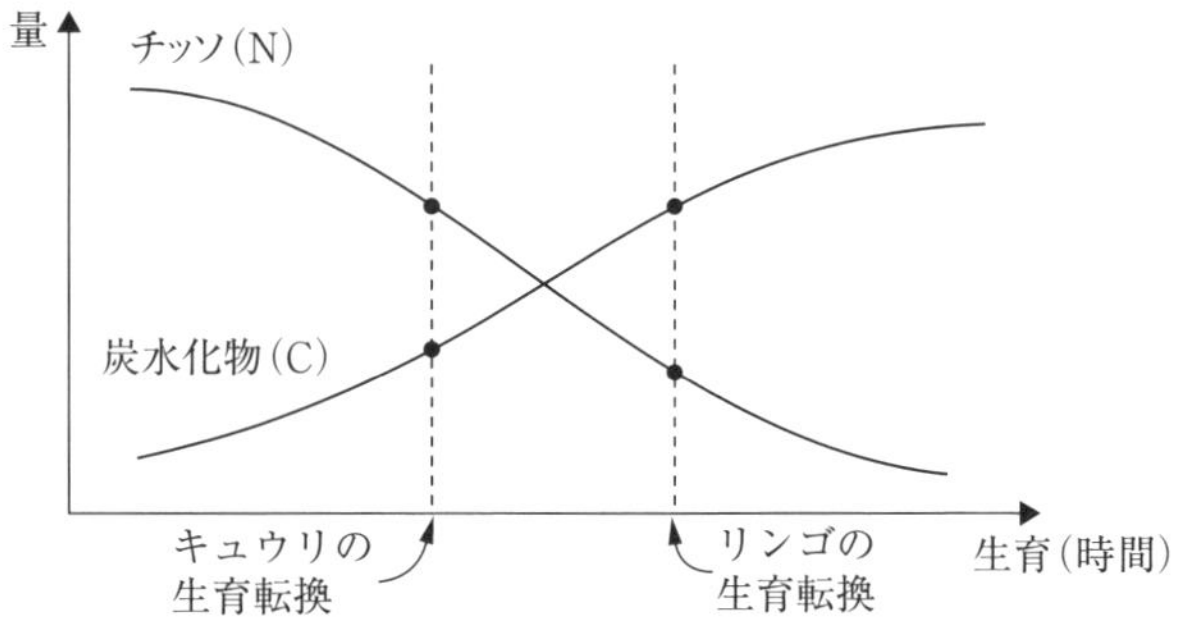

作目によって生育転換（花芽形成）の時期の養分条件（C/N比など）は異なっている。
リンゴはキュウリより生育転換時のC/N比は高く、炭水化物量が多くならないと花芽形成が行なわれないことを図は示している

なって炭水化物の供給を減少させると、できた花芽が貧弱になり開花途中で枯死する、花弁が著しく小さくなる、花芽の数が減少するといった障害が発生する。炭水化物生産の重要さを示す事実といえる。

●生殖生長での炭水化物の重要性

ナスとナシの花芽分化について紹介したが、炭水化物とチッソはどちらも作物の生長に深くかかわっている物質で、どちらかいっぽうが少なくても作物の生長にとってプラスにはならない。生育を見る一つの指標であるC／N比を考える場合も、この点、注意が必要だ。たとえば「C／N比は高いが、N（チッソ）は少ない」という栄養状態は、「C／N比が高いから、生殖生長に切り替わって花芽もつく」ということには必ずしもならない。C／N比はあくまで「比」であって、タンパク質の材料であるチッソが不足していても「比」は高くなる。しかし、チッソ不足では細胞分裂は進まず、しっかりした花芽も分化できない。C／N比が高いだけでなく、健全な生育をしていくためのチッソ（N）も維持されている条件のもとで、C／N比をみておくことが大切なのだ。

ここでも注目したいのは、炭水化物の重要さだ。ナスでもナシでも、光合成による炭水化物生産を減少させるようなことをすれば、花芽の数が減ったり、花が小さくなったりする。作物の安定栽培には、まず健全な花を、十分な数つけることが大切だ。そのためには、炭水化物生産がきっちり行なわれていることが大切になる。このように考えると、花芽をつけ、実を充実させていくための生殖生長での施肥は、チッソをもちながらも、C／N比の高い、炭水化物を多くもった有機質肥料を使うことが重要なのだ。

●有機栽培の有利性

花芽分化、生殖生長への切り替えのとき、化成栽培では「チッソを切る」ということを水を切ることで行なう。上根領域の水を切ることでチッソの吸収を抑え、それまでのチッソと炭水化物のバランスを、それまでのチッソ優位から炭水化物優位に強引に変えることによって、花づくり、生殖生長に切り替えるのだ。

いっぽう有機栽培では、作物は炭水化物部分をもったアミノ酸肥料を吸収しているので、そのぶん、炭水化物の量が多くなる。化成栽培のように水の吸収を抑えなくても、その炭水化物を使うことで、容易に生殖生長に切り替わることが可能だ。

●気象変動に強い栽培

化成栽培の場合、炭水化物の生産は

葉の光合成に頼らざるを得ない。そのため、低温や日照不足の際にはどうしても葉での光合成が低下し、炭水化物量が減る。そのなかで生殖生長への切り替えを行なうと、減った炭水化物よりさらにチッソを減らすことになり、全体として作物が栄養不足の状態になりやすい。あるいは、チッソを十分に減らすことができずに、生殖生長への切り替えが思うように行かなくなる。このような栄養状態のなかでは、花芽が少なくなったり、花芽がついても十分な大きさの果実にならなかったりする。当然、収量は減り、品質面でも大きく低下してしまうことになる。

このような場合、炭水化物部分をもったアミノ酸肥料を吸収している有機栽培では、天候不順下でも葉の光合成生産を補うことが可能だ。そのため、容易に炭水化物優位が実現し、その結果、生殖生長への生育転換もスムーズに行なわれることになる。

果樹の場合、冷夏の翌年は花がつきにくいといわれる。これは貯蔵養分である炭水化物の不足が原因だ。その点、有機栽培では、炭水化物をアミノ酸肥料というかたちで根からも吸収できるので、貯蔵養分が確保でき、翌年の花芽も成熟しやすくなる。

図2-7　作目によって使う肥料のC/N比は変わる

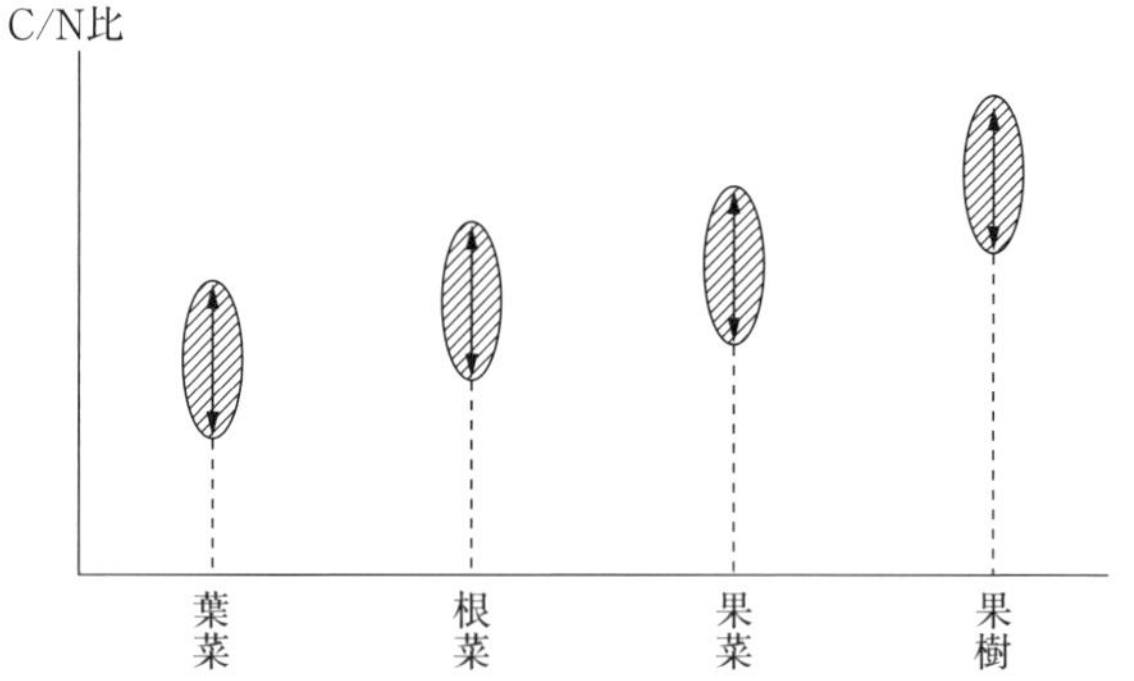

図は相対的なイメージ図で「果菜では、葉菜よりC/N比の高い肥料を使ったほうがよい」ということを示している

図2-8　品種によって使う肥料のC/N比は変わる(リンゴの例)

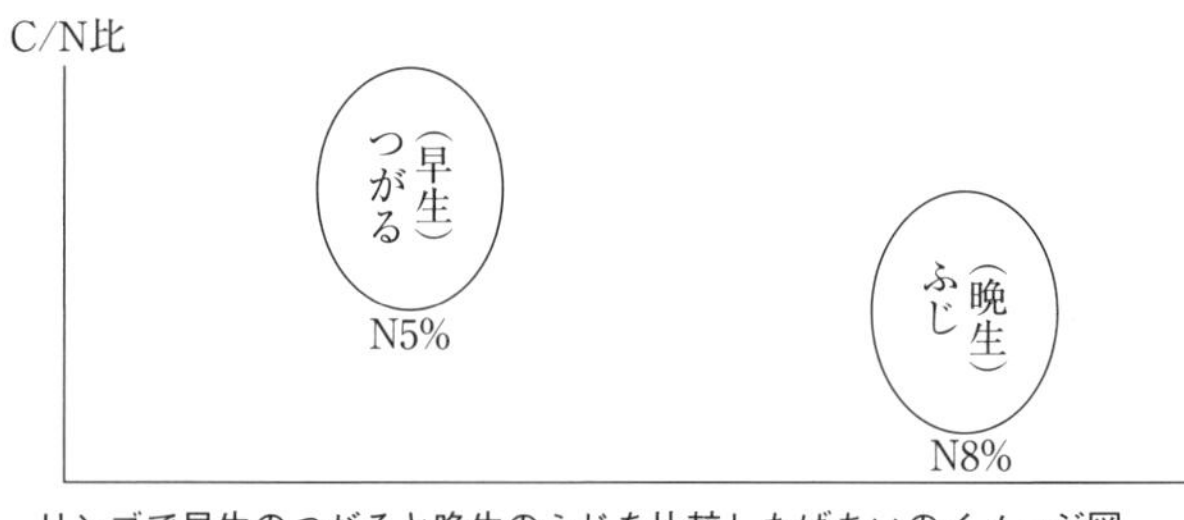

リンゴで早生のつがると晩生のふじを比較したばあいのイメージ図。
つがるのほうが収穫時期が早く、光合成を行なう期間が短いので炭水化物部分の多いC／N比の高いアミノ酸肥料（たとえばチッソ成分で５％のもの）で樹体の炭水化物生産を補ってやる。いっぽうのふじは収穫時期が遅く光合成を行なう期間も長くとれるので、つがるよりC/N比の低い肥料（たとえばチッソ成分で８％のもの）を使って樹体の光合成能力を引き出すようにするとよい

アミノ酸の炭水化物部分を肥料として、作物の外部から取り込むことができ、その炭水化物を生かすことで、さまざまな事態に対応できる。そのことが気象変動に強い栽培を支えているのである。

(3) 成熟・蓄積のしくみとおいしさ

●成熟のしくみ

花が咲き、受精すると、作物は果実を太らせ、タネをつくるようになる。これが成熟ということだ。成熟というのは、子孫をつくることであり、充実した種子を残すことだ。そのためには、種子の原料である炭水化物を多くつくることが重要になる。

作物は栄養生長から生殖生長へ生育転換することで花芽が形成され、その後、花が咲き、受精して果実が生長をはじめる。成熟・蓄積は果実の肥大・充実のことと考えればよい。

チッソが多いときは炭水化物は枝葉などの栄養生長に使われる。そして、チッソが減少してくると、枝葉の伸長が止まり、葉でつくられた炭水化物は果実へどんどん流入することになる。果実を構成する細胞の数がどんどんふえ（肥大）、そこに光合成産物である炭水化物などが蓄積していく（充実）。

このとき、糖分やビタミンCなどの栄養成分も蓄積されていく。糖分はもちろん、ビタミンCやビタミンA、Eなどは炭水化物の変化したかたちであり、炭水化物が余ってこないとできない成分だ。そのため、これらの栄養成分は果実の充実期に多く蓄積され、糖分やおいしさ、栄養価のもとになる。

●有機栽培の有利性

作物が栄養生長から生殖生長に生育を切り替えてから、いかに多くの炭水化物を果実に貯め込めるかどうかで、果実の数や大きさ、おいしさが決まると考えてよい。つまり、収量・品質を決めるのは炭水化物ということになる。その点、有機栽培は、炭水化物部分をもった肥料を使っていること、そして葉の能力が高いということで、炭水化物の総量が多く、収量・品質の高い収穫物を得ることが可能だ。

図2―9は作物のチッソ濃度と炭水化物量の推移を化成栽培と有機栽培で比べたイメージ図だ。チッソ濃度は全体として徐々に低下していく。チッソは、前半は枝葉を伸ばすことに使われ、花芽形成、生育転換後は、果実の肥大・充実におもに使われる。そして炭水化物量は枝葉の生長が止まると、それ以上葉面積がふえないので、後半の伸びはゆるやかになる。

図で、化成栽培と有機栽培の炭水化

物量にみられる差の要因は二つある。

一つは、施用しているアミノ酸肥料の炭水化物部分（図2―9のA）がプラスされているからだ。有機栽培では根から炭水化物を吸わせることができるので、作物内の炭水化物総量が多くなる。その結果、炭水化物を果実の肥大、充実にまわすことができるだけでなく、糖やビタミンの多い収穫物を得ることができる。

要因の二つめは、有機栽培の葉の性能から来ている。有機栽培では、初期の葉は化成栽培より大きく充実した葉がでてくるが、その後は化成栽培に比べて小ぶりで厚い葉になる。化成栽培の葉に比べると、初期は大きく充実し、その後は、小ぶりで厚い葉になるのだ。このような葉の構成のほうが光合成能力が高く、生産する炭水化物量も多くなる（図2―9のB）。

初期の葉が大きく充実しているということは、光合成能力が高く、スタートからより多くの炭水化物生産を行なうことができるということだ。初期の葉がつくった十分な炭水化物と、根から吸収した炭水化物を原料に後続の葉はさらに充実したものになっていく。そのような葉は小ぶりで厚い葉になる。葉が小ぶりのほうが、お互いがかげにならずに光を受けることができるし、厚いほうが、光の透過率も低く、光の利用率も高い。光を効率よく使うには、有機栽培の小ぶりで厚い葉のほうが適しているのだ。光の利用効率、炭水化物生産には有機栽培の葉のほうが有利なのだ。さらに、葉が大きいと、葉緑素まで水や養分を運ぶ間に、蒸散によって水が奪われ、光合成が低下することが知られている。この点からも、葉緑素までの運搬距離の短い小ぶりの葉のほうが有利ということができる。

このように、有機栽培の葉は初期には大きく充実し、その後は小ぶりで厚い葉であるほうが、葉の性能が高いことがわかる。つまり、光合成の能力が高いので、炭水化物の生産も多くなり、収量・品質を高めるのに有利ということができる。

(4) 根の働きと有機栽培

●生育を決める生育初期

根の働きでもっとも重要なのは、養水分を吸収することと、作物の体を支えることだ。

生育をよくするためには養分吸収範囲を広くとる必要がある。それには太く長い根が必要である。根はタンパク質やセルロースなどからできているので、それらの原料であるアミノ酸や炭水化物が必要になる。しかも、生育の初期に原料が十分に調達できるかどうかで、根の太さと長さが決まってくる。

生育初期は作物の生育量は少なく、葉は小さいので、光合成による炭水化物生産は少ない。炭水化物を原料としてつくられるアミノ酸も少なくなる。

図2-9　有機栽培のほうが炭水化物量は多い

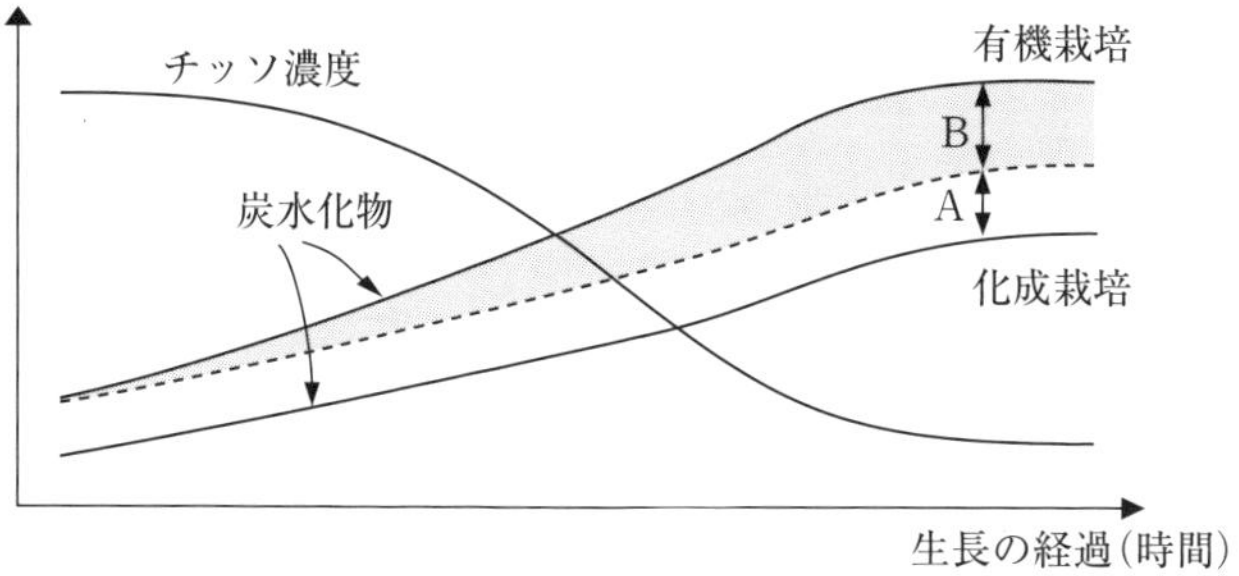

作物のチッソ濃度の推移と肥効が同じでも（仮定）、炭水化物量は有機栽培のほうが化成栽培より多くなる。その要因は2つあり、1つは有機栽培で使うアミノ酸肥料のもっている炭水化物部分が初めからずっとプラスされているからであり（図のA）、もう1つは、力のある葉が初期からつくられ、葉全体の光合成能力が化成栽培より高いからだ（図のB）。

その結果、生育初期はどうしても根の材料は不足しがちだ。

化成栽培では、このように葉が小さいことに規制されて、炭水化物生産が少なく、太く長い根を伸ばすことはむずかしい。無機態チッソを吸っても、光合成による炭水化物の生産量が少ないので、アミノ酸の生産量が足りない。そのため、根を十分伸ばすことができないのだ。

しかし、有機栽培では吸収するチッソがアミノ酸なので、そのアミノ酸に炭水化物を加えることで根づくりができるし、アミノ酸と可溶性の炭水化物（腐植酸類）で光合成を補うこともできる。生育初期、作物の体はまだ小さくても、根を伸ばすための養分は十分あることになる。そのことが、太くて長い根を伸ばすポイントなのだ。だから有機栽培では、根の伸長速度が明らかに速く、根優先の生育になりやすいのである。

●ミネラルの吸収と根酸

根の吸収範囲が広がれば、チッソだけでなくミネラルの吸収もよくなる。イネの場合は根酸が出ないから、還元状態でリン酸が吸えるようになっている。畑の場合では、自分で根酸を出さないと石灰やリン酸などのミネラルは吸えない。つまり、ミネラルをたくさん吸収するには、広い根圏と、十分な根酸が必要だということだ。

有機栽培では吸収したアミノ酸をただちに根の伸長に使うことができる。そのため有機栽培の作物は根張りがよく、広い根圏をもっているのだ。

そして根酸を生成する点についても、有機栽培は優れている。

根酸は、根に運び込まれた炭水化物が根の周りの酸素によって酸化されることによって生成される。つまり根酸の原料は、炭水化物と酸素なのだ。

　化成栽培では、地上部から光合成産物である炭水化物が根に運ばれて、そこで酸素と化合して根酸ができる。だから根酸の生成は地上部の光合成に左右されることになる。天候が不順であれば、光合成量は低下するので、ミネラルの吸収も少なくなってしまうわけだ。

　いっぽうの有機栽培では、地上部からの炭水化物だけでなく、アミノ酸の炭水化物部分から根酸の原料を得ることができる。この炭水化物は地上部の光合成量とは直接関係ない、肥料由来の炭水化物だ。アミノ酸を吸収した根は、その場で炭水化物部分と酸素を化合させて、根酸をつくることができる。地上部からも炭水化物は供給されるので、根酸の量も多くなり、そのぶん、吸収できるミネラル量も多くなる。天候不順でも、アミノ酸由来の炭水化物を使って根酸をつくることができるので、ミネラルの吸収を進めることができる。作物の生体機能も健全に維持されることになり、同時に、ミネラルの多い農産物をつくることにつながる。

図2-10　有機栽培で根は太くなる

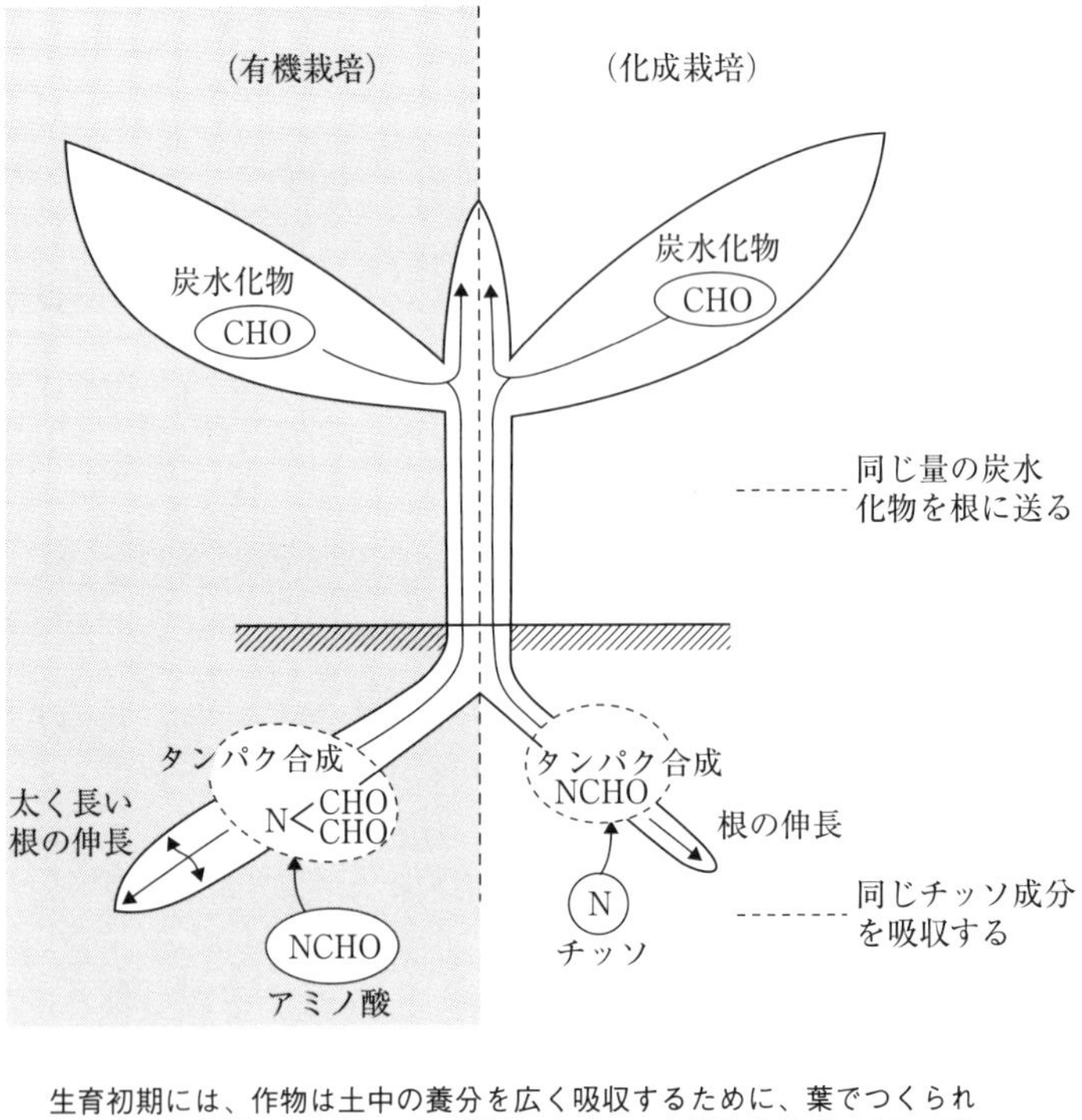

生育初期には、作物は土中の養分を広く吸収するために、葉でつくられた炭水化物を根に多く送って、吸収したチッソと組み合せて、タンパク質を合成し、それを材料に根を伸ばしていく。化成栽培では吸収したチッソは無機のために根の伸長は葉から送られてくる炭水化物の量に左右されてしまう。しかし有機栽培では、吸収したアミノ酸が炭水化物部分を持っているためにタンパク質がすみやかに、かつ、多くつくられる。その結果、根は太く長く伸びることができる

●濃度障害とチッソの形態

収量を上げるためには、チッソ肥料を多く施す必要がある。しかし、多収をねらうあまり、濃度障害をおこして根の機能を損ねている例は多い。

一般の化成栽培では、吸収された硝酸態チッソは炭水化物と結びついて、本来ならグルタミン酸になる。ところが、高濃度の硝酸を吸った場合、高濃度の炭水化物がないとバランスがとれなくなってしまう。炭水化物が根に運ばれてきても、根が出す根酸の濃度はほぼ一定なので、無機態チッソが多いと必ず硝酸が余ってしまう。すると、グルタミン酸プラス硝酸というかたちで、水といっしょに導管を上がっていく。すると、水を利用しようとする葉緑素が硝酸の害で動けなくなってしまう。葉緑素の機能低下によって、光合成によってつくられる炭水化物量が減ってしまい、根に下りてくる炭水化物が少なくなってしまう。すると根酸の量も減り、硝酸とのバランスがますますとれなくなる。このような悪循環が引き起こされて、その結果、根が焼けてしまう事態に至るのである。

ところが、管理された有機栽培では、このような硝酸の害がそもそもない。主要なチッソ源はアミノ酸だから、硝酸が余るようなことはまずないし、すぐにグルタミン酸の原料になってしまう。仮に硝酸が分解の過程で多くできた場合（たとえば土を乾かしすぎた場合）でも、地上部の光合成による炭水化物と、アミノ酸からの炭水化物によって、容易に土壌溶液中の硝酸とバランスすることができる。そのため、有機栽培では濃度障害が少なく、多収もねらうことができる。

写真2-4　ゴボウの初期の根。根がスーッと素直に伸びることができるかどうかで、収穫が決まってくる（千葉県富里町）

第3章

有機栽培の土つくり

土つくりのねらい

(1) 活力の高い根と養分吸収

●吸肥力の強い根

有機栽培では、第2章で述べたように、アミノ酸や炭水化物量が豊富になるので、当然のことながら、根の細胞の増殖速度や量もふえ、根量がふえる結果となる。また炭水化物量もふえることから各種ミネラル類を溶かす根酸もふえ、結果的に吸肥力も高まる。それにより地上部の葉や茎や花、実なども、アミノ酸の炭水化物部分と活力の高まった根から吸収された養水分を利用して、生育も早まり、充実する。地上部と根が相互に関係しながら、お互いの機能を高めあい、引き出そうと影響しあう。その成果が、すばらしい収量と品質に結びつく。

写真3-1　アミノ酸肥料を施用することで初期の根の伸びがよくなる

●養分の減少が激しい

しかし、このことは両刃の剣でもある。というのは、活力の高い根が土壌中の養分を吸収するので、土壌中の養分が急速に減少することになるからだ。そのため、有機栽培では、三～四年経つと収量品質がガタッと落ちてしまうことがある。

有機栽培に切り替えた当初は、活力の高まった根によって、養分の吸収力が高まる。さらに施肥した有機物が分解し、有機酸がつくられ各種ミネラルを可溶化する。このため、それまでの化成栽培では吸収されずに土の中にたまっていた養分まで吸収される。その結果、生育は劇的に変わり、収量・品質もよくなることが多い。ところが、同じような施肥を三～四年続けていくうちに、土壌中の養分（の一部）が底を尽くような事態になる。「同じ施肥をしてきたのに収量・品質が上がらない。なぜなのかわからない」ということもおきてくる。

図3-1　根酸によるミネラルの吸収

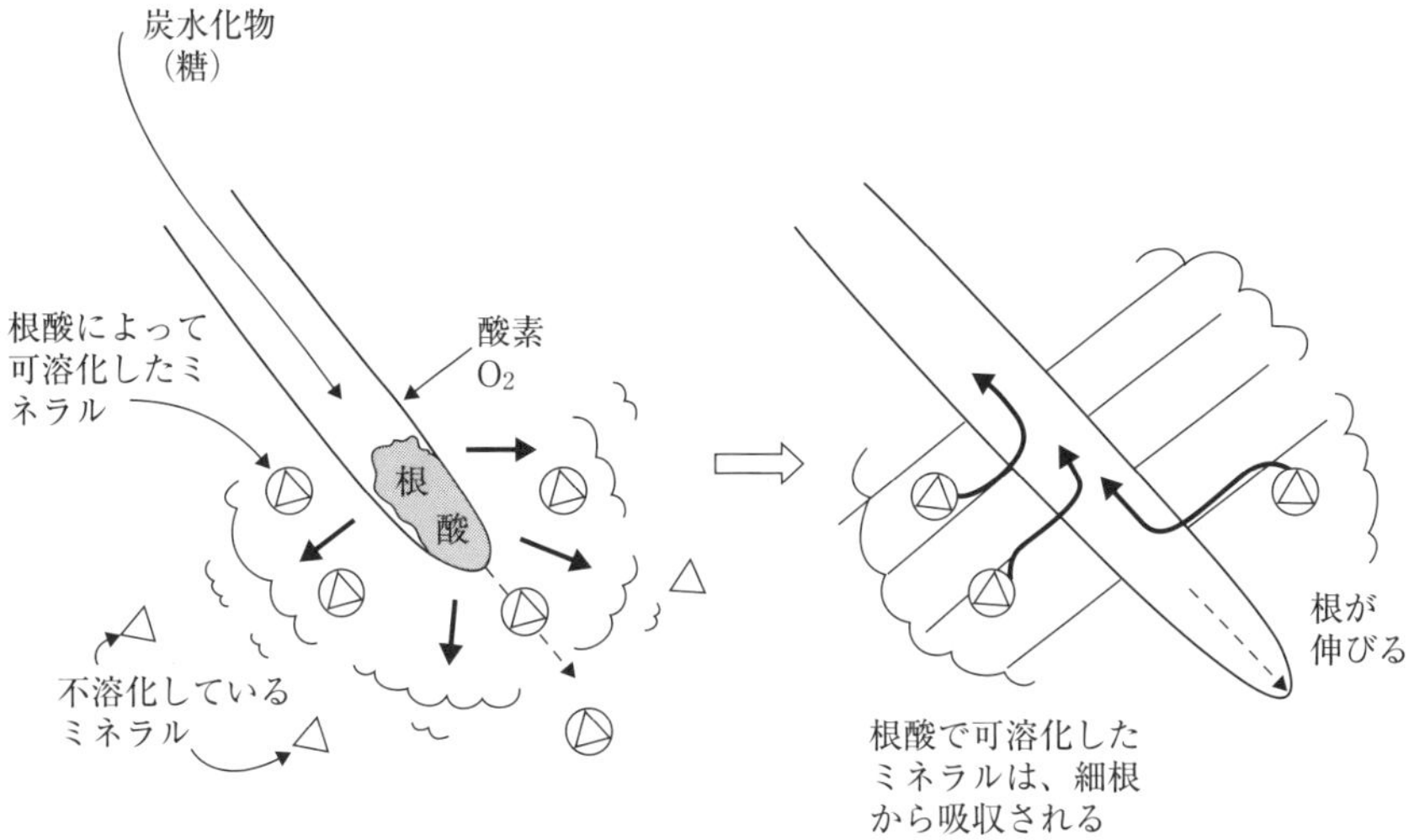

作物は光合成によってつくられた炭水化物（糖）を根に送り、そこで酸素の力を借りて根の先端で「根酸」という有機酸類（クエン酸，アミノ酸類など）をつくる。この根酸で土壌中のミネラルを可溶化し、その後に伸びてきた細根で吸収している。なお、チッソが多いと根に送られる炭水化物が地上部の生長点にもっていかれてしまい、根酸の分泌量が減る。また、根の表皮もうすくなって病原菌におかされやすくなる

●養分の蓄積にも注意

さらに最近では、有機栽培を行なっている圃場で、カリやリン酸などの養分の過剰蓄積や高pHが報告されるようになってきた。これは、作物の吸収量を超える養分をボカシ肥料や堆肥でくり返し施用した結果である、といわれ

図3-2　有機栽培では土壌中の養分の減少が激しい
（作目は越冬ミニトマト、カルシウムを計測）

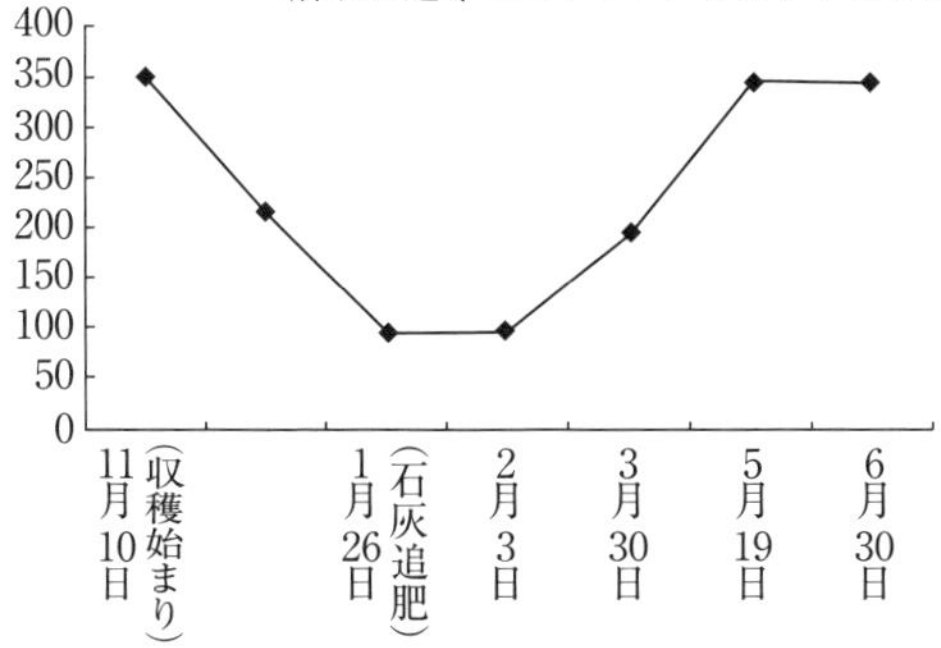

簡易土壌診断キット「ドクターソイル」で計測。データは愛知県のファーマーズクラブ愛知でのもの

ている。ここにも、有機栽培にありがちな、「ボカシ肥料、堆肥を入れていれば大丈夫」という思い込みが背景にあるように思う。

有機栽培はたしかに作物の活力を高める可能性を秘めているのだが、作物や圃場の能力を超えた肥料養分の入れすぎは、化成栽培と同じように養分の過剰を招く。そして、養分の過剰蓄積が病害虫の被害をふやし、品質や収量の低迷を招くことがあるのだ。

(2) 土つくりの考え方

●土つくりの要素（物理性・生物性・化学性）

作物を栽培するうえで、有機栽培や化成栽培にかかわらず必要なポイントが三つある。それが物理性、生物性、化学性だ。

土壌の物理性というのは、通気性、排水性、保水性などのことであり、生物性では、土壌中の有機物を分解し、養分や土壌団粒をつくったり、土壌病害を抑制し、品質を向上させたりする土壌生物のことである。さらに化学性は、化学的な成分（養分）やpH、CECといった化学的要素のことである。

●土つくりの優先順位

有機栽培の土つくりを考えていくさい重要なのは、これらに優先順位があるということである。

たとえば、根は他の部位と同様、酸素を取り入れること（呼吸）によって炭水化物からエネルギーを取り出し、そのエネルギーで養分を吸収するという仕事をする。もし土壌の物理性（通気性）が悪くて、根が酸素を取り入れることができなければ、養分の吸収能力が低下し、さらに進むと根腐れをおこしやすくなり、最悪の場合は病原菌におかされることになる。

もし生物性が悪かったりしたら（土壌病原菌の密度が高かったりしたら）、病害におかされてしまう。収穫物は収量が上がらず、品質も悪い。さらに作物体全体をおかせば、遠からず枯れてしまうことになる。これでは、いくら化学性を整えても（施肥設計を立てても）、成果は得られない。

つまり、まず土の物理性をしっかりと整えることを念頭に、そのうえで生

図3-3　土づくりには優先順位がある

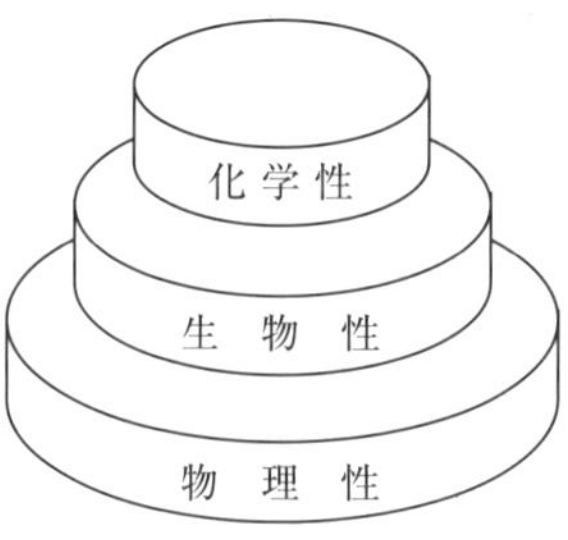

物性を考慮し、さらに化学性を付加するという順番で考えていくことが大切なのだ。

そこで、物理性、生物性、化学性について、順にみていこう。

土をよくする要素とよくなる順番

(1) 根の呼吸環境を整える ——物理性の改善

●通気性・保水性・排水性

物理性の要素として重要なのは、まず通気性、空気の通りやすさである。植物の根は酸素を取り込んで呼吸をし、光合成でつくられた炭水化物からエネルギー（カロリー）を取り出して、さまざまな生命活動（根酸の製造と養分の吸収、細胞分裂）を営んでいる。呼吸ができないということは、土の中に養分があったとしても吸うことができない、生命活動ができないということだ。養水分が吸われなければ作物は根や葉を伸ばすとか、花や実をつける、細胞をつくるとかいう活動ができない。その植物の生命活動を支えているのが、土の通気性だ。

次に、水が光合成による炭水化物生産の原料であるということを考えると、保水性も重要になる。土が必要十分な水を保持していて、必要なときにいつでも植物が水を吸えることが大切なのだ。

同時に排水性も重要な要素である。雨が多量に降ったとき、適度に土壌から排水されなければ、通常の植物は枯れてしまうからである。

物理性の要素としてもっとも重要な、通気性・保水性・排水性は、適当な土壌団粒がつくられることで同時に実現することができる。この土壌団粒には無数の小さな孔隙があり、団粒の間には大きな孔隙がある。そしてこのような土壌団粒が結合を重ねながら土壌の構造も発達していく。この団粒構造が土の物理性をつくりだしているのだ。

●団粒構造があることで土が呼吸できる

団粒構造ができることによって、根が放出した二酸化炭素は空気中に放出され、空気中の酸素は土の中に取り入れられ、根の呼吸を助けることになる。

団粒構造をもった土に、太陽の光があたると地面の温度上がる。すると中にたまっていた水が水蒸気となって何百倍にもふくれ、団粒間の孔隙を通って空気中に放出される。そのときに根が出した二酸化炭素を水蒸気と一緒に追い出してくれる。雲が出て太陽の光が遮られると、地温が下がる。水蒸気は元の水に戻るので、その体積は何百分の一になる。すると土の中の圧力が低下して、空気中の新鮮な酸素を土の中に引っ張り込むことになる。

このように、温度変化によって、土は土壌中の二酸化炭素を排出して、空気中の酸素を取り込む。あたかも呼吸しているようにふるまう。根が健全でいられるのも、このように土の呼吸、土壌空気と大気との交換が行なわれているからで、そのしくみをつくっているのが団粒構造なのである。

●土壌団粒の生成とC／N比

この団粒構造は、土壌コロイド粒子表面でおこる理化学的な作用や微生物の分泌する粘液物質の接着剤的な効果、菌類菌糸による巻き込み、ミミズなどの小動物の排泄物などが要因となってできると考えられている。微生物や菌類、ミミズなどが生きていく条件を考えると、土壌団粒をつくるためには有機物が必要であるということになる。

有機物に微生物がかかわるときに指標となるのが、有機物のC／N比だ。

有機物は炭素や水素、酸素、チッソなどからできているが、その成分中の炭素とチッソの量の割合（比）によって、分解のされかた、つまり微生物の分解のしかたがちがうのだ。

有機物のC／N比は材料によって大きな幅がある。小さいものは五くらいから、大きなものは三〇〇～五〇〇といったものまである。五というのは肉片や魚粕であり、三〇〇とか五〇〇というのは樹皮やオガクズだ。有機物を土壌に施用するとき、このC／N比によって微生物の働き方や有機物の分解のされ方がちがってくる。それは微生物の体のC／N比が、およそ一五～二五だということと関係している。

C／N比の高い（Cに比べてNが少ない）ワラやオガクズを入れると、土壌微生物はその有機物をエサにしてふえるさいに、自分の体のC／N比より炭素Cが多いので、C／N比を二〇前後にするために土壌中のチッソを利用しなければならなくなる。分解にも時間がかかる。作物にとっては、チッソが横取りされてチッソ不足に陥る。いわゆる「チッソ飢餓」ということがおきてしまう。

逆に、C／N比の低い（Cに比べてNが多い）大豆粕や魚粕などを入れると、分解は速い。しかし微生物はその体をふやすことはできても、自分の体のC／N比より多いぶんのチッソに関してはアミノ酸やアンモニアガスなど

図3-4　有機物のC/N比ってどういうこと？

●ワラやオガクズ（C/N比300とする）
主成分であるセルロースは分子式（$C_6H_{10}O_5$）nの炭水化物

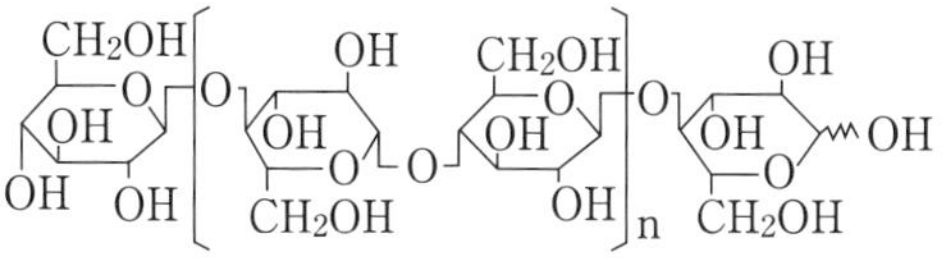

構造式は上のようで［　］の中の分子どうしが直鎖状に（n個）つながったもの。［　］の中の半分のつながりが $C_6H_{10}O_5$ となる。これを◎と表すと、C/N比300の有機物は次のようになる

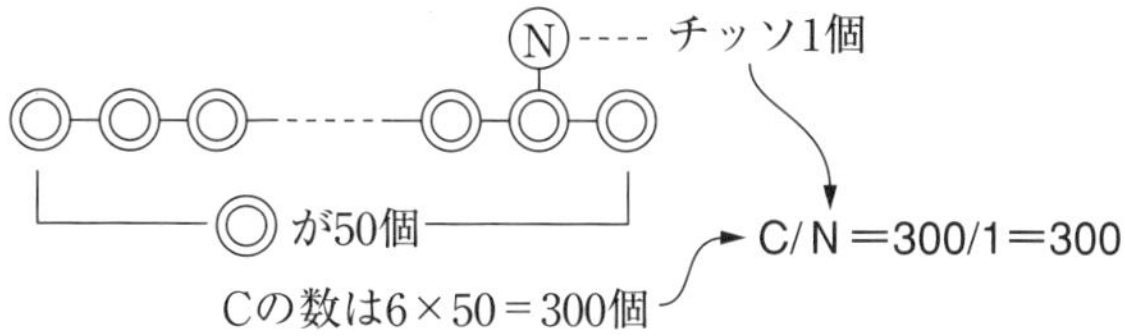

●グルタミン酸
よく知られているアミノ酸のひとつグルタミン酸の構造式は

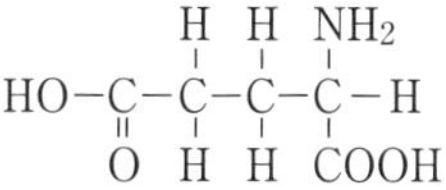

となりCを◯、NをⓃとして骨組みだけをみると次のようになる。

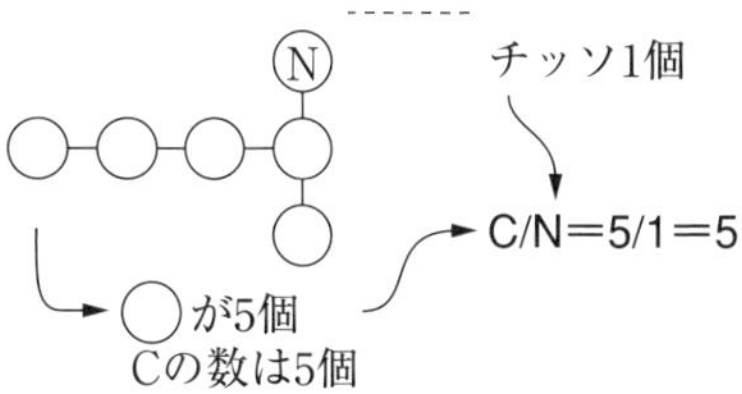

として放出する。土壌団粒の接着剤として使われる粘質物質などの生産もできなくなってしまう。

●団粒生成に最適なのはC／N比一五～二五

つまり、どのような有機物を入れていくか、どのようなC／N比の有機物を使うかで、土壌団粒のでき方、できるまでの時間がちがってくるということだ。C／N比が五とか一○といった低い有機物では、微生物はふえても、土壌団粒は

できないので肥料的な効果しか期待できない。反対に、C/N比が三〇〇のオガクズでは分解しにくく、土壌団粒をつくるのに時間がかかる。しかもチッソ飢餓をおこして、作物の生育を妨げてしまう。

　そこで、微生物が数をふやしながら、適当な時間で土壌団粒をつくることのできるC/N比が、経験上つきとめられている。その数値が、微生物の体のC/N比と同じ程度の一五から二五なのである。

表3-1　さまざまな有機物のC/N比

種類	C/N比
牛ふん	15～20
豚ぷん	10～15
鶏ふん	6～10
ムギワラ	60～70
イナワラ	50～60
モミガラ	70～80
米ヌカ	20～25
菜種油かす	7～10
大豆油かす	6～8
海草	20～30
茶かす類	10～15
オカラ	10～12
魚かす	6～8
カニ甲ら	6～8
野菜の茎葉	8～15
野草	10～30
ムギ類（稈）	85～110
樹木の葉	15～60
樹皮	300～1300
オガクズ	300～1000

(2) 土壌病虫害を出さない ——生物性の改善

●生物性改善のねらい

　生物性改善のねらいは、土壌病害虫の抑制と品質向上にある。

　多様な微生物が安定して棲みついているような土壌と、すでに土壌病虫害に悩まされている土壌とでは、生物性の改善のねらいはちがってくる。

　いま土壌病虫害に悩まされている場合は、根を病原菌から守ることが生物性改善の第一のねらいになる。そのためには、特定の土壌病原菌や害虫をねらい撃ちにするような微生物を増殖させた堆肥の調製や、根を安定した微生物群で覆ってしまい病害虫を近づかせないようにする方法などを考えていかないといけない。そして、土壌病原菌や害虫がいても、あるいは入り込んできても、作物に悪さをしない程度に抑え込んでしまえるようにすることだ。

　そして、品質向上を考える場合は、「品質向上微生物」とでも呼べるような微生物を中心に発酵させた堆肥やボカシ肥を施用することがポイントになる。

●土壌病虫害を微生物で抑える

　土壌病虫害でいちばん問題なのが、フザリウムとかセンチュウなどである。有機栽培というからには、化学薬品による土壌消毒は避けたい。そこで微生物によってこれらの土壌病害虫を抑えることが考えられる。

　たとえば、問題の病害虫をエサとしてしまうような微生物の利用があげられる。

　フザリウムやセンチュウの体はキチ

ン質という物質からつくられている。そのキチン質を分解するキチン質分解酵素（キチナーゼ）をもった微生物を大量に利用することができれば、フザリウムやセンチュウの増殖を抑えることができる。さらにそれらの菌のなかには抗生物質を分泌するものがあり、病原菌を抑制する働きもある。具体的には、キチン質を多く含むカニガラを堆肥材料に加えて発酵させ、このような放線菌がより多く増殖した堆肥を施用することで、フザリウムやセンチュウの増殖を抑えようというのだ。

また、微生物の出す分泌物を利用する方法もある。

たとえば、殺菌効果の高い乳酸を分泌する乳酸菌を緑肥といっしょにすき込めば、カビの仲間の土壌病害を抑えることができる。ジャガイモ畑で使えば、アルカリ性を好む放線菌の仲間であるそうか病菌が減る。いい放線菌も悪い放線菌も両方とも減ることになるが、放線菌の総量を減らすことができれば、そうか病の感染も減らすことができる。

菌の使いこなしによって、ある程度まで土壌病害虫を抑えることが可能だ。

●多様な微生物を根づかせる

困っている土壌病虫害を抑えることができるということは、その病虫害だけがふえない条件をつくりだしたということだ。そのような条件は、けっして放線菌や乳酸菌が単独でつくりだしたものではない。

病虫害そのものを捕食したり殺菌するばかりでなく、養分（エサ）を取り合うような微生物を送り込んで悪い微生物だけがふえないようにする、害のない微生物で棲みかを占有してしまう、などの手立ても同時に行なわれてはじめて土壌病虫害を抑えることができる。捕食や殺菌する微生物群だけでなく、エサや棲みかで病虫害と競合するような微生物群も活躍しているのだ。そのために、多様な微生物を、微生物が好むエサつきで、大量に増殖して、土に施用する。このようにしてはじめて、土壌病虫害をさまざまな側面から抑えることができたのだ。

写真3-2　みごとな有機栽培のレタス。多様な微生物を根づかせることで、土壌病害を抑えることができる（長野県川上村）

表3-2　微生物の種類と特徴

種類・菌名	菌の特徴	目的・効用	居場所・採取場所	培養法など
糸状菌	麹やカビの仲間、好気性菌	デンプンを糖に変えるので、他の多様な菌の増殖を助ける	酢飯を清浄なところに置いて採取	米ヌカで培養
セルロース分解菌	分解しづらい植物のセンイを分解するカビの仲間	難分解性の木質センイを分解して可溶性の物質に変える。団粒形成のスターターとして、他の菌の活動を助ける	山中で腐っている木や枝の部分を土といっしょに採取	好気性のトリコデルマ菌は力が強い。また、馬の新鮮なきゅう肥には絶対嫌気性の強力な菌が生息している。米ヌカと切りワラを混ぜて培養
放線菌	好気性菌で、乾燥すると白い糸状・粉のように見える。堆肥の上層部5～10cmに出やすい	溶菌と抗菌による耐病性向上。根を守る働き	山の落ち葉の下の腐葉土など、湿気もあって空気の通りもよいところに多い	
乳酸菌	嫌気性菌で乳酸をつくる	分泌する乳酸による殺菌作用。キレートをつくってミネラルを可溶化する。他の有効菌が活躍しやすいように雑菌を抑制する	酒蔵、生酒など	粉ミルクなど乳糖を含んだもので培養
酵母菌	通性嫌気性菌、絶対嫌気性菌など種類も多い	アミノ酸類などの多様な作物の栄養分をつくって作物の品質向上に役立つ。異常発酵を抑える	酒粕、アケビなど野生果実に多い	糖分と大豆の煮汁などのタンパク源を加えて培養
アミノ酸生成菌	好気性菌が主で、タンパク質をアミノ酸に分解する。納豆菌などバチルスの仲間	アミノ酸を生成し、品質の向上に役立つ。また粘質物質を出して団粒形成に役立つ	雑菌の少ない山の腐葉土など	米ヌカと大豆粕で培養
光合成細菌	一般には嫌気性菌	硫化水素やアミンなど根の阻害物質を有効化する。生長促進	有機物の多いドブやため池、田んぼ	好気性条件で有機物と一緒だと放線菌のエサになってしまうので、畑地にまくのはムダ。魚液などイオウを含んだもので嫌気発酵
チッソ固定菌	空中チッソを固定する	作物と共生してチッソを供給する。生育促進	マメ科の根粒	

多様な微生物が好むさまざまなエサ（有機物）と、物理性を整えるためのC／N比一五～二五に調整した有機物（堆肥）が、微生物の多様性を育み、土壌団粒をつくりあげていく。このような環境が整えられることで、土壌病虫害だけがふえることのない、多様な微生物が共存できる豊かな土となる。そして、そのような土が健康な根づくりを支えてくれるのだ。

●微生物による品質向上

多様な微生物は土壌病虫害から根を守るだけでなく、作物の品質や味にも関係している。有機物の分解生成物や微生物の分泌物が、作物に吸収され、品質を高め、味をよくするのだ。

たとえば「品質向上微生物」の一つに酵母菌をあげることができる。酵母菌はアルコールをつくる微生物として有名だが、原料によってはアミノ酸等のチッソ化合物をつくりだしてくれる。それを作物は旨み成分や糖分につくりかえる。

品質や味にかかわる旨み成分や糖分、さらにはビタミンなどを微生物はつくりだすことができる。しかし、ただ微生物を入れればいいわけではない。かならずエサつきで土に施用してやることがポイントだ。なお、表3—2にあげたような有用微生物を堆肥に取り込むには、一次発酵によって糖分がつくられたあと（二次発酵のとき）に培養した微生物（あるいは採取した微生物）を加えてやればよい。

市販の菌を購入してもよいが、どういうところにどのような性格の微生物が棲息しているか知っていれば、それを取り込むことで生物性の改善につなげることができる。

(3) 肥料をつかみ、必要なときに手放す土のふところをつくる——化学性の改善

●土つくりと化学性の改善

化学性の指標となるのが、化学的な成分（養分）やpH、CECといった要素である。これらの化学的要素は施肥との関連が強く、ある肥料を多くして過繁茂を招いたり、施肥した肥料同士のバランスが悪くて生育を乱してしまう、といったことがよくおきる。また、病虫害の発生や収量・品質の低下を招くことも多い。

このように容易に作物の生育を悪くすることもできる反面、施肥設計をきちんと行なうことで、作物と土の能力を十二分に引き出して、収量品質両面で納得のいく栽培も可能になる。

●土がもっている養分保持力

田畑の土壌は、施肥した肥料養分をたくわえる力をもっており、さらに、たくわえた肥料養分を徐々に放出して、作物の生育を助けることができる。土壌がこのような力をもっているのは、土壌がマイナスの電気を帯びているからだ。施肥された肥料養分は、水（土壌溶液）に溶けるとプラスの電気を帯びたイオンとなって土壌に吸着される。そして根から分泌される根酸や他のイオンとの置換によって土壌溶液中に溶け出して作物に吸収される。

このとき、土壌の養分を保持する力の目安となるものが、ＣＥＣだ。ＣＥＣとは陽イオン交換容量と呼ばれるもので、アンモニアやカルシウム、マグネシウム、カリなどの陽イオン（電気的にプラスのイオン）と交換できる手の数と考えればよく、ＣＥＣの大きい土壌ほど肥料養分を多く保持することができる。

日本で多く見られる土壌のＣＥＣは、だいたい一五～三〇の範囲にある。もちろん、長年行なわれてきた堆肥の投入や客土、栽培履歴などによって、圃場のＣＥＣは異なる。

●ＣＥＣの大小と施肥

土壌コロイドのもつＣＥＣは、腐植にかかわる有機的なものと、粘土にかかわる無機的なものから構成されており、土壌中では両者が互いに結合して複合体として存在している。

ＣＥＣの大小は養分の保持力の差ということになる。砂質の土壌、肥切れの早い土壌はＣＥＣが小さいし、粘土質の土壌、肥持ちのよい土壌はＣＥＣが大きい。また腐植の多い土はＣＥＣが大きいし、粘土の種類によってもＣＥＣの値は異なる。

よくＣＥＣの適正値は二〇～三〇といわれる。この二〇～三〇というのは栽培上、適当な値といえるが、あまり神経質になる必要はない。一〇や一五という数値では心もとないが、ＣＥＣはその土地の土壌固有のものであり、強引に適正値に改良することより、ＣＥＣを上げる努力をしながらも、土壌の性質にあった施肥を行なうことのほうが重要だ。

●堆肥、粘土によるＣＥＣの改良

そこで、土壌分析をしてＣＥＣが一五以下のようなら、堆肥を入れてＣＥＣを高めたほうが施肥がラクになり、施肥によって根を傷めるようなことも少なくなる。入れる量は注意が必要で、堆肥も肥料分をもっているので、リン酸やカリが過剰にならない程度の量を入れるようにする。なお、堆肥とアミノ酸肥料を組み合わせることで、初期の肥効のアップとＣＥＣのアップを同時に実現することができる。

堆肥の他にＣＥＣを改良する資材としては、いろいろな粘土鉱物があげられる。粘土の場合は、堆肥のように腐植を増やすかたちではないので、通気性や排水性などの物理性や生物性を改善する効果は少ない。やりすぎれば土を硬くすることもある。しかし、黒ボクなどの腐植が多く軽い土では堆肥よりも粘土を施用したほうが肥効も落ち着くので、土によって堆肥と粘土資材とを使い分けるようにするとよい。

●根のＣＥＣと有機栽培

以上のように、土壌コロイドのＣＥＣは粘土と腐植に由来しており、施肥した肥料養分のほとんどを保持している。そのため、施肥や作物の生育をコントロールするときに考慮しなければならないもっとも重要なもので、このことは有機栽培の場合も変わらない。ただ有機栽培で考えておかなければいけないのは、土壌コロイド以外の、根と施用有機物のＣＥＣについてだ。とくに施用有機物のＣＥＣは、有機栽培の収量や品質の向上をはかるうえで重要である。

根のＣＥＣの由来は、根の表面が電気的にマイナスに荷電していることからきている。根のＣＥＣは同一植物では、根の表面積に比例することが知られている。また、カリウムやアンモニアなどの一価の陽イオンとカルシウムやマグネシウムなどの二価の陽イオンが共存するときは、ＣＥＣの大きい根ほど二価陽イオンの吸収量が相対的に多くなることが知られている。ＣＥＣの小さい根はカリウムやアンモニアの吸収力が大きく、ＣＥＣの大きな根はカルシウムやマグネシウムの吸収力が大きいということだ。

これらの知見から、有機栽培について次のようにいうことができる。

つまり、根張りがよく、細かい根が多くなる有機栽培では、根の表面積も大きくなり、根のＣＥＣもより大きくなると考えられるから、いまの作物に不足しているカルシウムやマグネシウム（どちらも二価の陽イオン）をより多く吸収することができるということだ。

●施用有機物がもっているＣＥＣ

施用有機物のＣＥＣは、有機栽培ではかなり大きな値になると考えている。有機栽培の肥料は、基本的にアミノ酸肥料（ボカシ肥）や堆肥といった有機物だけを使う。これら有機物由来のＣＥＣも土壌中の肥料養分を保持し、作物に利用されている。

このように、土壌のＣＥＣに施用有機物のＣＥＣが加わることで、ミネラルなどの養分の施用量を多くすることができ、その吸収量を無理なく高めることができる。このことは作物の収量・品質を高めるうえで、有機栽培の大きな可能性を示している。

●有機酸がもっているＣＥＣとカロリー

有機栽培で使うボカシ肥はアミノ酸が主体になるよう発酵を進めたものだ。堆肥も腐植の本体でもある腐植酸をかなり含むよう発酵を進めたものだ。ボカシ肥のアミノ酸、堆肥中の腐植酸、これらが土壌中のミネラルなどの養分と結びついて（溶かし出して）、アミノ酸ミネラル、腐植酸ミネラルといった有機酸ミネラルのかたちで土壌溶液中に分散し、作物に吸収される。作物はより多くのミネラルを有機酸と一緒に吸収できる。

これら有機酸はマイナスの電気をもっているので、陽イオンと結びつく、つまりCECをもっていることと同じ機能を担う。こうして、土壌のCECに施用有機物のCECが加算される。しかし、この加算分は土壌分析には表れてこないために、見かけ上、土壌分析のCEC以上に肥料養分を保持することができ、作物に吸収利用されることになる。

肥料養分といっしょに取り込まれるアミノ酸や腐植酸といった有機酸部分は炭素化合物であり、作物はこれを加工して体づくりの材料やエネルギーとすることができる（第1章参照）。これに対して化成肥料を構成している酸は硝酸や硫酸、塩素といった無機の酸であり、体づくりの材料として一部利用することはできるものの、エネルギーとして活用することはできない。有機栽培の場合、肥料が「カロリーつきの酸」で構成されており、このカロリーを生かすことで、有機栽培は多収・高品質の作物生産が可能になるのである。

●一〇〇％以上の塩基飽和度で施肥設計できる

有機栽培では、施用有機物のCECによって土壌全体のCECが高まるために、土壌分析値にもとづく施肥設計以上の肥料養分を施用することができる。

土壌分析結果をもとにして、施肥量を決めるときに参考にするのが塩基飽和度だ。これは、土壌のCECが交換性塩基で満たされている程度を百分率（％）で表したもので、CECにもよるが、たいていは八〇％前後に設定して施肥設計をしている。この程度の飽和度であれば、pHも適正範囲に収まり、根傷みや肥料養分間の競合も避けられ、十分な肥料養分を作物が吸収できるからだ。

しかし、有機栽培の場合は、実際のCECが施用有機物のCECぶん、多くなっていることを、より積極的に生かすことができる。その方法とは、塩基飽和度の一一〇～一四〇％で施肥設計を行なうのだ。通常の化成栽培なら肥料濃度が高すぎて根の吸収抑制や根焼け、微量要素欠乏・過剰症がおきても不思議でないような肥料濃度で効かすことができる。というより、飽和度八〇％で施肥設計したのでは、有機栽培のメリットを積極的には生かせないということになる。

●ECはみなくていい

一般の土壌分析ではＥＣ（電気伝導度）も測定される。このＥＣはおもに硝酸態チッソなどの無機のマイナスイオンを測定しており、土壌中の養分や塩類の蓄積の程度を知ることができる。

しかし、有機栽培でＥＣを測ると、その値は〇・五以下程度の値しか示さないことが多い。有機栽培ではアミノ酸などの有機態チッソが主体となるために、ＥＣ値が非常に低い値しかとらないからだ。

このため、有機栽培の土壌分析ではＥＣは測定項目に入れていない。測定しても分析が意味をなさないからだ。ただし、化成栽培から有機栽培に切りかえている場合は、ＥＣを土壌の改善の指標とすることができる。ＥＣが一以上あるようなら、その有機栽培はまだ改善の余地があるということであり、ＥＣが下がっていけば正常な有機栽培に移行しつつあるということだ。

●最適pHの落とし穴

土壌分析をすると、「あなたの畑は酸性が強くてハクサイの生育には適さないので、石灰を二〇〇kg入れて、pHを六まで上げましょう」といった処方箋が返ってくることがある。

土壌の酸性やアルカリ性の程度を示す指標がpHで、水溶液中の水素イオン濃度を示す一つの単位だ。pH七が中性、七以下は酸性、七以上はアルカリ性を示す。このpH値は水素イオン濃度の対数（log）で示されるため、pHが「一」違えば水素イオン濃度が「一〇倍」あるいは「一〇分の一」ちがってくる。たとえば、pH五の水素イオン濃度は10^{-5}（〇・〇〇〇〇一）で、pH六の10^{-6}（〇・〇〇〇〇〇一）に比べて一〇倍の水素イオンがあることになる。

作物が育つうえで最適のpHがあることは、土耕や水耕の試験成果として明らかにされており、その数値が一覧表などになっている。たとえば、ホウレンソウやブドウ、カスミソウは六・五～七・〇の微酸性から中性の領域で、トマトやキュウリ、ハクサイ、キク、バラは六・〇～六・五の微酸性で、イネやイチゴ、ダイコン、ミカン、リンゴは五・五～六・五の微～弱酸性の広い領域で、ジャガイモやサツマイモは五・五～六・〇の弱酸性の領域で、さらにチャやリンドウは五・〇～五・五の酸性領域で生育がよい、といった具合だ。

先の土壌分析の処方箋もこの最適pHにすることを目的としたものだ。

しかしこの最適pHというとらえ方は注意が必要だ。というのは、最適pHの値に（多くの場合、石灰資材で）調整さえすれば、作物が健全に育って豊かな実りをもたらしてくれるかのように錯覚しがちだからだ。しかし、石灰を二〇〇kg施用してpHを六・〇にしたのに、収量・品質に優れたものが収穫できなかった、という事例は多い。

●施肥設計の結果、最適pHになる

問題は、つくっている作物に適したpH六にするのに、石灰二〇〇kgを施しましょう、という考え方だ。ここには「酸性矯正には（何が何でも）石灰施用」で、という図式がある。第一、石灰が適正値である場合、酸性矯正のためにさらに石灰を施用したのでは、石灰過剰になってしまう。

ここでの土壌分析の課題は、pHが低くなっている原因を明らかにすることだ。石灰が不足しているためにpHが低いのか、それとも苦土が不足しているせいなのか、それともカリなのか。その原因を突き止めて、不足している養分を必要量施用することなのだ。

そして、pHを低くしている、不足している養分を、適正値になるように施用することで（過剰な養分は施用しない）、pHはその作物の栽培に適した範囲に落ち着くようになる。そして養分が適正な範囲に収まって得られるpHが最適pHということになるのだ。

pHの矯正はほとんどの土壌分析・施肥設計で行なわれているが、単なる数字合わせに終わってしまいっていることも多い。必要な養分を必要量施用した結果のpHが最適pHになるのであって、pHの値を石灰で合わせるだけの施肥設計では意味がないのだ。

●石灰・苦土・カリの比

施肥設計で重要なのは、多量要素である石灰（カルシウム）、苦土（マグネシウム）、カリをどのようなバランスで施用するかということだ。一般的には、石灰、苦土、カリの割合は五：二：一がよいとされている。しかしこの割合は、あくまでも水耕栽培のデータであり、とらわれすぎてはいけない。水耕栽培という環境では、根は強い水過剰ストレスを受けており、土の中と同じように根が機能しているかどうかは、大いに疑問だからだ。

作目によって最適と思われるバラン

表3-3　主要作物の石灰・苦土・カリの適正割合の範囲

石灰：カリ（石灰／カリ比）	9〜14
石灰：苦土（石灰／苦土比）	4〜6
苦土：カリ（苦土／カリ比）	2〜4

＊それぞれの比は作目によってかなり幅がある。石灰：苦土：カリの比は5：2：1がよいといわれているが、これは水耕栽培のデータで、経験上からいうと石灰を多くしたほうがよいばあいが多い
たとえば，サクランボで糖度を高く、割れを少なくしようと思ったら14：3〜4：1くらいが適当となる。5：2：1はひとつの目安と考え、実際の作柄からつかむことが大切だ

スにはバラツキがあるし、これまでの多くの実践からいえば、石灰を多くしたほうが成果は上がっているのである。

施肥設計上は、石灰、苦土、カリ、三者のバランスというより、「石灰・カリ」「石灰・苦土」「苦土・カリ」という二者間のそれぞれの比をみることが大切だ。

石灰／カリ比は、細胞の丈夫さを表わすので、品質に関係してくる。石灰／苦土比と苦土／カリ比は、プラスイオン同士の拮抗作用を表わしていて、苦土の効きが、石灰やカリによってじゃまされていないかどうかを比によって確かめる。

これらのなかでは、苦土を中心において考えることがポイントだ。苦土は光合成を行なっている葉緑素の中核物質だから、苦土が効いていることが一番大切なことなのである。この苦土を効かせることの阻害要因として石灰とカリをみる、そのための比なのである。各比を適切な範囲内におさめて、かならず苦土が効いている状態をつくる。それが施肥設計のポイントでもある。

図3-5　作物の生育と石灰・苦土・カリの役割

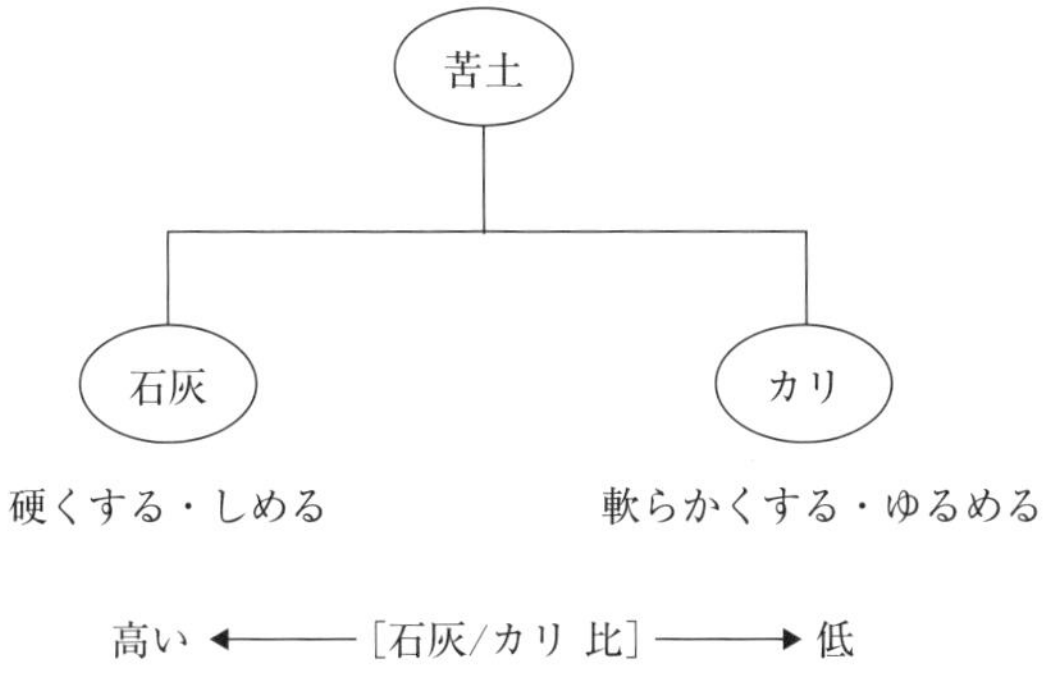

考え方として、苦土でつくられた光合成産物をどう使うか、その方向性を決めるのが石灰とカリ
カリに比べて石灰が多ければ（石灰／カリ比が高ければ）、作物の生育は硬くしまる。反対ならば（石灰／カリ比が低ければ）作物の生育は軟かくゆるむ

先に述べた一〇〇％以上の塩基飽和度で施肥設計する場合には、とくに重要になる。

このように苦土を中心として考えて、そのうえで、石灰を多めに設定していくのか、カリを多めに設定していくのかを、作目や作型、地域によって加減をしていくのである（ミネラル肥料の考え方は第4章で、作目でのやり方は第6章で紹介する）。

●CECが変わると土壌養分の適正値が変わる

田畑にはそれぞれ個性がある。となりの畑の作柄がいいからといって、施肥設計を同じにしても、よい作柄にはならないのはそのためだ。その理由の一つがCECがちがうからなのだ。

CECが異なると保肥力やpHも変わってくる。そのため、土壌養分の適正値も変わってくる。

図3-6　養分量が同じでもCECが変わればpHも変わる

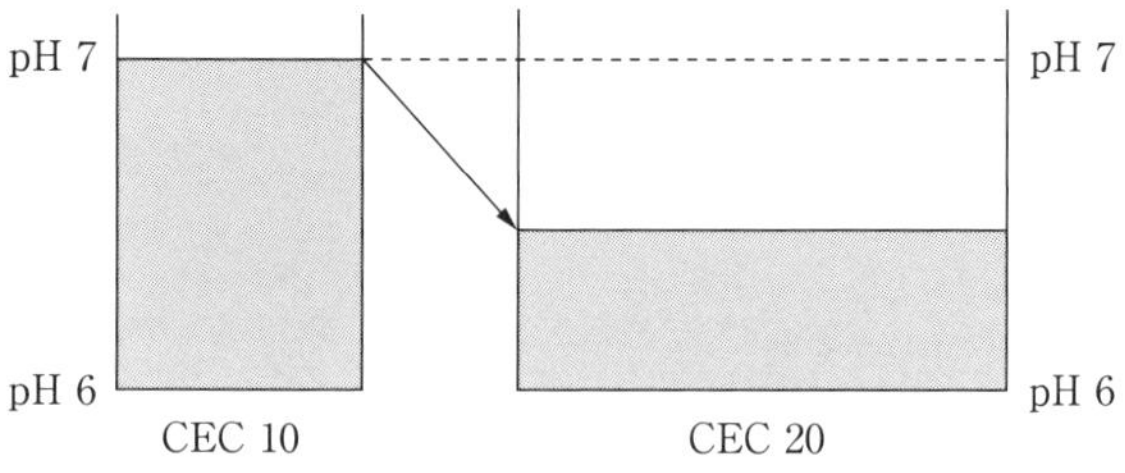

CEC10の土でpHが7になる養分量をCEC20の土に入れると、CEC20の土では養分と交換できる手の数が倍あるので、養分を保持する力に余力が生まれる。そのため同じ養分量でもpHは6から7の間になる

たとえば、CEC一〇の土でpHが七になる養分量をCEC二〇の土に入れたとする。CEC二〇の土は、一〇の土に比べて、養分をつかまえる手の数が二倍ある。そのため、CEC一〇の土がつかまえていた養分量をすべて保持しても手の数が余ってしまうことになり、土壌溶液のpHは低くなる。

そしてCECが異なれば、養分をつかまえる手の数が異なるので、土壌溶液中に溶け出す養分量も変わってくる。CECが大きいと、CECが小さいときの養分量では、土壌溶液中に溶け出す養分量が少なくなってしまう。作物の適当な生育を維持するには、施用養分量を多くしなければならなくなるのだ。

つまり、CECの変化によって養分の適正値は変わるものであり、それを変えないと、養分不足や養分過剰を招くことになる。各地で行なわれている土壌分析では、CECを測らずに、適当なCECを基準にして、必要養分量を算定している例が多いが、CECを測定しないで養分の適正値を出すことはできない。

堆肥の役割と力

(1) 堆肥の働き

●堆肥の働き

堆肥には、土壌団粒をつくって土の物理性の向上を図ることが第一の目的、次に、土壌病害虫の拮抗微生物のエサになること、さらに高品質な収穫物を得るための品質向上微生物のエサになること、という働きがある。これらのことについては、これまでも述べてきたとおりだ。

堆肥にはこれらのほかにもさまざまな働きがあるが、作物を栽培していくうえで重要なのが、堆肥のもっている肥料的な働きだ。この肥料的な働きは、プラスに働くときと、扱いにくいマイナスに働くときとある。そのため、施肥設計のときはそのようなことを勘案しなければならない。

●堆肥の肥料的な効果

堆肥の肥料的な効果としては、三つある。一つめは、肥料の三要素としての効果、二つめは、可溶化した炭水化物の効果、三つめは、微量要素としての効果だ。順に見ていこう。

肥料の三要素としての効果というのは、堆肥にはチッソ、リン酸、カリという肥料の三要素が含まれているということ。ただし、肥料のバランスが理想的とは限らない。たとえば、鶏ふん主体の堆肥ならリン酸が多いだろうし、牛ふん主体の堆肥ならカリが突出しているだろう。このような堆肥の肥料成分が施用されていることをわかって施肥設計を組むことが大切になる。

可溶化した炭水化物の効果は、まだ十分認識されていないが、堆肥のもっている大きな効用の一つだ。堆肥の材料に使われるオガクズやワラ、モミガラは、植物が光合成によってつくった炭水化物の巨大な構造物であるセルロースやヘミセルロースというセンイ類からできている。このセンイ類という固形物が堆肥化の過程で、微生物がもっている酵素でばらばらに小さくされて、可溶性の糖類（チッソがあればアミノ酸も一部生成される）になる。作物はこのような糖類・炭水化物を吸収することができるのだが、重要なのは、これら可溶性の糖類が作物に吸収されることの意味あいだ。可溶性の糖類は作物の光合成産物と同じ炭水化物であり、それが吸収されるということは、太陽エネルギーを根から吸収していることと同じだ。だから低温で日照不足の年でも、良質堆肥を施用している圃場では収量・品質が安定している。堆肥中の可溶化した炭水化物が作物に吸収されて、あたかも日照下で光合成が行なわれているかのように作物が生育した結果といえる。冷害気象下での堆肥の効果はよくいわれることだが、その理由はこの可溶性の糖類にある。

さらに微量要素も堆肥には含まれている。ホウ素をはじめ、亜鉛、銅、マンガン、モリブデンなどの微量要素はすべて、堆肥を施用することにより十分賄われると考えられている。しかしこれも、バランスよく含まれているかというと、一概にはそうとはいえない。微量要素は微量だからよいのであって、多すぎては作物によくない。また、作目によっては堆肥だけでは不十分なものもある。たとえば、ホウ素の吸収量の多いアブラナ科野菜ではホウ素を別途用立てないといけないという例もある。

●堆肥の扱いにくさ

堆肥によって土の物理性を高めることと、堆肥の肥料的な効果を上手に両立させるのはけっこうむずかしい。

堆肥の中にはカリがかなり入っているにもかかわらず、さらにカリを多用してカリ過剰をおこしている例がある。土壌溶液中に、石灰は五、苦土は二、カリは一という割合である状態が好ましいとされている。そこをまちがえて、堆肥で入っているのにさらにカリを施肥して、その値を二にしてしまうと、苦土は四、石灰は一〇にしなくてはバランスがとれない。あるいは、カリが多いために石灰や苦土の吸収がうまくいかなくなってしまうことになる。カリという養分は、量的に一番少なくても効果があるという反面、肥料バランスを簡単に崩してしまう厄介な養分なのだ。

カリ過剰が招く病気はけっこう多い。たとえばカリ過剰によって石灰が吸えなくなると、カビ類の病気や作物体内や表皮から腐る症状がふえてくる。このような症状が出た場合、石灰不足を疑うことになるが、実際に石灰不足が原因なのか、それとも、石灰はあってもカリとの拮抗作用によって吸収が阻害されているのか、二つの場合が考えられる。そこをきちんと見きわめることが施肥設計上、大切になる。

とくに牛ふん堆肥を多用していてカリ過剰になっている例は多い。カリは牛の尿にはたいへん多く含まれており、苦土欠の症状などが極端に出るので注意したい。

また、リン酸の過剰障害もよくみられる。リン酸過剰の場合は、土壌病原菌をふやし、根傷みする可能性が非常に高い。

写真3-3　よい堆肥を使いこなすことで、ゴボウも連作が可能になる。写真のゴボウは連作6年のもの。生育もよく、病害ともほとんど縁がない（青森県軽米町）

(2) 堆肥の持ち味を生かす使い方

●養生期間をとって土壌病原菌の割合を減らす

堆肥の持ち味を生かすには、堆肥をまいてからしばらく土を寝かしておくとよい。

有効微生物が多様に存在している堆肥を畑にうないこんで、一定期間水を十分にやって、だいたい二五度以上で三週間から一カ月間放置しておく。ビニルシートなどで被覆をし、地温を上げることで効果を高めることができる。この間に、堆肥中の微生物が活動範囲を広げていって、悪い菌を抑えてくれる。悪い菌がいたとしてもその密度を大きく減らすことができるので、発病には至らないようになる。この期間を「養生期間」と呼んでいる。

はじめは堆肥中にしかいなかった有効微生物は、圃場の水分や耕うんで堆肥の有機物がうすまり、拡散していく。有機物をエサにしてコロニーをつくりながら、空間的に広がり、隣同士のコロニーが重なり合っていく。このコロ

図3-7　堆肥中のよい菌が拡がっていくための十分な養生期間をとる

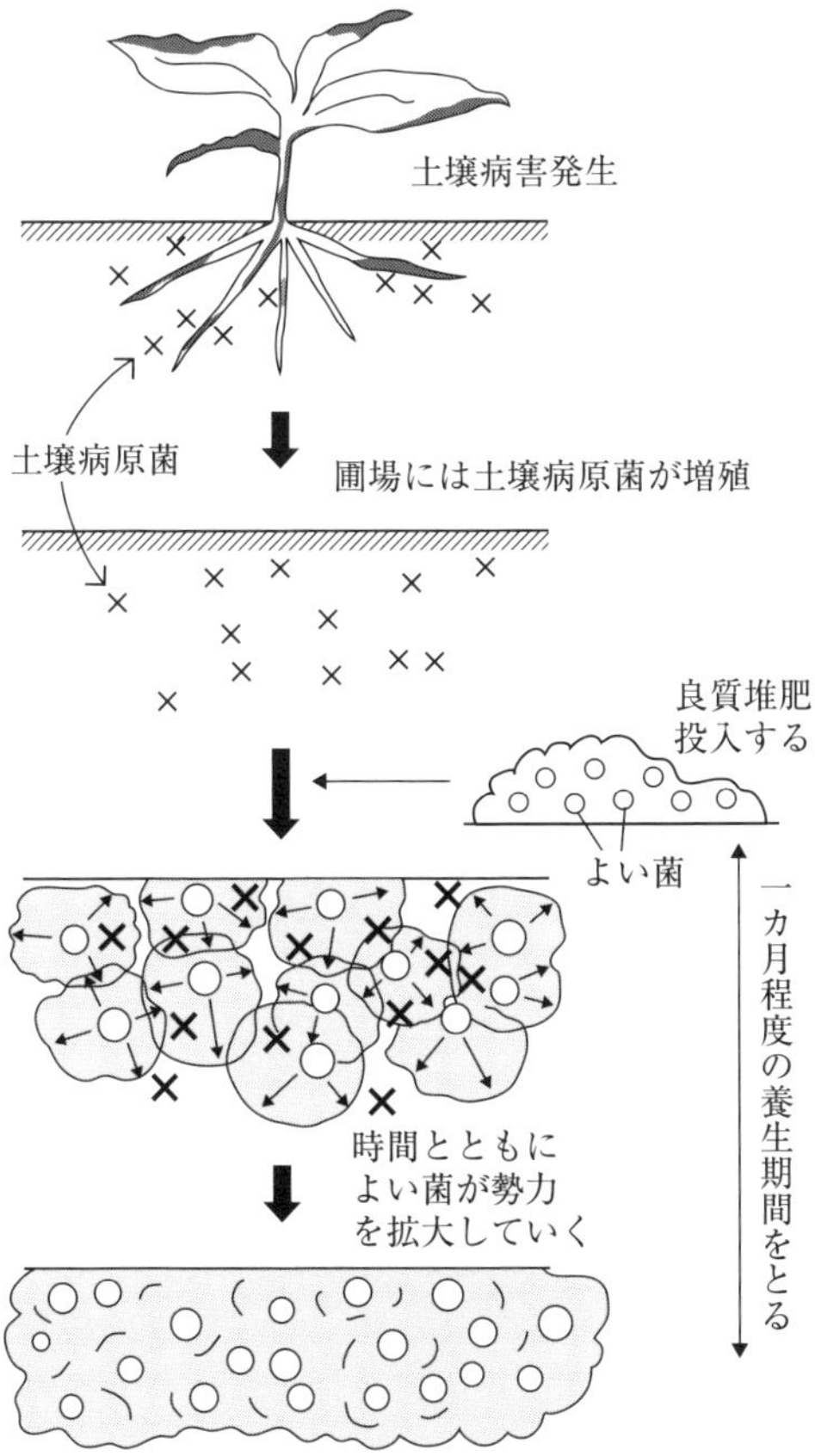

ニーの内側（勢力圏）に入ってしまった土壌病原菌は、有効微生物によって駆逐されてしまうのだ。

なお、対象とする病原菌によっては、好気性の拮抗微生物を使う場合もあれば、嫌気性のものを使う場合もある。相手によってやり方を変える必要もある。

作物を作付ける時期は、仕上がった堆肥を土の中に入れて、堆肥中の有効微生物が土の中で活動して、土壌病原菌を抑え込んでからにしたほうがよい。その期間が三週間から一カ月ということになる。

●堆肥投入でカリ過剰が心配されるとき

しかし、このような状態にするためには、ある程度の堆肥の量が必要になる。少量では一個一個の堆肥の粒が離れてしまい、コロニーの勢力圏外の土壌病原菌は何の影響も受けないことになる。有効微生物の活動領域が限定されて、十分な土壌病原菌の抑制効果が得られない。

ここで問題なのは、土壌病原菌の抑制を第一に考えて、堆肥の量を多く入れた場合、先ほども述べたように、有効微生物と同時に肥料分も入ってしまうことである。しかしその場合には、過剰となった養分があってもつくれる作物、品種を選ぶことが必要になる。一作は自分の目標とするものがつくれなくなるが、病気を消すという目的だったら、ちがう作物をつくらざるをえない。

土壌病害は中途半端な方法では直らない。良質堆肥をたくさん入れることで、たとえばカリ過剰にはなるけれど、その作にはトウモロコシをつくってカリを吸わせる。このようにすれば土壌病原菌はしっかり抑えられるから、次の作では、目的の作物を植えることができるようになる。

第4章

有機栽培と肥料

——アミノ酸肥料とミネラル肥料

有機栽培のねらいと肥料

(1) 有機栽培に使う肥料

●有機栽培のチッソ肥料の特徴

有機栽培のねらいは実にシンプルだ。

作物の体がタンパク質でできていて、その原料がアミノ酸であるならば、作物はアミノ酸を直接根から吸収すれば、それまで以上に効率のよいタンパク質生産（細胞）ができる。さらに、アミノ酸は炭水化物部分をもっているので、そのアミノ酸類を根から吸収することで、各種アミノ酸を合成するための原料であり、活動のエネルギーである炭水化物に余剰が生まれ、天候悪化や病害虫への対応力を高め、品質の向上などに役立てることができる、というものだった（第1章で紹介）。

有機栽培では、有機態チッソを有機物を発酵させたボカシ肥や堆肥のかたちで施す。ボカシ肥や堆肥は有機物を微生物によって発酵させたもので、その中身はさまざまな分解段階の有機物と、増殖した微生物とその遺骸、分泌物などが含まれている。有機栽培で使うチッソ肥料は、そのさまざまな有機態チッソの複合体なのだ。そして、その多くがアミノ酸や炭水化物を基礎とした炭素化合物で、アミノ酸と同様に炭水化物部分をもっていることも特徴だ。

分子量の大きい有機態チッソほど、作目によって、吸収のされ方に差があると考えられるので、ボカシ肥はできるだけ分子量が小さくて水に溶けやすいような有機態チッソが多く含まれるような調製を行なう必要がある（つくり方の詳細は第7章を参照）。「有機態チッソの複合体」（タンパク質やペプチド、そして各種アミノ酸）である有機栽培に使う肥料は、代表する物質名を使って表現すれば「アミノ酸肥料」ということになる。

●ミネラルを肥料として位置づける

有機栽培でアミノ酸肥料と並んで重要な肥料がミネラルだ。

作物の生長は光合成が土台となっている。その光合成は葉緑素で行なわれていて、その葉緑素の中核にはマグネシウム（苦土）があることはすでに紹介した。苦土がなければ光合成は行なわれない。当然、光合成産物である炭水化物は生産されないから、体づくりの材料もエネルギー源も作物は得ることができない。マグネシウムは、肥料の三要素と呼ばれているチッソやリン酸、カリに負けないくらい大事な要素なのだ。その他、石灰や鉄、マンガンなども作物の生長にとって重要な働きをしている。

これまで石灰や苦土は、どちらかというと土壌改良資材として扱われてきた。土壌の酸性を矯正する程度の資材として使われてきた。しかしこれからは、苦土や石灰などを、作物にとっての基本栄養素、施肥設計上必ず考慮する「ミネラル肥料」としてきちんと位置づけなおすことが大切なのだ。

有機栽培では、タンパク質（細胞）の原料としてのアミノ酸肥料と、吸収したアミノ酸肥料の細胞への再合成と生長の機能維持に欠かせないミネラル肥料が重要な柱なのだ。

(2) 有機栽培の肥料の両輪

●アミノ酸肥料

アミノ酸肥料の主要成分がアミノ酸であるといっても、グルタミン酸やアスパラギン酸といった物質をそのままのかたちで肥料として与えようというのではない。米ヌカやナタネ油粕、魚粕などの有機質の発酵を進めて、醤油のような水溶性の形態のアミノ酸の含量が多くなったもの、つまり作物の根から吸収されやすいようなかたちにまで発酵を進めたものを施用する。

アミノ酸肥料には、タンパク様チッソからアミノ酸までさまざまな有機態チッソが含まれており、これを施用し、作物が吸収することで、作物はより効率的に細胞をふやすことができ、よりラクに生長を続けることができる。そしてアミノ酸肥料のもつ有機態チッソの炭水化物部分が、光合成産物の役割も兼ね、収穫物の品質向上や不順天候を乗りきる力となる。さらに、微生物菌体や分泌物などに含まれるさまざまな機能性副産物が作物の生長を助けてくれる。

このようにアミノ酸肥料は単なる肥料養分としての役割だけでなく、さまざまな機能を持ち、有機栽培の価値を高める、きわめて重要な肥料なのだ。

●ミネラルの役割

そして、有機栽培の肥料のもう一つの主役がミネラル肥料だ。

ミネラルは葉緑素の中心を担っている苦土をはじめとして、作物の生体機能のさまざまな場面で原料や生理活性物質（酵素）として活躍している。表4―1は各要素の働きをいくつかの角度から整理したものだ。いくら肥料の主役であるチッソ肥料がアミノ酸のか

表4-1　各要素の働き

要素／作用	チッソ	リン酸	カリ	石灰	苦土	ケイ素	イオウ	マンガン	ホウ素	鉄	銅	亜鉛	モリブデン	ナトリウム	塩素	ゲルマニウム
根の発育促進	○	○	○	◎			○	○	○	○			○	○		○
茎葉の健全強化	○	○	○	◎	◎	○	○	○	○	○	○	○		○	○	○
根腐れ・芯腐れ 空洞化防止		○		◎	○*			○	◎	○						
病害抵抗力強化	○		○	○	○	○		○	○	○	○	○		○		
隔年結果の防止		○			○			○	○	○	○			○		
澱粉造成促進	○		○	○										○		
糖分造成促進	○	○		○										○		
個体重量の増加		○	○			○	○	○						○		○
貯蔵力の増加		○			○	○		○	○					○		○

＊は直接の原因ではないが、あると根腐れなどを予防できる

たちで施用されていても、この表に載っているミネラルが不足しては作物は順調に生育できない。

たとえば、光合成を行なっている葉緑素の中では、さまざまな特殊なタンパク質である酵素によって反応が進められている。酸素を発生させる初期段階ではマンガンを含んだ酵素が反応中心になるし、反応に必要な電子のやり取りに鉄や銅を含んだいくつかの酵素が活躍する。マンガンや鉄、銅などが活躍した後に葉緑素の中核のマグネシウムが登場することになる。

光合成をつつがなく進めるためには、いちばんにはマグネシウムが必要だが、マンガンや鉄、銅といったミネラルも光合成の機能にかかわっている。だから、これらのミネラルが不足すると、即、葉緑素の機能障害というかたちで現われてくることになる。

光合成だけでなく、作物が生きていくうえでさまざまなミネラルがかかわっているので、各種ミネラル類の機能をきちんと把握して、その適量を施用しなければならない。

●アミノ酸とミネラルが肥料の両輪

有機栽培におけるアミノ酸肥料とミネラル肥料は、いってみれば作物栽培の車の両輪だ。どちらが欠けても作物の健全生育という軌道からはずれてしまう。

アミノ酸肥料はタンパク質を合成する材料として体づくりを担い、ミネラル肥料は作物が健全に生育するための機能維持・調整を担う役割をもってい

る。どちらが欠けても作物は健全に生育しない。アミノ酸肥料とミネラル肥料が肥料の両輪として、きっちり働くようにすることが有機栽培のかなめといえる。

アミノ酸肥料の特徴と使い方

(1) 発酵肥料としての特徴

●発酵させて作物に吸収しやすくする

写真４-１　ひとつの節から４本のキュウリ！アミノ酸肥料とミネラル肥料を的確に施すことで、このような栽培も可能となる（茨城県協和町）

油粕や魚粕をそのまま田んぼや畑に施用した場合、油粕や魚粕を構成している有機物は、微生物のもっている酵素で切り刻まれて、正常な分解過程を踏めばより小さなタンパク質やアミノ酸、炭水化物に分解される。さらに分解が進めば、有機態チッソは無機態チッソとなり、これも作物に吸収される。

しかし本書で紹介する有機栽培では、魚粕や大豆粕などの有機質肥料は、原則として「生」では施用しない。というのは、田んぼや畑に「生」の有機物を施用すると、条件（圃場の水分条件や病原菌の密度、単味の質、気象など）によっては、施用した有機物に腐敗菌などの有害菌がついて、かえって病害をふやしたり、生育を妨げたりするおそれがあるからだ。

そこで、前もって原料の有機物を、害を及ぼさない菌で覆って発酵分解を進め、作物が吸収しやすい形にして施用する。

●微生物によって肥料にもたらされる効果

アミノ酸肥料は原料の種類と微生物

の組み合わせ、発酵の条件によってできるものがちがい、その効果も多様だ。

まず、微生物が有機物を発酵・分解することで、アミノ酸肥料の中には水溶性のタンパク質からアミノ酸まで有機態チッソが多様に含まれている。これらの有機物は炭素化合物でもあり、カロリーをもったチッソ肥料という機能をもっている。そのため、作物の体づくりの材料としてだけでなく、エネルギー源としても使われ、化成肥料にはない効用を作物にもたらしてくれる。

また、多様な有機物に多様な微生物がとりついて増殖する過程で、さまざまな機能性副産物をつくりだす。作物の生長を促したりする生理活性物質やホルモン様物質だ。これらについては次に紹介する。

さらに、多様な微生物が土壌中にふえることで、根周りの微生物環境を多様にし、土壌病害から根を守る効果もある。アミノ酸肥料をつくる工程に、ある種の放線菌や乳酸菌を取り入れることで抗菌物質（抗生物質）がつくられて、土壌病原菌を駆逐することもできる。また、多様な微生物が増殖することから、土壌病原菌のエサを奪うことで根を守る働きもしてくれる。

●機能性副産物を含んだ肥料

微生物がかかわることで、有機物は大きな分子から小さな分子に分解されていく。そのいっぽうで微生物は有機物の養分を利用しながら増殖をくり返し、さまざまな副産物を生産（分泌）する。いってみれば、機能性副産物とも呼べるもので、有機栽培ではそれらは土の中でつくられ、作物は根から吸収することができる。このような物質は化成栽培ではまずつくることができない、有機栽培ならではのメリットなのだ。

たとえば、有機栽培でよく使われる米ヌカは、いろいろな菌をふやす力をもつ有機物だ。米ヌカでアミノ酸肥料をつくるときには、いちばんはじめに糸状菌というカビの仲間が増え、糖がつくられる。この糖を使いながら微生物が、米ヌカに含まれているタンパク質などを分解し、水溶性のアミノ酸肥料をつくる。

このときにある種の放線菌が関われば病害の抑制などに効果のある抗菌物質（抗生物質）が生産される。また乳酸菌が増殖すれば乳酸ができて、殺菌作用が強くなる。

酵母菌がふえてくれれば、アルコールに近い物質ができるので糖を上げるのに役立ったり、ホルモン様物質ができて細胞分裂を促進したり、生育転換を促したりする。

このように、アミノ酸肥料をつくるときに微生物が関わることで、さまざまな機能性副産物がつくられる。

そして、いま植物が何を欲しているかを知ることができて、ホルモン様物質を多く生成できる材料と微生物を探し出せれば、高品質生産が追究できることになる。このテーマは、今後の肥料の開発においては重要である。

(2) アミノ酸肥料の使い方

●炭水化物に注目する

一般の化成肥料の場合、その特徴はチッソの形態や、三要素の配合割合などである。有機栽培で肥料を考えるときは、その肥料に含まれているチッソだけではなく、炭水化物に注目することがポイントだ。

たとえば、チッソ・リン酸・カリがそれぞれ、七―五―二と四―五―二という成分（％）のアミノ酸肥料（有機一〇〇％）を考えてみよう。

リン酸とカリを除くと、アミノ酸肥料の残りのほとんどは粗タンパクと炭水化物になる。粗タンパクの量は一般にチッソ含量の六倍であることを考えると、おおよその炭水化物量（％）は、次の式で得られる。

$$100-(N\times 6+P+K)$$

ここで、N、P、Kはチッソ、リン酸、カリの成分量（％）である。

この式で計算すると、七―五―二の肥料の炭水化物量は五一％、四―五―二の肥料では六九％になる。

図4-1　米ヌカ（デンプン）の発酵過程と微生物のかかわり

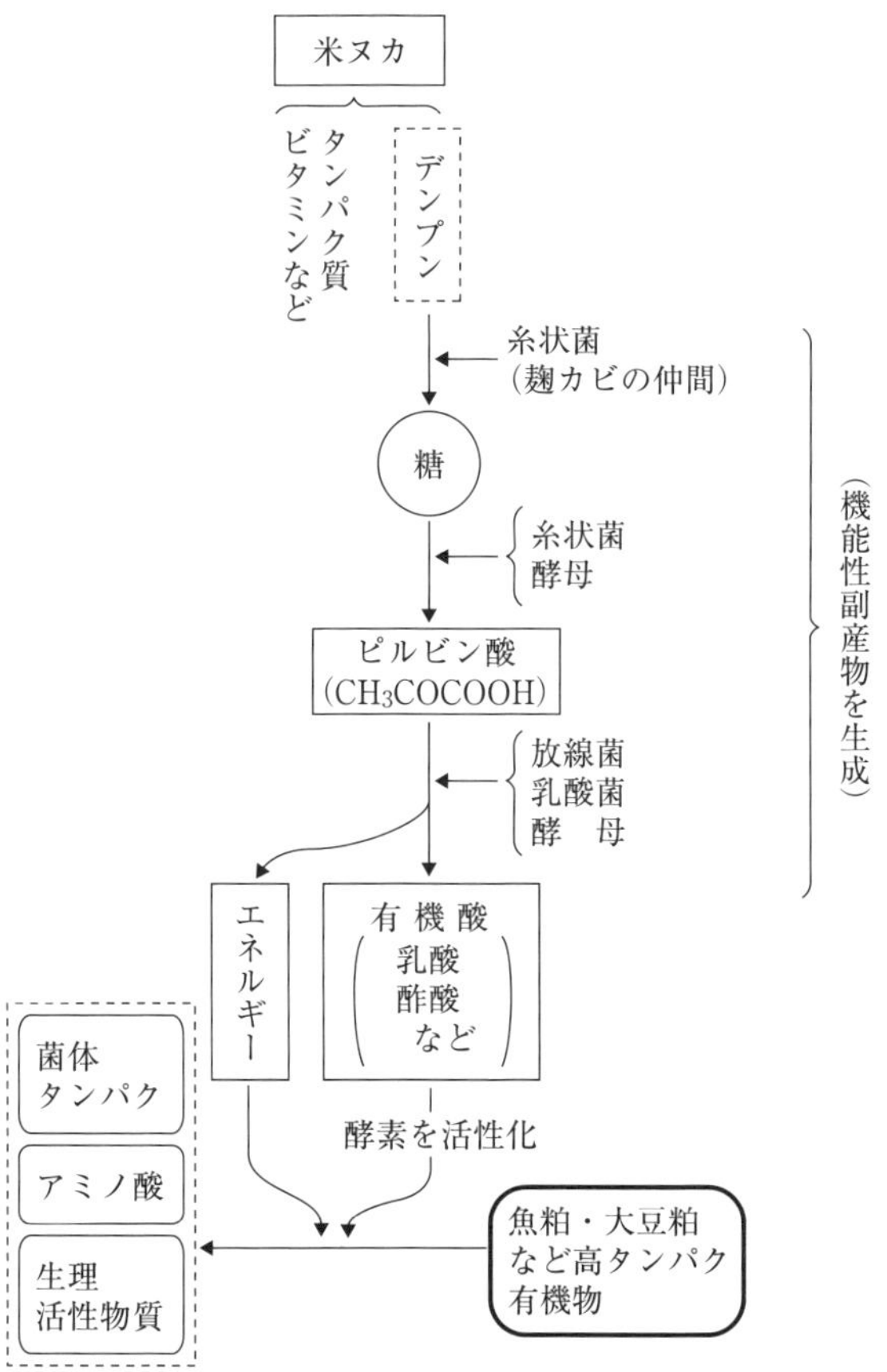

この例でわかるように、チッソ成分が少ない有機肥料のほうが、含まれている炭水化物量は多くなる。当然、チッソが少なくて炭水化物が多くなるのだから、炭素とチッソの比C／N比は高くなる。

このようにアミノ酸肥料のチッソと炭水化物量、C／N比の多少を知ることによって、以下に述べるような肥料のより効果的な使いかたができる。

●C／N比によって使う場面が異なる

もちろん、チッソ七％よりチッソ四％のアミノ酸肥料のほうが炭水化物量が多いから肥料としての価値は高い、と単純にいうことはできない。チッソと炭水化物は、作物にとってそれぞれに役割が異なるからだ。

たとえば、チッソが多いタイプとしてアルギニン（$N_4C_6H_{14}O_2$、C／N比は六÷四＝一・五）と、チッソの少ないタイプとしてグルタミン酸（$N_1C_5H_9O_4$、C／N比は五÷一＝五）を比べてみよう。チッソが多くC／N比の低いアルギニンは、根や葉を伸ばす、活性化させるという働きがある。根や葉を伸ばすためにはタンパク質の原料となるチッソが必要となるので、C／N比の低いアミノ酸が適している。

いっぽう、チッソが少なくC／N比の高い、炭素の多いグルタミン酸は糖質をつくる働きを担っていて、糖度をあげる効果がある。糖質をつくるには、その原料である炭素が多くなければならないので、C／N比の高いものが適している。アルギニンのようにC／N比の低いアミノ酸肥料は栄養生長場面で使うタンパク質重視型であり、グルタミン酸のようにC／N比の高いアミノ酸肥料は生殖生長場面で使う炭水化物重視型の肥料といえる。

このようにアミノ酸肥料のC／N比によって、肥料を使う目的や使う場面がちがってくる。炭素が少なくチッソが多いもの、C／N比の低いものは、葉物類で葉の面積を速やかに大きくし

図4-2　アミノ酸肥料では含まれている炭水化物の量にも注目する

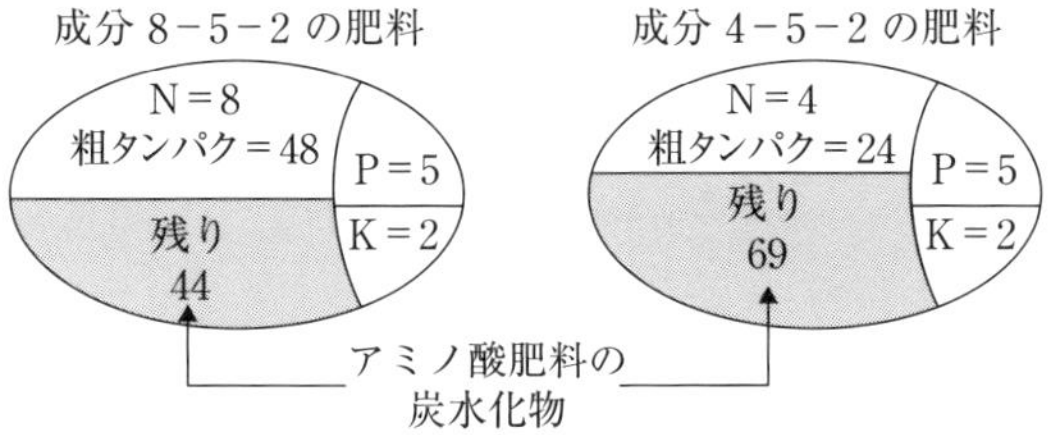

・有機100％アミノ酸肥料では、リン酸（P）、カリ（K）を除いた残りの部分は粗タンパクと炭水化物になる
・炭水化物が多いということは作物の材料・エネルギー源（カロリー）が多いということになる
・アミノ酸肥料ではチッソだけでなく、この炭水化物の量にも注目することが大切だ

たいといった栄養生長を促す場面で使う。それに対して、炭素が多くチッソが少ないもの、C／N比の高いものは、炭水化物をたくさんもっているので、果菜や果樹の果実の肥大期に味を良くしたい、糖度を高めたいというような場面で使うとよい。

つまり、栄養生長を促す場面や葉菜類の施肥では、チッソが多くC／N比の低いタンパク質重視型のアミノ酸肥料を使い、生殖生長を促す場面や果菜や果樹の施肥では、チッソが少なくC／N比の高い炭水化物重視型のアミノ酸肥料を使う、というように使い分けることがポイントだ。

●季節によってアミノ酸肥料を使い分ける

アミノ酸肥料は微生物のかたまりなので、季節に応じて微生物の働き方・動きがちがう。その微生物の動きと作物の生育を知って、アミノ酸肥料を使うことがポイントだ。

春から夏へ向かうときは水も多く、温度も高いので、作物の生育は促進される。また、作物の生長は枝葉を大きく伸ばす時期でもあり、温度と日照が十分あるので、光合成による炭水化物生産も盛んに行なわれる。そのため、チッソが多くてもバランスがとれるのだ。

図4-3　アミノ酸肥料はC/N比によって使い方が異なる

— アルギニンとグルタミン酸のばあい —

	アルギニン	グルタミン酸
分子式	$N_4C_6H_{14}O_2$	$NC_5H_9O_4$
チッソ(N)と炭素(C)の数	▨▨▨▨ ○○○○○○ N＝4　C＝6	▨ ○○○○○ N＝1　C＝5
C/N比 チッソ1に対するCの数	▨ : ○◐ C/N比 1.5	▨ : ○○○○○ C/N比 5
使う場面	栄養生長を促す	生殖生長を促す
タイプ	タンパク質重視型	炭水化物重視型

栄養生長を促したいときはC／N比の低いチッソの多いアミノ酸肥料を使う。魚粕や大豆粕などタンパクの多い有機物からつくったアミノ酸肥料（ボカシ肥料）がこれにあたる
反対に生殖生長を促したいときはC／N比の高いチッソの少ないアミノ酸肥料を使う。米ヌカからつくったアミノ酸肥料（米ヌカボカシなど）がこれにあたる

秋から冬に向かうときには、温度も低くなり、日照も少なくなってくるので、光合成による炭水化物生産も落ちてくる。そのため、肥料としては炭水化物の多い肥料を施用することで光合成を補う形にする。そのためにはチッソが少ないC／N比の高いアミノ酸肥料が必要になる。

つまり、春から夏というように温度が高い時期には、C／N比の低い、チッソの多いアミノ酸肥料を使い、反対に、秋から冬という温度が低い時期には、C／N比の高い、チッソの少ないアミノ酸肥料を使うとよい。

●材料によって肥料のC／N比は変わる

アミノ酸肥料の指標としてC／N比を第一にあげたが、これは肥料の材料によってちがってくる。C／N比が高い炭水化物重視型の肥料と、C／N比の低いタンパク質重視型の肥料である。

チッソが相対的に少ない炭水化物重視型の肥料は、米ヌカ（C／N比二〇～二五）などチッソの含有量が少ない有機物を原料に発酵を進めたものだ。チッソが少なくて炭水化物が多いので、糖やビタミンなどの内容物を充実させるときに使う。果菜類や果樹などの果実の品質を向上させるときに使うのに適している生殖生長型の肥料ともいえる。また、冷害や日照不足などの天候不順のときなどには、地上部の光合成産物の不足分を補うかたちの肥料であり、気象災害時などに効果を発揮する。

いっぽう、チッソが相対的に多いタンパク質重視型の肥料は、ナタネ油粕（C／N比七～一〇）、魚粕・肉粕（C／N比六～八）などチッソの含有量が多い有機物を原料にしている。チッソが多いので作物の骨格をつくるようなときに使う。ハクサイやキャベツ、コマツナやホウレンソウのように短期間に葉面積を拡大しなければならないようなときに活用するとよい。これは栄養生長型の肥料ということになる。

もう一つ、チッソが多いと香りや旨みにつながるということがある。というのはチッソが多い有機質材料には同時にイオウも多く含まれており、このイオウが収穫物の香りや旨みに関係しているからだ。イワシ類はイオウを多く含んでいる原材料の一つだが、それに比べると大豆粕や玄米には含まれているイオウは二分の一、オカラになると四分の一程度になる。イワシなどの魚由来の原材料を発酵させることで、香りや旨みを増すことも可能になる。

この作物には炭水化物重視型の肥料、あの作物にはタンパク質重視型の肥料、というようにきっちり分ける必要はないが、野菜でいえば、果実をとる果菜と葉をとる葉菜ではおのずと肥料の使い方は異なる。さらに、同じ作物でも、その生育段階、ステージによって、また季節の動きによって肥料の使い方を工夫しなければならない。

●チッソ量は化成栽培の一〇〇～八〇％で

アミノ酸肥料の主成分はチッソであり、そのチッソをどう効かすかが肥料の使い方の基本だ。

アミノ酸肥料のチッソ量については、基本的には化成栽培の栽培暦を参考にすればよい。元肥にチッソで八kgとあれば、アミノ酸肥料をチッソ成分で八kg施用すればよい。化成肥料とアミノ酸肥料のちがいは炭水化物部分をもっているかどうかであり、必要とされる体内のチッソ量は変わらないと考えてよい。

ただ、化成肥料の場合、体内に同化されない硝酸やアミドが残っていることがあるので、そのぶんまで勘案すると、有機栽培の元肥のチッソ量は化成栽培の一〇〇～八〇％とみておけばよい。アミノ酸肥料のほうが体内でタンパク質になる効率がよいのだ。

(3) アミノ酸肥料の肥効

●固形のアミノ酸肥料の肥効はふた山型

有機栽培では有機質の発酵をかなり進め、水溶性のアミノ酸肥料として施用するのだが、その肥効はアミノ酸肥料の性状と温度の影響が大きい。

アミノ酸肥料はかなり発酵を進めて、味噌や醤油のにおいに若干のアンモニア臭が混じるくらいまで発酵を進め、水溶性のチッソ有機物を多く含んだものをつくって施用する。だから、アミノ酸肥料の性状によって肥効はちがってくる。

アミノ酸肥料には固形のものと液体のものとがある。

固体のものはいわゆるボカシ肥料で、肥効を考えるうえでは、味噌のように水溶性部分とそうでない部分とが混じり合っている状態と考えればよい。味噌のたまりが水溶性部分で、残りが水溶性でない部分だ。このような性状のため、固形のアミノ酸肥料は、水溶性部分の肥効が早く立ち上がり、その後、施肥してから分解が進んだ部分の肥効が立ち上がる、ふた山型の肥効になる。肥効の山の高さは、圃場の水分と温度によって異なる。ふた山全体の面積が肥料の総量と考えればよい。とくに二つめの肥効の山は気象条件に影響されるので、天候を考慮した判断が必要になる。

これに対して液体のアミノ酸肥料は、すでに分解が進んでいるので、施肥後、速やかに肥効が現れる。速効性の肥料である。

●アミノ酸肥料の肥効の特徴

アミノ酸肥料の肥効について、イネへの追肥でみてみよう。

化成肥料の場合、肥料が効いたかどうかは葉色を見て判断する。だいたい、イネへ追肥をして、五〜七日くらいのうちに葉色が濃くなって、ああ、肥料が効いてきたなと思う。それから数日して、追肥から一〇日ほど経って、新葉が伸び出してくる。

ところが、有機栽培では事情が異なる。葉色が上がったとわかるのは、化成栽培よりワンテンポ遅れるのだが、葉色が上がってきたかと思う間もなく、新葉が伸び出してくるのだ。追肥から七日くらいしか経っていないのに、スッと伸びてくる。葉色の上がり方は化成栽培よりワンテンポ遅れるのだが、葉の伸長では逆転して、有機栽培のほうがワンテンポ早まる。三日くらい早いのだ。

このように生育が逆転するのは、肥料の内容のちがいからくるのだ。

化成肥料では肥料が吸収されると、チッソは葉に送られて葉色が上がってくる。それに伴って、光合成による炭水化物生産が盛んになる。つくられた炭水化物は根に送られて、吸収されたチッソと一緒になってアミノ酸をつくる。このアミノ酸が材料となってタンパク質が合成されて、根が伸長する。伸長した根が養分を吸収して、それを材料に新葉を伸ばしていく。

化成肥料の吸収から葉の伸長までの作物の行なっている仕事の流れは以上のようなものだ。ここまでにだいたい一〇日ほどかかる。

ところがアミノ酸肥料では事情が異なる。アミノ酸肥料は、根から吸収されると、その場ですぐにタンパク質を合成する材料として、根の伸長に使われてしまう。イネの外観からは気づきにくいのだが、追肥後二〜三日で、イネは根を伸ばしはじめているのだ。化成栽培が吸収したチッソを、光合成による炭水化物生産という葉での仕事に

図4-4　アミノ酸肥料の肥効（追肥）

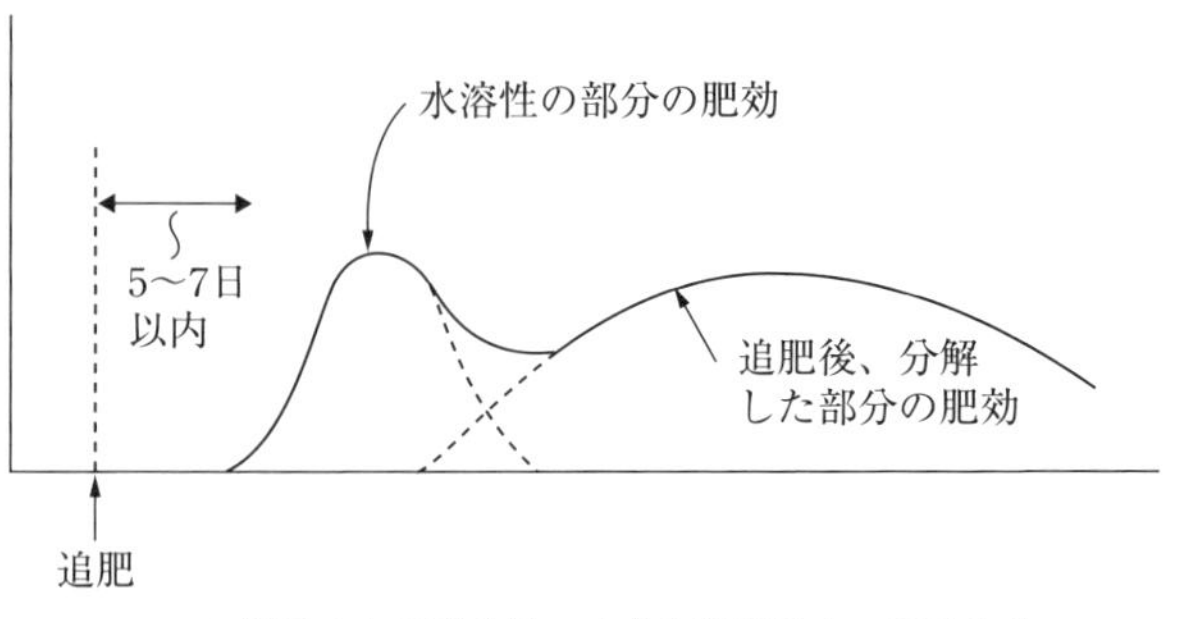

＊肥効の山の高さは、水分と温度によって異なる。
山の全体の面積が肥料総量と考えればよい

使っているときに、有機栽培ではこの工程を省いて、アミノ酸肥料をいきなり根の伸長の材料として使ってしまう。そのため、葉の伸長までの時間が短縮され、結果として三日ほどの差となって現れることになる。

　このような差は、とくに初期、葉面積が小さいときに顕著に現われ、分けつ速度のちがいとなって現われる。これもアミノ酸肥料が炭水化物部分をもったチッソ肥料という性質に由来している。苗の移植のときに、アミノ酸肥料にドブ漬けすると、活着とその後の生育がスムーズに進むのも、同様の理由による。

写真4-2　有機栽培のイネ。水溶性のアミノ酸肥料だと、いきなり新葉が伸びるような肥効を示すので、なれないうちはとまどうことがある

図4-5　化成栽培と有機栽培の肥効のちがい

― イネのばあい ―

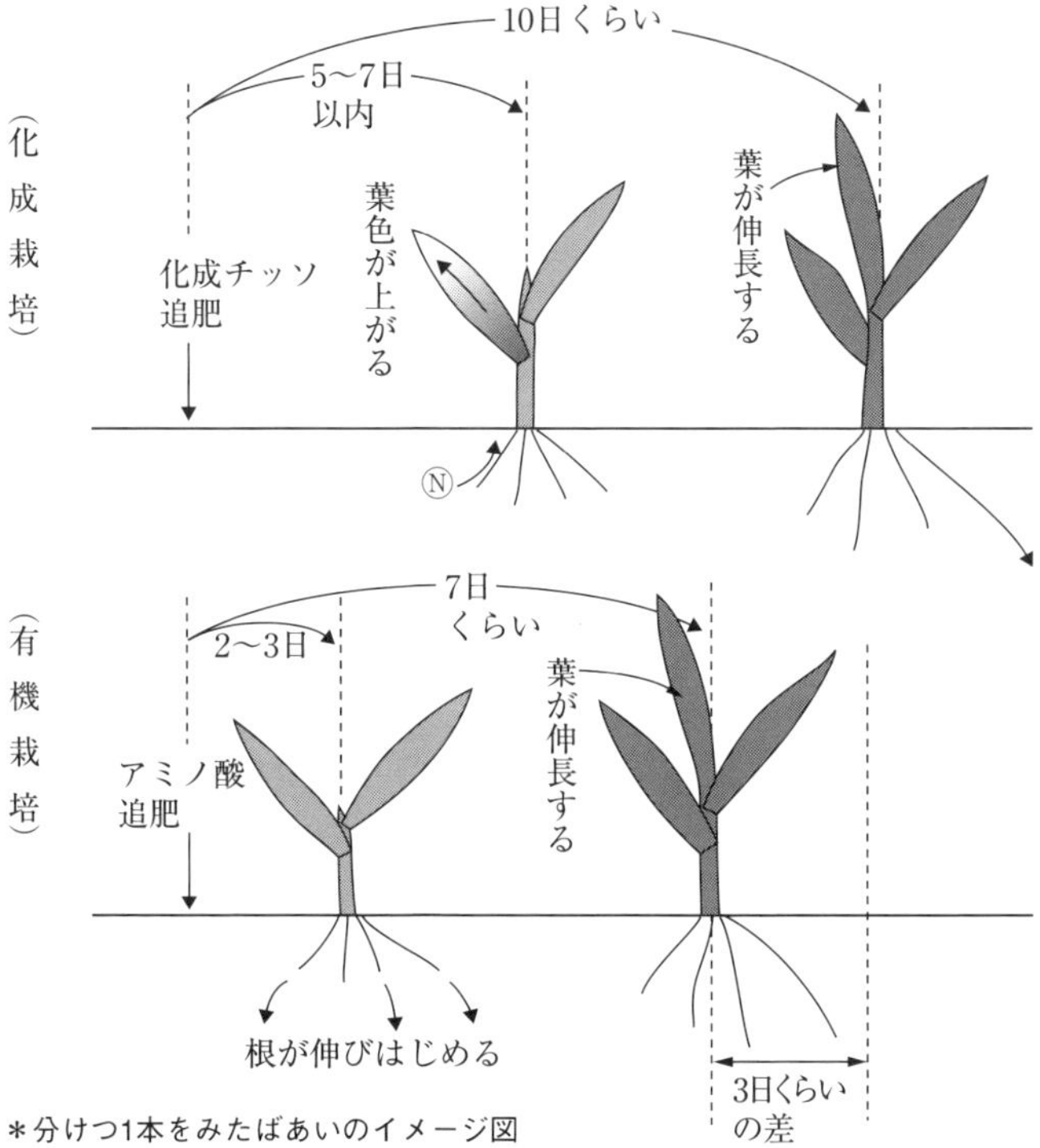

＊分けつ1本をみたばあいのイメージ図
イネは元肥や土壌中の地力チッソなどを吸収してほぼ休みなく生長をつづけているが、この図では、追肥から新葉が伸びるまでの肥効について部分的に切り出したかたちで表わしている

図4-6　肥料の吸収から葉が伸長するまでに
作物が行なっている仕事の流れ

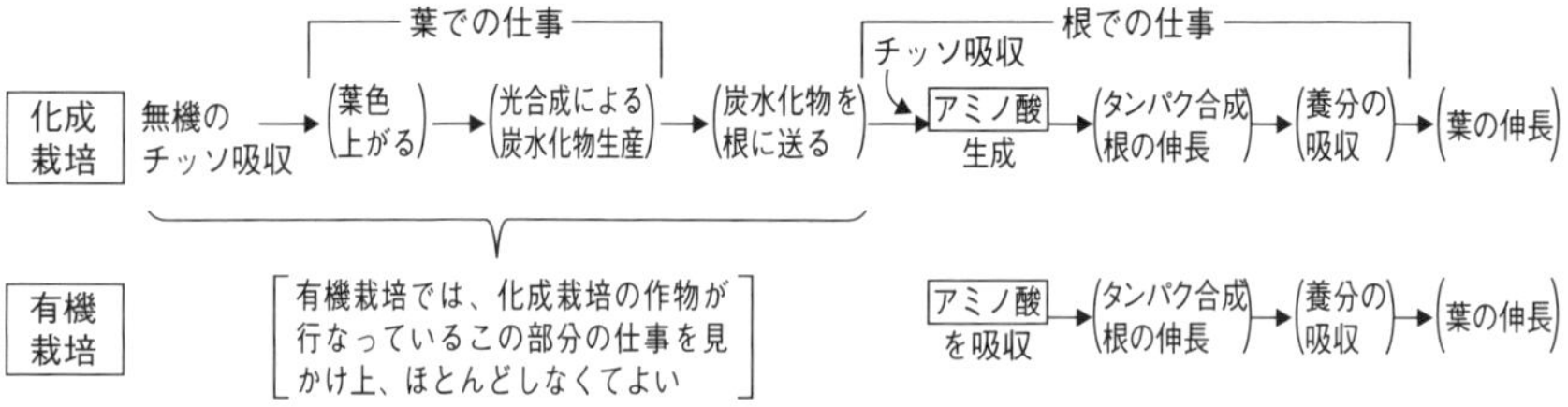

作物は日々養水分を吸収して、生長しつづけている。上図はある部分を抽出したもので作物の仕事は並行して行なわれている

●「有機だからゆっくり効く」とは限らない

チッソが吸収された場合、化成栽培のほうはチッソを体内でアミノ酸に変換して、さらに葉でつくられた光合成産物である炭水化物を加えることではじめてタンパク質がつくられる。タンパク質の合成は光合成による炭水化物の生産に規定されているのだ。

いっぽう有機栽培では、炭水化物部分をもったアミノ酸が吸収されるので、吸収されるとただちにタンパク質がつくられていく。葉からの炭水化物の供給は少なくてもタンパク質合成が可能なのだ。

つまり、チッソが吸収されてからタンパク質になるまでのスピード・コストは、有機栽培のほうが化成栽培より勝るのだ。しかも化成栽培では、天候が悪いようなときは光合成による炭水化物生産が十分でないことから、未同化のチッソがたまり、それが病気や害虫を呼ぶことがある。

ただし、有機栽培は作物の生長速度が速まるぶん、意外と早く肥切れすることがある。アミノ酸を多くするような発酵のさせ方のせいでもあるのだが、「有機だからゆっくり効く」とはいえない場合がある。

有機栽培で肥切れすると、キュウリではいきなり果実が曲がり、トマトでは花の大きさがばらつくようになる。このようになると追肥の対応では間に合わなくなる。だから、アミノ酸肥料を施用するときは、堆肥を組み合わせて、アミノ酸肥料の肥切れを、堆肥の肥効でカバーするようにする。

ミネラルの働きとバランス

(1) ミネラル肥料とその特徴

●作物栽培とミネラル

作物にとってミネラルは、体の構成分として、また体内の化学反応を律する酵素などの成分としてなくてはならない物質だ。たとえば石灰は細胞同士を接合するためには欠かせないミネラルだし、苦土は葉緑素の中核のミネラルである。また、根の発育促進には石灰が重要な働きをしているし、茎葉の健全強化にはリン酸のほかに石灰や苦土、イオウが、病害抵抗力強化には石灰、苦土のほか、マンガン、ホウ素、鉄、銅、亜鉛、ナトリウムが関係している（表4―1参照）。

このようにミネラルは作物栽培にとって必要不可欠な肥料養分だ。不足は即、機能障害につながるし、多すぎれば過剰障害が出てくる。さらにミネラル同士の吸収を抑制しあう（拮抗作用）特性ももっている。そのため土壌溶液中のミネラル相互には作物にとって適切な割合があり、その割合に応じて、また作物の特性に応じて、過不足なく施肥しなければならない。有機栽培の場合、とくにアミノ酸肥料によって作物の養分吸収が盛んになるので、ミネラルが不足しやすい。有機栽培の失敗の一因に、ミネラルの不足もあげられるのだ。有機栽培はアミノ酸とミネラルの両輪が揃うことが大切で、ミネラル肥料としてきちんと位置づけて施肥設計を立てていかなければならない。

●堆肥・肥料のミネラル

ミネラル肥料は施用量が少なければ欠乏症になり、多すぎれば過剰症になる。どちらにしても作物の健全な生育は妨げられてしまう。しかも、有機栽培ではミネラル肥料を過不足なく施肥することをむずかしくしている要因もある。

有機栽培では物理性の改善のために堆肥を施用する。堆肥の効用は大きいのだが、同時に、堆肥にはチッソ以外の肥料養分が必ず含まれている。そのため、ミネラル肥料の施用量を決めるときには、堆肥中の肥料成分を計算に入れておかなければならないのだが、連用することが多いために、養分過剰の問題がおきやすい。

たとえば鶏ふんはチッソの他にリン酸も多く含まれている。連用することでリン酸過剰になりやすい。採卵鶏の鶏ふんを連用すれば、石灰過剰が出やすくなる。牛ふんや豚ぷんを連用すれば、含まれているチッソ、リン酸、カリの成分量はほぼ横一線なので、リン酸とカリの過剰になりやすい。また、養豚では繁殖をよくするためにエサに亜鉛を添加している場合が多い。このため、豚ぷん堆肥で亜鉛過剰が出ることもある。

さらに、よく使われる有機質である米ヌカではリン酸過剰が出やすいし、魚粕を主体にしていれば、反対にリン酸欠乏やカリ欠乏が出やすくなる。

このように有機栽培でよく使われる畜産堆肥や有機質肥料には、かならず何らかのミネラルが含まれている。しかもある特定のミネラルが多いため、土壌全体で適正なミネラルバランスをとるのはなかなかむずかしい。あるいはその突出を知らずに、同じミネラル肥料をさらに施用してしまい、過剰障害を出したり、ほかのミネラルの吸収を阻害してしまうことも多い。

●副成分によって作物への影響がちがう

また、ミネラル肥料の場合、肥料の副成分に注意したい。

たとえば硫酸苦土だったら、苦土以外に硫酸が副成分として含まれている。水酸化苦土だったら水酸基が含まれている。それがどんな働きをするのか知っていないといけない。たとえば水酸化苦土だと、苦土が使われた後には水酸基が残るので、土壌中の水素イオンと中和して水をつくる。つまり土壌のpHを中性またはアルカリ性の方向にしていく働きをもっている。そういう性質をもった苦土だということ。硫酸苦土なら硫酸根が残るので、結果的に土壌が酸性化していく。また、水田のような還元状態だと、硫酸根が硫化水素の原料になることがある。

●有機栽培とミネラル

有機栽培の主要肥料養分であるアミノ酸は、単独では不安定なので、いろいろなミネラルと塩をつくる。食卓の調味料で知られるグルタミン酸ナトリウム（味の素）がよく知られている塩だが、ほかにもグルタミン酸カリウム、グルタミン酸カルシウムといった塩がある。

アミノ酸は有機酸でもあり、なかにはキレート作用をもつものもあって、いろいろなミネラルと結びつく。アミノ酸を施肥することで、土壌溶液中にアミノ酸ミネラルといったかたちでミネラルが溶出してくることになる。ということは、作物はアミノ酸とミネラルをいっしょに吸収できるということになる。

いっぽうで作物は、根酸を出して土のミネラルを溶かし、根から吸収している。つまり作物にとっては、土のミネラルを根酸で溶かすこともできるし、アミノ酸ミネラルというかたちでそのまま吸収することもできるので、非常に多くのミネラルを吸収することが可能になり、品質や収量を伸ばすことにつながる。

しかしこのことは、有機栽培のすぐれた面であると同時に、両刃の剣でもある。効率よくたくさんのミネラル吸収ができる反面、土中のミネラル類の減少を速めることになるからだ。

このような事態を回避するためにも、各種のミネラルの素性を知り、土壌分析が必要になるわけである。

(2) ミネラル肥料の拮抗作用と相乗作用

●養分間の拮抗作用

ミネラル肥料を使うときに基本となることは、石灰、苦土、カリという多量要素間で、お互いの吸収を抑制する働き、拮抗作用があるということだ。これらのミネラルは同じ陽イオンであり、土壌溶液中で根に吸収されることをお互いに牽制しあっている。

しかし、そのいっぽうでこれらのミネラルが、ある比率で土壌溶液中にあると、作物に対して一番よい効果を上げることもわかっている。その比率が一般的には、石灰五、苦土二、カリ一という養分比率だ。そこでミネラル肥料を施すときには、この比率になるように全体の施肥設計をすることが基本になる。

（この石灰五、苦土二、カリ一という養分比率は水耕栽培から得たもので、ひとつの目安と考えてほしい。以下、この比率を適正な基準としているが、実際の栽培ではちがう比率のほうがよい場合もある。適正な養分比率は、実際の作柄から作物・作型ごとにつかむことが大切である。なお、第3章八六～八七ページを参照）

ただし、施す肥料の特性は見極めておく必要がある。この五：二：一の比率を保つにしても、石灰とカリは水溶性で、苦土だけく溶性だとすると、溶けるスピードがちがってくるので、作物は苦土を十分に吸えない。成分量では五：二：一であっても、土壌溶液中では五：一：一ということがある。あくまでもこの五：二：一という比率が効果を発揮するのは、土壌溶液中に溶けているミネラル量の割合なのだ。施肥設計上はミネラル肥料の成分量から施肥量を算出するが、肥料の特性を絶えず意識して、土壌溶液中で五：二：一の割合になるようにすることが大切だ。

●養分吸収を促す苦土の力

石灰、苦土、カリの拮抗作用に対して、相乗作用と呼べるような効果を苦土はもっている。このことは見過ごされがちなのだが、苦土がきちっと働くことで、ほかの効きにくい（吸収されにくい）ミネラルが吸収されるようになるのだ。

葉緑素の中核である苦土がきちんと働くことで光合成が盛んになって、炭水化物が増える。その結果、分泌される根酸がふえて、溶けにくい石灰やリン酸を溶かして、吸収量がふえてくる。

ふつう、石灰欠乏がおきているなら、石灰をまけばよいと考える。ところが、苦土が十分に吸われていないために根酸が分泌されない。そのために土壌中に十分ある石灰が吸えずに石灰欠乏になっていることがある。そういうときは苦土を施用して光合成を盛んにすることで根酸をふやし、石灰の吸収を促進することができる。

リン酸もなかなか吸われない養分だが、苦土を施すことで、光合成が盛んになり、その結果、ふえた根酸が不溶化していたリン酸を溶かして、根から吸収されるようになる。石灰があるのに石灰欠乏がおきている構図とほぼ同じだ。リン酸が効かないからといってリン酸を施肥するのではなく、苦土を効かせることで、リン酸の吸収を促すことができる。

炭水化物をつくる葉緑素の中核をなすミネラルである苦土は、同時に、土壌中の他のミネラルの動きを整える働きをもっている。植物は苦土を中心に回っているのだ。

●苦土をミネラルの動きの中心におく

地上部の葉緑素、土壌溶液中のミネラルバランス、作物の地上部・地下部、どちらにとっても苦土は作物栽培のキーとなる物質なのだ。苦土をしっかり効かせることが何よりも大切なのだ。だから、石灰・苦土・カリの一般的な適正割合である五：二：一という養分バランスも、第3章で紹介したように、苦土を中心にした石灰／苦土比、苦土／カリ比というように、苦土を中心において、苦土の機能を妨げないような養分バランスとして把握し直すことが大切だ。

苦土がつくった重要な物質を例にとると、細胞同士をくっつけている物質でペクチン酸カルシウムという物質がある。いわば細胞の接着剤だ。このペクチン酸の由来は光合成によってつくられた炭水化物だ。光合成は葉緑素の中心にある苦土なしには行なわれないから、ペクチン酸はいってみれば、苦土がつくってくれた炭水化物である。また細胞の形を維持しているセルロースという物質があるが、これも炭水化物からできている。つまり、ペクチン酸カルシウムという細胞の接着剤をつくり、セルロースという骨材をつくるためには、苦土をしっかり効かせることが大切なのだ。

　このように作物の生長に必要なさまざまな物質、タンパク質はもちろん、さまざまな酵素やビタミン、ホルモンといった物質は、光合成によってつくられた炭水化物を構成部分としてもっている。その光合成をしっかり行なわせるために必要不可欠なミネラルが苦土なのだ。苦土は作物の生長を支えるもっとも土台となるミネラルなのだ。

(3) ミネラル肥料の施用の考え方

●「ミネラル先行・チッソ後追い」が基本

有機栽培だけのことではないが、チッソとミネラルのどちらを先に施用するかは重要なことがらだ。基本（原則）は、「ミネラル先行・チッソ後追い」だ。

　根が伸びて養分の吸収が始まるときに、根のまわりの養分がチッソだけになっていたのでは、チッソばかりを吸うことになる。一時的にせよ、チッソ過剰の状態になって、ミネラルが吸われないため、バランスのよい生長が維持できなくなってしまう。

　必ず、ミネラルがチッソより先行して根の周りにあるような状態をつくることが大切だ。そのような状態のなかで、作物は細胞分裂をしながら根を伸ばし、根酸を使ってまわりのミネラルを溶かして吸収していく。ミネラルバランスの整った土壌溶液中に根を伸ばして、チッソを吸うことが重要なのである。そうでないと過剰チッソによって虫を呼び、病気になる、品質の向上も望めなくなってしまう。施肥には必ず「ミネラル先行・チッソ後追い」というのが基本となる。

●炭水化物の使い方を決める石灰とカリ

　主要なミネラル肥料である石灰、苦土、カリのうち、光合成による炭水化物生産にいちばんかかわっているのは苦土である。そして、苦土の働きでできた炭水化物の使い方を決めるのが、石灰とカリなのである。

　石灰は、作物の細胞をつくるときに締めて硬くするように働く。カリは反対に、水を吸うことに働くミネラルなので、生育を拡大する傾向、どちらかというと細胞を肥大、ゆるめて柔らかくするように働く。この石灰、カリの特徴を考慮して、作型や地域条件に合わせてミネラル肥料を使うことが大切だ。

たとえば、リンゴでよくおこるツル割れという症状がある。これはカリ過剰が原因になっていることが多い。カリが多いと、雨が降った場合に過剰な水を吸い込んで果肉の中から肥大し、ツルが割れてしまう。糖度も落ちてしまう。ところが、石灰が多い状態であれば、過剰な水の吸い込みが少なくなると同時に、石灰が細胞を締めるように働くために、割れを抑えてくれる。吸われた水に石灰が多いと、ペクチン酸カルシウムが多くなって、細胞同士の接着力が増し、割れが極端に減ることになる（第3章、図3—5を参照）。

●季節的要因を考える

有機質肥料を施用するとき、季節的な要因も考えなければならない。

冬に向かうときは寒くなるので、植物の生育や細胞は締まる方向になる。反対に夏に向かうときは暖かくなるので、植物の生育や細胞は拡大傾向になりゆるむかたちになる。ここでのいちばんのポイントは、作物の生育を季節にまかせてしまうと、季節の傾向がそのまま作物に出てしまい、人間が求める品質が得られなくなる、ということである。寒い時期に生育が締まれば収量は伸びないし、暖かい時期に生育がゆるめば内容が充実せず品質が伴わなくなる。

ではどうするか。石灰とカリを使って、季節の傾向に歯止めをかけてやるのである。つまり、冬に向かうときのような、作物が締まるような生育をするときは、内部からはそれを広げる、拡大するという手立てをとる。そのような機能をもったミネラルがカリである。冬に向かうような作型では、カリがある程度あったほうが伸びがよい。逆に、夏に向かうときは、雨も多く土壌水分も豊富にあり、気温も高いので、作物が肥大する傾向、ゆるむ生育をする。そんなときは石灰をきちっと入れることで生育も締まり、収穫物も品質の高いものができる。夏に向かう作型では、石灰がある程度あったほうが内容が充実しやすい。

●寒地が暖地かでもちがう

また、同じ作物でも土地条件によってつくり方を変えなければならない。

たとえばある作物を九州地域と東北地域でつくることを考えてみよう。九州地域のほうが気温が高いので生育は旺盛になり、ゆるむ傾向がある。収量は上がるが、品質的にはもう少し充実したものがほしい。東北地方のほうは気温が低いので、生育は締まったものになる。品質はよいものの収量的にはもの足りない。このようなことを改善するために、気温が高い土地条件では石灰を多めに加えて生育をしめ、内容が充実するようにつとめる。気温が低い土地条件ではカリを多めにして生育をよくし、収量を伸ばすようにすることができる。

このようなことは、標高に差があるような地域でも同様に考えることができる。気候が暖かいところでは石灰、気候が寒いところではカリを上手に使うことが品質・収量をあげていくときのポイントになる。

●ミネラルバランスにも注意

石灰・苦土・カリについては五：二：一の比率で土壌溶液中にあることが作物の生育にとってよいと一般にはいわれている。このミネラルバランスも地域や気候の条件によって若干修正が必要だ。基本は、寒い地域、気候のときにはカリを多めにし、暖かい地域、気候のときには石灰を多めにする、ということだ。

このとき、暖かい地域、気候ではカリを減らすことも考えられるが、その必要はあまりない。というのも、暖かいときには作物の生育速度も速いので、カリも多く吸う。ここでカリを少なくしてはカリ欠を招くこともあるからだ。そのため、カリを減らすより、生育を締める意味合いから石灰の方を多くしてやるのだ。

(4) ミネラル肥料の種類と特徴

ミネラル肥料にもさまざまな種類があり、それぞれに特徴がある。以下、各種ミネラル肥料の種類と特徴について紹介する。

●石灰

石灰肥料としては生石灰（酸化カルシウム、CaO）、消石灰（水酸化カルシウム、Ca（OH）$_2$）、炭カル（炭酸カルシウム、CaCO$_3$）が主なものである。

生石灰の主成分はCaOの形態で、アルカリ分は八〇～九五％であり、水に溶けやすく、溶けると強アルカリを示す。この強アルカリの効果で菌の細胞のタンパク質を溶かしてしまうので、殺菌能力が高いが、土を単粒化してセメントのように硬くしてしまうので注意する。効果は一時的で、植物がすぐ利用してくれればいいが、時間が経つと土を硬くしてしまう。この肥料は反応が激しく、多用すると土壌が一時的にアルカリ性となり、このためマンガンやホウ素などの欠乏をおこすことがあるので注意が必要だ。

消石灰の主成分は$Ca(OH)_2$の形態で生石灰に加水した状態の肥料である。アルカリ分は六〇～七〇％で生石灰についで大きい。生石灰の強アルカリの効果があまりに怖いので、その効果を消したのが消石灰。アルカリの効果も生石灰ほど強力ではない。水には溶けやすく、アルカリ性を示す。土壌改良効果、pHを改善する効果が高い。しかも土壌を硬化させる心配もない。

一般によく使われているのが**炭酸カルシウム**、**炭カル**。成分は$CaCO_3$の形態で、アルカリ分は五三～五五％で消石灰よりも劣る。動物性と鉱物性がある。穏やかに効いて、弱アルカリ性を示す。く溶性で、土が酸性になったときに溶け出す。鉱物性のものは粒度によって、動物性のものは粒度と焼成度合いによって効き方がちがう。資材そのものの差はないと考えてよい。

まきやすくするためにペレットにすることがあるが、このようにするとなかなか効かないので注意したい。

苦土石灰の主成分は$CaCO_3・MgCO_3$の形態で、アルカリ分は五五～六五％。く溶性苦土は一〇～三五％含まれている。炭酸石灰と同様に使いやすい資材である。

動物性のものでは、貝殻を焼成したものが多い。貝殻のばあい、炭酸カルシウムをコンキオリンというタンパク質が覆っているので、これを焼いて、炭酸カルシウムをむき出しにしてやることが重要だ。そうすることで非常に溶けやすくなる。焼くことで生石灰も少しできる。ただ、コンキオリンは層状になっていて、炎で直接焼いたのでは中まで熱が通らない。赤外線を利用して中まで熱を浸透させる製法をとっているかどうかが、効き方の相違になって現われてくる。

肥料というのは地球上の有限資源なので、リサイクル可能なものを使いたい。資源の少ない日本を考えたとき、莫大な量の貝殻が廃棄されているので、それを利用したい。貝殻を焼成するこ

表4-3　気候によってミネラルバランスをどう調整するか

	石灰(Ca) 5	苦土(Mg) 2	カリ(K) 1
寒い地域	—	—	多めにする
暖かい地域	多めにする	—	—

（— は同じ程度でよいことを意味する）

＊同じ地域内で標高のちがいがある場合は、「寒い地域」を「標高の高い地域」に、「暖かい地域」を「標高の低い地域」に読みかえる

とで水溶性とく溶性の両方のカルシウムができるので、理想的な肥料ができる。

●苦土

苦土肥料としては、硫酸マグネシウム（硫マグ、$MgSO_4$）、水酸化マグネシウム（水マグ、$Mg(OH)_2$）、炭酸マグネシウム（$MgCO_3$）、苦土石灰（石灰の項を参照）がある。

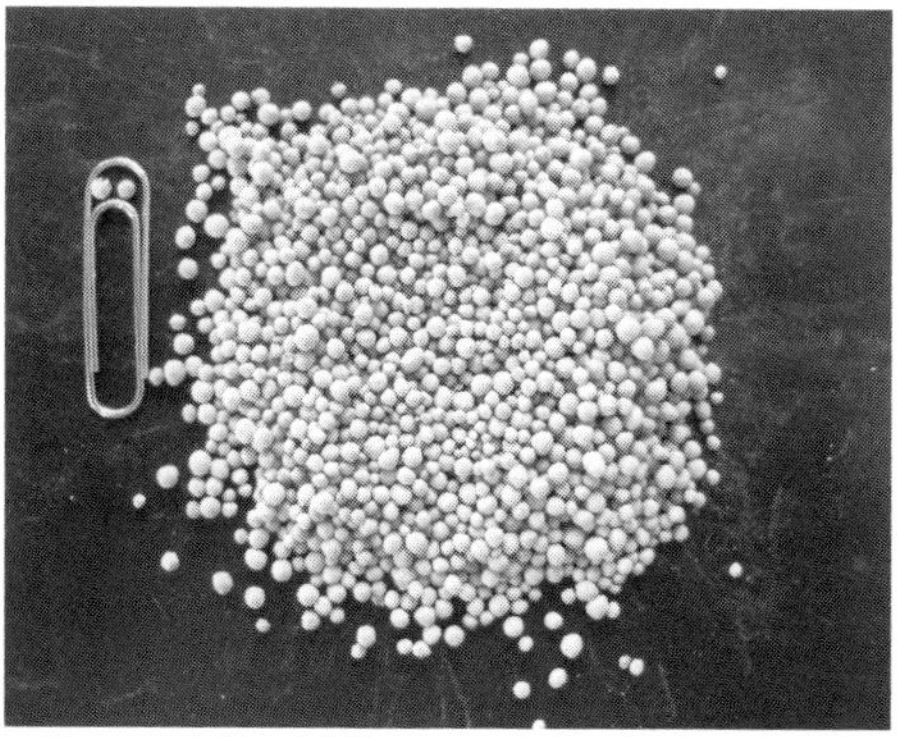
写真4-3　苦土肥料。このくらい粒度が小さければよいが、中にはまきやすいからといって、大粒に成形してあるものもある。養分量は同じでも、効きにくいので注意が必要だ

硫酸マグネシウムは水溶性で中性を示し、即効的に効く。成分中にマグネシウムの他にイオウを含有しているので、イオウを欲する植物にとっては好都合である。イオウはメチオニンの原料なので病原菌にたいする抵抗性を増すことができる。ただし、イオウとマグネシウムは過剰障害が出やすいので注意が必要。また、有機物が多い状態で土壌水分が多いと成分中の硫酸根が硫化水素になるので、とくに水田での使用には注意する。

水酸化マグネシウムは水溶性の部分もあるが、すぐに飽和して溶けなくなる。粒度が大きいと溶けにくい。作物には元肥として使用する。追肥では十分な効果は現われない。二酸化炭素と反応をおこして固結しやすくなる。溶けた場合にはアルカリ性を示して土壌の酸性を中和する働きがある。苦土の効果とpH調整の効果がある。

炭酸マグネシウムは水溶性の成分は少なく、く溶性の資材である。酸性を中和するほどアルカリは強くはなく、土壌と混和して使用する。

三つの苦土肥料の使い分けは、まず土壌のpHをみる。

土壌が中性またはアルカリ性なら硫酸マグネシウムを使う。また硫酸マグネシウムは即効性なので、必要ならば追肥に使用できる。

土壌が弱酸性か酸性だったら、水酸化マグネシウムか炭酸マグネシウムを使う。使うときには粒度に気をつけること。粒が大きければ当然のことながら、効きにくい。また、水酸化マグネシウムのほうが肥効が早く、アルカリ性が強いこと、固結しやすいことに留意する。元肥に入れてすぐに収穫するような作物、生育期間が短い作物は水

酸化マグネシウムを使う。そうでない作物のときは炭酸マグネシウムでよい。

●カリ

塩加（塩化カリ）。成分は水溶性のカリで、速効性。また、副成分の塩素イオンは、他の塩基成分と溶解性の高い塩をつくるため、多量に施用するとEC値を高め、濃度障害を招く一因となる。また、石灰や苦土などを土壌から流亡させるおそれがある。

塩化カリは無硫酸根肥料であるため、硫酸カリの代わりに老朽化水田や湿田への施用に適している。

しかし、塩素の効果でセンイを強くするので、イモ類やスイカ、メロン、タバコなどには使わないほうがよい。これらの作物では硫酸カリが用いられる。しかし病虫害の抵抗性はつく。

硫加（硫酸カリ）。水溶性で速効性のカリ肥料。成分に硫酸イオンを含むため、老朽化水田や湿田などで使用すると硫化水素ガスが発生し、根を傷めるため、避けたほうがよい。

草木灰。成分的には炭酸カリと同じ。アルカリ性が強い、pHが高いので有機質肥料と一緒に施すことは厳禁。有機質のタンパク質が強アルカリによって分解し、アンモニアが発生してしまう。作物の根に働くと、根が溶けてしまう。有機質肥料は草木灰を施して二～三日おいてからやるようにする。

●微量要素肥料の種類と特徴

作物に必要な微量要素の種類と役割を、表4―4に示した。これらのなかでもとくに重要なホウ素、マンガン、鉄について紹介する。これらは作物の吸収量も多く、意外と見落とされがちである。とくに有機栽培では石灰、苦土などと同様に、作物の吸収力が高くなるので、微量要素欠乏が知らず知らずのうちに進行していることも多い。土壌分析で必ずチェックする必要がある。

①ホウ素

植物の骨格をなす維管束、センイ類をつくるための成分。炭水化物を使ってホウ素によってスジをつくっていく。さらに細胞同士をくっつける接着剤であるペクチン酸カルシウムのペクチンの製造にもホウ素はかかわっている。作物が生長して細胞が厚くなってくると、細胞をしっかりしたものにしようとしてホウ素の消費量がふえてくる。

アブラナ科、たとえばダイコンを例にとると、有機栽培をやって三年目くらいからスが入ったりすることがある。これは土壌中のホウ素がいきなりなくなった結果だ。キャベツとかハクサイで外葉の根元に腐れが入ることがある。これもホウ素不足のために大きな葉を支えきれずに折れてしまい、養分が滞って、腐れが入ることによる。

とくに気をつけることは、苦土が効き始めると炭水化物量が増えるので、ホウ素をはじめとする微量要素の要求量がどんどんふえるということ。そのため、有機栽培を始めたことによってホウ素欠の症状が顕著に、しかも早く出ることになる。とくに体が大きくなって、収穫間際になってから出てくることが多いので、注意が必要だ。

図4-7　ミネラル（主要微量要素）の働き

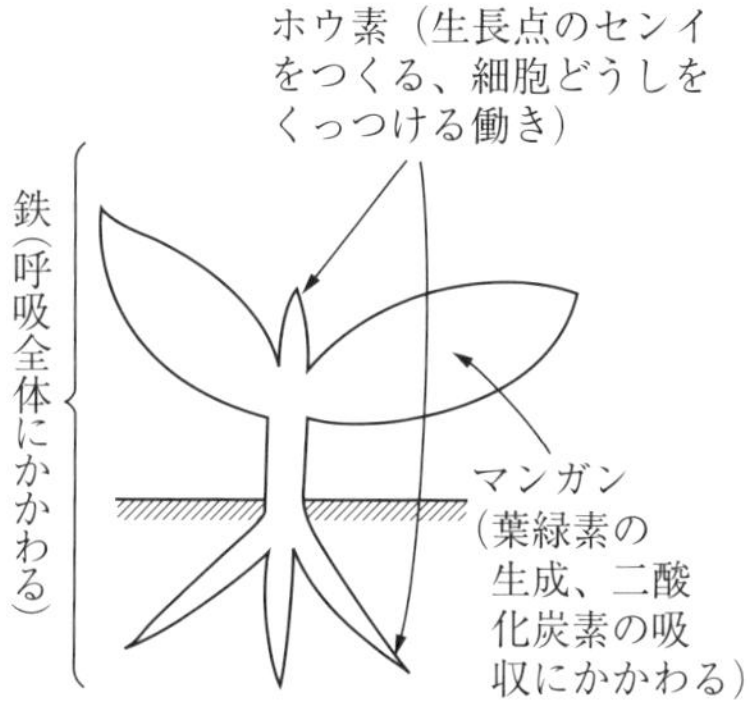

②マンガン

マンガンは大事な働きとして酸化還元作用にかかわっている。植物が光合成をするときに、炭酸ガスをうまく取り込むしくみにマンガンは関係していて、二酸化炭素CO_2のOをはずして炭素にするための還元作用を担っている。だからマンガンが不足しては光合成がしっかり営めないことになる。中学の理科で、過酸化水素水にマンガンを加えると酸素が出る実験があるが、この実験と同じで、二酸化炭素から酸素をはずす触媒としての役目をマンガンはしているのだ。

また、マンガンが少ないとビタミンCの含有量が低下する。ビタミンCは炭水化物をもとにしてつくられる。光合成にかかわっているマンガンが少な

表4-4　酵素とミネラル

イオウ	タンパク質生成 根の発達
鉄	おもに呼吸作用（根や枝や葉の健全育成） 正常な葉緑素の生成 （銅、マンガンとともに葉緑素の形成に働く）
亜鉛	細胞分裂に関与 酸化還元反応 生長ホルモン （オーキシン先駆物質のトリプトファン）
銅	葉緑素の形成 タンパク質合成（アブラムシ誘引抑制・遊離アミノ酸抑制） ビタミンCの合成
マンガン	酸化還元反応（10数種類の酵素） 葉緑素生成、発育に関与 ビタミンCの合成 二酸化炭素の吸収に関与（糖度向上、間接的に硝酸態チッソ減少）
ホウ素	炭水化物やタンパク質の代謝 （急速に生長する生長点,花粉管の原料） 細胞膜強化（正常なペクチン形成により裂果,内部腐敗の減少） 維管束形成に関与（根や枝や葉の健全育成）
モリブデン	チッソ固定（硝酸還元酵素）、タンパク質合成 ビタミンCの合成

くては、炭水化物生産が低下して、ビタミンCをつくる余裕が生まれないわけである。さらに硝酸態チッソを吸ったときのアミノ酸への転換がうまくいかない、これも炭水化物生産量が減るからである。アミノ酸への転換がうまくいかないと、体内に硝酸態チッソがだぶつくことになり、病虫害の発生を招いたり品質低下につながる。

③鉄

鉄は呼吸作用に関係している。作物は体の中で物質を移動させるとき、浸透圧の差を利用することが多い。作物は、呼吸によってデンプンを糖や有機酸につくり替え、濃度の差をつくってものを移動させている。このとき、呼吸で使う酸素を運ぶ役割を鉄は担っている。タンパク質の合成や細胞分裂など作物の行なう仕事には必ず炭水化物を分解したときに生じるエネルギーが使われるが、その炭水化物からエネルギーを取り出すときに鉄が必要になるのである。そのため、鉄は非常に重要なミネラルだ。

鉄が少なくなると根は酸素が少ない領域、たとえば地表より深い部分に入れなくなる。体を支える直根や深根が少なくなり、浅根型になる。そのため、干ばつに対して非常に弱くなる。また、鉄が少ないと、体内にためた炭水化物をエネルギー化する効率が落ちる。そうなると、細胞を正常につくることができなくなるので、苦土やチッソが吸収されても緑化することができなくなる。果樹などでは、鉄不足によって春先の緑化が遅れることにもなる。

鉄を供給するいちばんいい方法は、鉄資材を堆肥の中に入れることだ。堆肥中の有機酸が鉄と結びついて、吸収しやすくなるからだ。微量要素は、このように発酵している堆肥中に入れてやるのがいちばんいい。塩化鉄類のような水溶性のものは別として、鉱物で水に溶けにくいものは堆肥に入れて、堆肥中の有機酸と結びつけて取り込むようにしてやるとよい。

とくに有機栽培の畑では、鉄はほとんど施用されていない。どうもスイカの色が出なくなった、トマトの色が出なくなったとかいうときには、鉄不足になっているばあいがある。トマトの色素であるリコピンには鉄が入っており、赤い色が出にくくなってきたとしたら鉄不足が疑われるのである。

なお、鉄とマンガンがないばあいには、他の微量要素もないばあいが多い。肥培履歴（いつどんな肥料をどのくらい施用してきたか）を振り返って、鉄やマンガンを入れてきていないようならば不足と考えたほうがいい。

注目したい堆肥の「肥料」的効果

⑴ 堆肥の中のアミノ酸

●堆肥に二つのタイプ

堆肥の「肥料」的効果を考えたばあい、堆肥を二つのタイプに分けることができる。

堆肥には、水溶性タンパクやアミノ酸、硝酸態チッソやアンモニア態チッソといった有機から無機までのほとんどすべての形態のチッソが含まれている。これらのチッソはチッソ肥料として吸収・利用されることになる。このようなチッソ的な効果を期待した堆肥がタイプのひとつで、チッソが多く、C／N比の低い、鶏ふん堆肥などがこの「チッソ型堆肥」だ。

同時に堆肥には、センイ類が分解されたかたちである水溶性の炭水化物も含まれている。この水溶性炭水化物は、光合成物質として根から吸収され、作物の生育を補う力がある。良質堆肥を施用した田畑では、冷害のときでも平年に近い収量・品質を得ることができたという事例などは、この堆肥中の水溶性炭水化物の力なのだ。チッソ型の堆肥にはない特性を備えたこのような堆肥は、いってみれば「炭水化物型堆肥」ということができる。

これらの二つのタイプの堆肥は、材料や発酵のさせかたによって、チッソ型堆肥と炭水化物型堆肥をつくることができる（堆肥つくりについては第7章参照）。

●堆肥中のチッソと機能性副産物

また、堆肥の中では、微生物が有機物を分解する過程で、さまざまな酵素やホルモン、ビタミンなど、作物にとって有益な物質も生成される。堆肥はそんな機能性副産物のかたまりでもある。これら機能性副産物はおもに、微生物が有機物を取り込んで増殖するときに分泌物として生成されたり、微生物のもっている酵素によって有機物が分解される際に生成される。このため、化学肥料を中心に施肥する化成栽培では得ることのできない、有機栽培ならではの大きなメリットだ。

●堆肥にアミノ酸が含まれることのメリット

堆肥の発酵を進め、酸素をどんどん送り込めば、有機物は二酸化炭素を放出しながら、分子の大きなものから小さなものへ分解が進む。チッソ化合物であるタンパク質の分解が進めばアミノ酸になり、しまいには硝酸や亜硝酸ができるほど酸化を進めることも可能だ。

堆肥の「肥料的な効果」というばあい、この発酵の過程をどこまで進めるかということになる。

各地でつくられている堆肥は、どちらかというとつくり込み（発酵の進めかた）が十分でなく、アミノ酸が少ないものが多い。そのため、初期肥効がほとんどないものが多い。

初期の肥効は作物にとって重要で、初期に出る葉をのびのびと大きく充実させてスタートできるかどうかが、その後の光合成による炭水化物生産を決めてしまう面がある。炭水化物部分をもったアミノ酸を吸収できることで、作物は初期に不足しがちな炭水化物を補うことができるわけだ。

このことは、「チッソ型堆肥」でも「炭水化物型堆肥」でも同じで、アミノ酸臭にアンモニア臭が少し感じられるくらいつくり込むことが大切なポイントになる。

●堆肥とアミノ酸肥料を組み合わせる

アミノ酸を多く含んだ堆肥をつくることは大切だが、堆肥だけでは初期の肥効は十分とはいえない。そこで、実践的には、アミノ酸肥料と堆肥とを組み合わせて、相乗効果をねらう。

アミノ酸肥料の長所は、初期から有機態チッソの炭水化物部分が吸収され、しかもチッソが早く効くこと。しかし腐植的効果はないから土壌の団粒化は進まない。いっぽう、堆肥では初期の肥効はあまり期待できない。十分につくり込んだ堆肥といえども、初期の肥効は作物にとって十分とはいえない。しかし、持続力がある。そして堆肥の特性でもある、土を軟らかくして通気性・排水性をよくし、団粒化を進めることができる。

そこで、堆肥がもっている初期肥効の弱点を補完するためにアミノ酸肥料を組み合わせて使う。堆肥とアミノ酸肥料の相乗効果で、初期生育がよく、しかも団粒化も進めることができる。地上部と地下部の生育の健全化が同時に実現できることになる。アミノ酸肥料と堆肥を組み合わせることが大切なのだ。

(2) センイ類の効果——根から吸い上げられる炭水化物

●センイをショ糖・ブドウ糖に分解する微生物

堆肥、とくに炭水化物型堆肥には、オガクズやワラなどのセンイを分解した水溶性の炭水化物が多く含まれている。チッソ肥料とはまったく別の効果だが、その効果は予想以上に大きく、作物を安定して栽培するうえでとても重要な働きをもっている。

　草食動物である馬は、お腹の中で草のセルロースや炭水化物を分解して、糖分を取り出すことができる。そのときに馬は、自身の消化液だけでなく、消化器のなかに共生している微生物の力を借りて、養分の摂取量をふやしている。

　同じようなことが堆肥を施用した土でもおこる。堆肥のセンイ質を分解する微生物によって、センイは分子量を小さくされ、水溶性の炭水化物（糖類や有機酸など）となって根から吸われるようになる。この水溶性の炭水化物が後述するような悪天候のときに効果を発揮してくれるのだ。

　ワラを湿ったところに置いておくと、土と接しているところが分解してぼろぼろになるが、そこにいる微生物がセンイの分解に活躍する。このような微生物を堆肥中に取り込むことができれば、気象対応力に優れた堆肥をつくることができる。

図4-8　堆肥の発酵の進みかたと使用する発酵程度

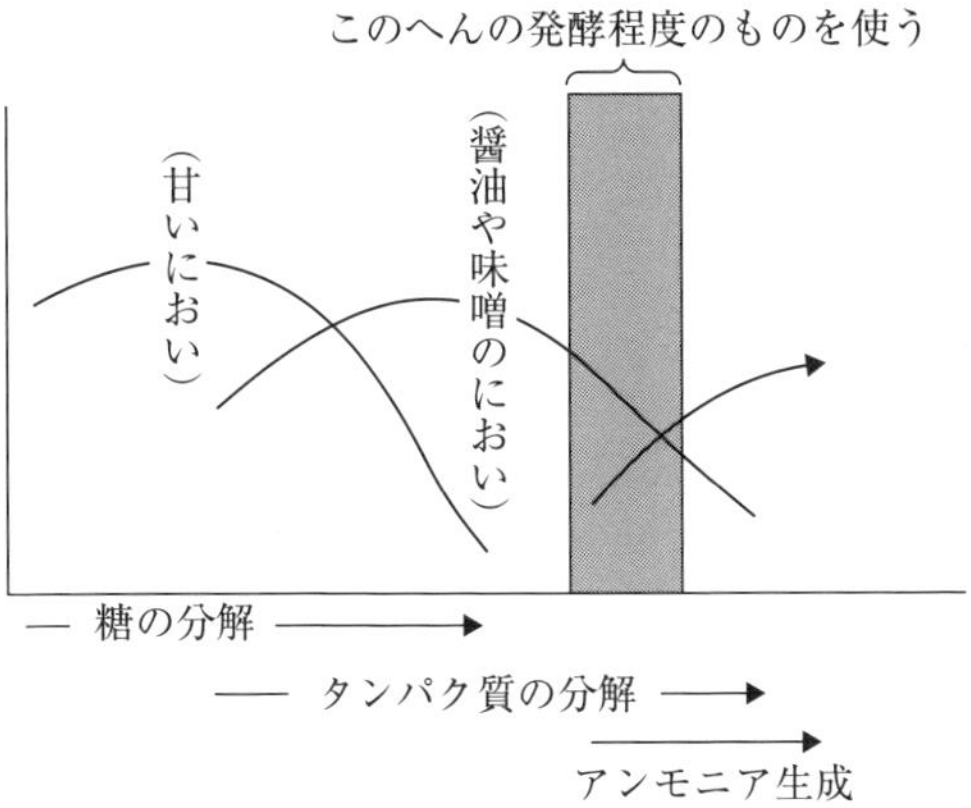

●冷害に負けない堆肥中のセンイの力

冷害の年には、堆肥を入れて育てた

図4-9　アミノ酸肥料と堆肥を組み合わせて、肥効を持続させる

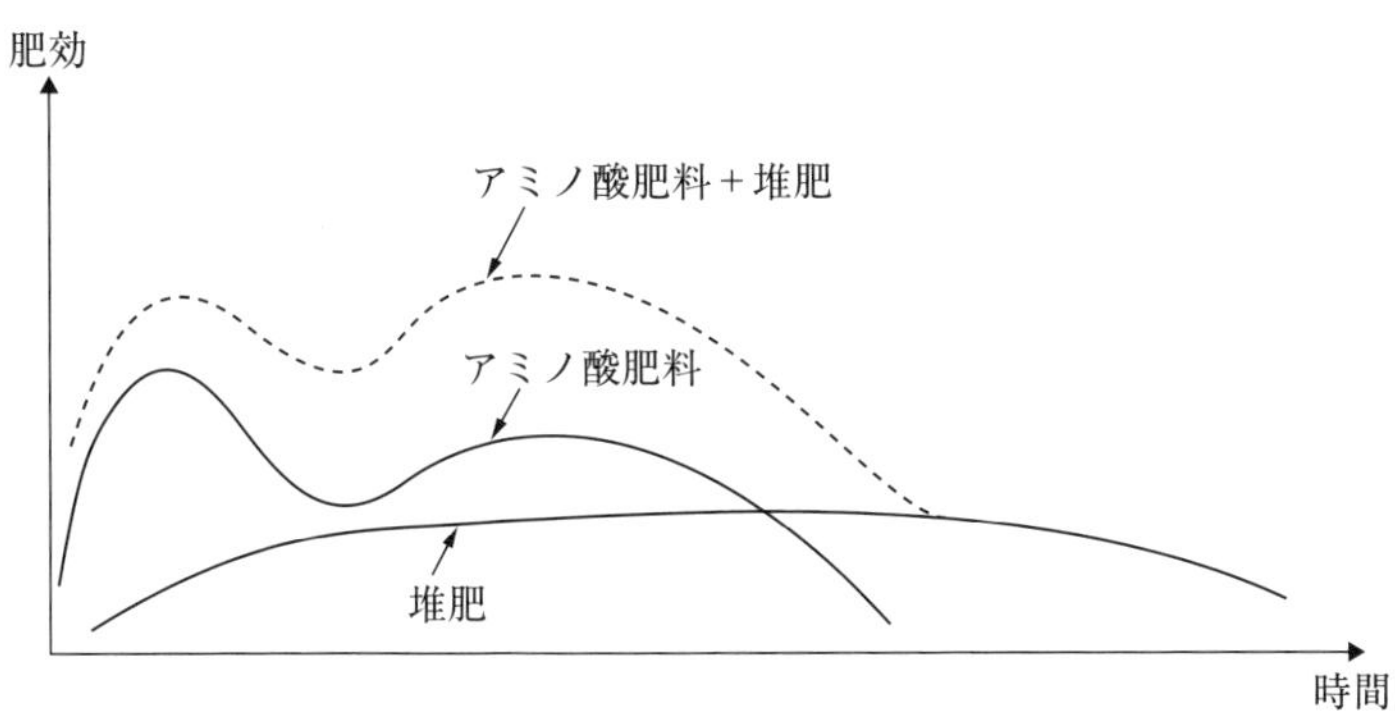

作物のほうが、入れないで育てた作物より、生育がよく減収が少ない、ということはよく知られている。有機栽培でも、アミノ酸肥料を入れていた田畑より、堆肥を入れていた田畑のほうが、冷害による減収は少なく、品質もよいことが、これまでの経験からわかっている。

このことは、アミノ酸肥料の有機態チッソより堆肥のセンイのほうが、冷害年には有効だということを示している。その理由は、堆肥ではセンイ類を材料に発酵が進められ、多くの水溶性炭水化物が生成し、それが作物に吸収されて光合成産物の代替物として働いたからなのだ。

つまり、低温や日照不足のときでも、堆肥のセンイ分を糖類に変えた良質堆肥が投入されていれば、作物は根から光合成産物である糖類を得ることができる。そのおかげで、生育の停滞や収穫物の収量・品質の低下を最小限に抑えることができるのだ。しかし、鶏ふん堆肥のようなC／N比の低い、「チッソ型堆肥」の場合には、炭水化物の供給というよりチッソの供給が主であるため、このような効果は期待できない。

良質の「炭水化物型」の堆肥は、太陽の役割を果たしてくれているのだ。

●堆肥がリン酸を可溶化する

堆肥の中のワラやオガクズが分解されると腐植や腐植酸になる。それらは炭水化物の変形で、多種多様な有機酸の複合体だ。多種多様な微生物がいて多種多様な有機酸ができる。その有機酸によってミネラルが可溶化し、リン酸の肥効が高まったりする。

良質堆肥を使うと、リン酸を入れていないにもかかわらず、土壌溶液中のリン酸の値が上がってくることがある。堆肥中の腐植酸が、根酸と同じようにミネラルを溶かし出したのだ。いままで、リン酸が土壌に吸着されて数字上は可給態リンがほとんどないと思われていた場合でも、堆肥を入れることに

写真4-4　冷害によって穂の先が白くなってしまったイネ。堆肥の水溶性炭水化物を生かすことができれば、冷害の被害を軽減することも可能だ（青森県平賀町）

よって腐植酸がふえ、リン酸が溶け出す。その結果、可給態リン酸が急激にふえたのである。

堆肥を入れたことで作物の収量・品質が向上するのは、このリン酸の肥効による面もある。しかし逆に、リン酸過剰になる場合もあるので注意しなければならない。

よい有機質肥料、悪い有機質肥料の見分け方

(1) 仕上がったもので見分ける

●アミノ酸肥料の良し悪しと見分け方

よいアミノ酸肥料（有機態チッソの複合体）かどうかを、手軽に見分けるには、仕上がったアミノ酸肥料や堆肥を湿らせて袋に入れ、暖かいところに置いておくという方法がある。一週間か一〇日経ってから袋を開け、そのときに発生するにおいで、よい発酵をしているか腐敗をしているかを判断する。

卵の腐ったにおい、ふんのようなにおいは植物の根にとっていいものではない。このような腐敗型の物質は、植物に吸収されても、アミノ酸への転換がうまくいかない。味噌や醤油のようなにおいであれば、細胞合成をスムーズに進めるアミノ酸発酵と判断できる。濃度障害さえなければ、植物にとってもいいものということができる。

堆肥の品質をみるには発芽試験がよい。よく使われるのがコマツナだが、堆肥を適量とって播種し、発芽の様子を観察すればよい（第７章を参照）。

●腐敗型に傾いた有機肥料・堆肥の改良法

では、悪い発酵、腐敗に傾いた有機質や有機肥料、堆肥はどうしたらいいか。悪いなりに改良するには次のような方法がある。

肥料は乾燥しているので、微生物は休眠状態にある。そこに水分が補給されると菌が動き出す。このとき、どういう微生物が動きだすかで、微生物による分解・発酵の方向が決まる。そこで、活性化した微生物をエサつきで投入して、よい方向に強引に舵を切ってしまうのだ。

たとえば砂糖水や糖蜜などでよい微生物を大量に増殖し、その微生物をエサつきで（砂糖水や糖蜜などといっしょに）、乾燥している肥料に一気にかけてしまう。すると、よい微生物がエサつきで、肥料の中まで一気に浸透し、肥料全体にまわる。こうして、いい方

向に一気に向かわせるのだ。

使う微生物の種類としては、乳酸菌や酵母、納豆菌がよい。そういう微生物を培養して、腐敗に傾いた肥料にかけてやる。量は多いほど効果は出やすい。このようなやりかたをとることで、腐敗に傾いた肥料や堆肥を改良することが可能だ。

(2) 原料、つくり方で見分ける

●腐敗型の原料が多い

アミノ酸肥料をつくる場合、ナタネ粕や魚粕といった単味の有機質肥料を使うこともあるが、コスト面からあまり品質のよくない原料を使う場合も多い。肥料の原料ということで粗雑な扱いを受けているものが多いので注意が必要だ。たとえば魚粕の場合、家畜やペットの飼料でなく、どうせ土に入れてしまうんだからと、腐る一歩手前まで放置されているものが原料として使われるとか、腐敗が始まっているものをドライヤーで乾かしただけということがある。そもそもの原料の段階から、腐敗型に傾いていることもある。

●カビ防止剤を使っている原料

その他、たとえば魚粕などで品質保持のためにカビ防止剤を使っている場合がある。そんな魚粕には、ふつうの発酵菌では太刀打ちできない。発酵してこないのだ。このような魚粕は、内部から異常溶解をおこしてアミン類を発生させることがある。こうなると手の施しようがない。

安く出回っている魚粕などのなかには、何年も在庫していたものの放出品のようなものもあり、カビ防止剤を使っているかどうかを確認して、使っていないものを購入するようにしたい。

●発酵のさせ方

発酵のさせ方でも間違いがある。米ヌカと魚粕を一緒に混ぜて発酵させる方法は失敗しやすい。なぜかというと魚粕に着いている菌がまず活性化してしまい、全体が腐敗に傾きやすいからだ。

ではどうするかというと、漬物のノウハウを応用するのだ。

まず米ヌカを使ってヌカ床をつくり、そこにサンマを入れるのだ。つまり米ヌカなどデンプンの多いものをまず発酵させて有効微生物をふやし、糖や有機酸をつくる。次に高タンパクな原材料を投入し、糖をエサにしてふえた有効微生物の分泌する有機酸で雑菌を抑えながら、タンパクの分解を促すのである。

米ヌカとサンマを一緒に入れてしまっては、魚のほうから腐って、米ヌカも腐ってしまう。しかし、発酵しているヌカ床にサンマを漬け込むなら、ヌカが乳酸発酵しているから、魚は腐らないでサンマのヌカ漬けができる。このように、チッソの多い有機原料を発酵させる場合には、いきなり原料を発酵させようとするのは得策でない。まずはじめに糖をつくり、その糖で有効菌をふやし、その菌で覆うようにしてチッソの多い有機原料を発酵させるのである（アミノ酸肥料や堆肥のつくり方は第7章で詳述する）。

有機栽培の補助資材——葉面散布剤など

(1) 葉面散布のねらい

有機栽培では、以上のようなアミノ酸肥料や堆肥の他に、補助資材としてアミノ酸の葉面散布剤を使うことも多い。その使い方のポイントを紹介する。

葉面散布剤として使われているのは、微量要素やアミノ酸である。葉面散布は収穫物の品質向上や草勢や樹勢が弱いとき、根の機能が低下したとき、生理障害が現われたときなどに、速効的な効果を期待して使われている。

アミノ酸は、植物の葉や果実に使われる品質向上用のものよりも、発根作用を促進するものを使う。そして、葉面散布して数時間のうちに根に運ばれて、翌日には何cmか根が伸びているくらい分子構造が小さくて動きの速いものを使う（たとえば、トウモロコシの発酵液や魚エキスを酵素で分解した液など）。葉面散布は早急に手を打たなければならない場面で使う手段だからだ。

そして発根を促す葉面散布を行なうのは、根の周りのアミノ酸肥料やミネラル肥料を十分に吸えるよう根を伸ばして、その後の生育を助けることが目的だからだ。

(2) 葉面散布の実際

●葉面散布の前にすること

問題は、葉面散布で根は出たけれど、その根の周りに吸われるためのチッソや石灰、苦土といった養分がきちんと施されているかどうかということである。何もなければ、根は伸びても何も吸収できないで終わってしまう。だから葉面散布する前に、吸収させたい養分をバランスよく施肥しておかなければならない。そうして、土の中に肥料分が届いた頃に葉面散布をする。すると伸びた根が肥料分を吸って、一気に樹勢は回復することになる。

具体的には、葉面散布する前に肥料をまいて、かん水するなり、耕うんして、根の近くにアミノ酸肥料やミネラル肥料をバランスよく施しておく。そうしてから、発根促進に関わるアミノ酸を葉面散布してやる。

●発根を促すのが目的

葉面散布剤でよくある思い違いは、葉面散布剤がチッソ肥料源として吸われて作物が元気になるのだというものである。一年目にやった葉面散布がよく効いたからといって、二年目も同じように効くとは限らない。葉面散布剤がチッソ肥料源として働いたのなら、一年目も二年目も同じように作物に吸収されて効果を発揮するはずだ。しかしそうならない。

その理由は、一年目は土に肥料が残っていて、葉面散布によって根が活性化し、肥料が吸われて作物が元気になった。ところが、二年目では必要な肥料養分が土の中に残っていなかった。そのため、葉面散布をして根は伸ばしたものの、肥料は吸えず一年目のような効果が現われなかったのだ。

葉面散布剤がチッソ肥料源として吸われて作物が元気になる、というのは大誤解なのだ。葉面散布のチッソ量は少ないから、そのチッソが葉や茎、実のタンパク合成に直接関わることは少ない。葉面散布で発根を促すから、それで肥料が吸われ、その肥料が作物を大きくしているのだ。

●吸収根を一気に伸ばして効果を速める

アミノ酸が葉から入ると、葉にしても新芽にしても、急激に入ってきたアミノ酸を細胞に変えるだけのスピードがない。それができるのは根だけなのである。根の吸収根は、入ってきたアミノ酸をタンパク質に変え、そのタンパク質で単細胞をぐんと伸ばすかたちで使う。葉や新芽のように細胞分裂をおこす必要がないから早急な対策として行なわれる葉面散布のスピードに対応できる。しかも、その伸びた根で土壌中にあるミネラルやチッソを吸うことができ、生育の改善に利用することができるのだ。

このような作物の性質を利用して、生育の回復をはかるのが葉面散布の技術ということになる。

●気象災害時の葉面散布

葉面散布には、生育を早めたり、登熟を早めたりという時間を短縮する効果がある。さらに日照が不足して、根が伸びないとき、生育が遅れているときなどに活用すると回復を早めることができる。とくに近年多くなってきた台風などの気象災害時にも大きな効果を発揮してくれる。

たとえば、台風（風害）によってリンゴなどの果樹が傷んでいるようなときは、通常通り肥料（C／N比の高い、炭水化物部分の多いものがよい）を散布して、その後で葉面散布を行なうことで、樹勢の回復に役立てることができる。肥料がすでに施肥されているなら、できるだけ早く葉面散布を行ないたい。発根を促すことで、土中の肥料養分を取り込み、生育の回復をはかることができる。

第5章

土壌分析の考え方とその実際

有機栽培の土壌分析

(1) 土壌の化学分析の前に圃場チェック

●土壌分析と圃場チェック

土壌分析は一般に土壌の化学性「化学的な成分（養分）、pHなど」を調べることがおもな目的であり、それよりさらに踏み込んで調べることはあまりしない。

しかし、作物を育てるうえで、土壌の化学性以外にも生育に密接にかかわっている条件がいくつかある。一つは土壌の物理性「通気性、排水性、保水性など」であり、もう一つは生物性「土壌中の有機物を分解する生物、土壌病害の抑制を促す生物など」である。

これらは土壌分析と施肥設計を生かすためには不可欠な条件だ。たとえば、根は作物の他の部位と同じように、呼吸によって酸素を消費し二酸化炭素を排出する。また、作物に必要な栄養分をとり入れるという重要な役割を担っている。もし土壌の通気性が悪かったり、病虫害の密度が高いと、根は酸素を吸えなかったり、根腐れをおこして養分が吸えなかったり、病虫害におかされたりする。これでは、せっかく施肥設計を立てても、期待していたような収穫物は得られない。

そのため、土壌の化学性の分析（土壌分析）と並行して、自分の圃場がどのような状態・条件なのかを知ることが大切になる。表5—1のようなチェック項目を設けて、診断する。化学性、肥料養分を施用する前に、改善しておかなければならない圃場条件、たとえば滞水を防ぐための暗渠や明渠の敷設、ベッドを平うねから高うねへ変更することなどをチェックし、改善しておく。

さまざまな圃場条件や独自の課題などがあるが、基本的には、「C／N比を適正に調整し、良好な発酵をさせた堆肥」を施用することだ。つまり、腐植と微生物によって団粒構造をつくり、保水性、通気性を改善し、次に良質堆肥などによって土壌病害を予防するのである。こうして根の生育をよくする土壌条件が整ってはじめて、土壌分析とそのデータに基づいた施肥設計が効果を発揮することになる。

●土壌分析の意味と限界

土壌分析は土壌の化学性を知るためのもので、それ以上でもそれ以下でも

表5-1　栽培チェック表の記入例

チェック項目　　　　　　　　　　　　　　　　　　（株）ジャパンバイオファーム

土壌の部

項目	選択肢			備考
排水性	良い	普通	悪い	悪いと答えた方のみ 改善策：
	○			
水分補給	している	していない	路地	している方のみ 方法：
	○			
水分管理（計測）	している	していない		している方のみ 方法：
		○		
うねの形状	高畝	平畝		うねの形状の理由
	○			

肥料の部

項目	選択肢			備考
堆肥	使用	不使用		不使用と答えた方のみ 不使用の理由
	○			
有機肥料	有機肥料だけ	化成と混用		化成と混用と答えた方のみ 化成使用の理由
	○			
有機肥料の内容 肥料の状態	生の原料	発酵（ボカシ）		発酵（ボカシ）に記された方のみ 理由
	○			
肥料の原料 内容物（例：魚粉）	ナタネ粕・米ヌカ			
ミネラル 土壌酸度pH	適正範囲	適正範囲外	不明	適正範囲外の方のみ 理由：
			○	
他のミネラル （石灰、苦土、カリ）	適正範囲	適正範囲外	不明	適正範囲外の方のみ 理由：
			○	
微量要素	使用	不使用		不使用と答えた方のみ 不使用の理由
		○		

ない。土壌分析の意味は、作物つくりの一番のポイントである土壌の物理性、生物性、化学性のなかの化学性に的を絞って、どこに課題があるかを絞り込んでいくことにある。

作物の様子がおかしい、収量・品質が上がらない、といった課題に直面したとき、その原因が何かについて、突き止めなければならない。様子がおかしい原因は土壌中の養分の過不足の問題なのか、土壌病原菌が原因なのか、それとも物理性の悪化が問題なのか、見ているだけではわからない。そこで、さまざま想定される原因を、一つ一つつぶしていき、原因を絞り込んでいく。その絞り込みの一つが土壌分析なのである。

土壌分析によって、土壌の物理性、生物性、化学性の三つのうちの化学性について知ることができる。しかし物理性、生物性についてはわからない。

それでも、化学性に問題がなければ、物理性か生物性に問題があると絞り込むことができる。土壌分析をしなければそれもわからない。

土壌分析をやれば何でもわかるというわけにはいかない。しかし、やらなければ問題の解決の糸口も見出せない。土壌分析で知り得ること、そしてその限界をきちっと見極めることが大切なのだ。

(2) 有機栽培と土壌分析法

●有機栽培の土、化成栽培の土

さて、圃場チェック項目で圃場の状態・条件を診断したら、いよいよ化学性の診断・土壌分析に取りかかることになる。

有機栽培に取り組む以上、堆肥や有機質肥料の施用が基本となる。土壌の物理性・生物性を整えるうえで堆肥の投入は欠かせない。すると、だんだんに圃場の腐植がふえ、団粒構造が発達するようになる。気相が増加して、土の比重がより軽くなってくる。第3章で述べたように、土壌の物理性は作物栽培の土台となる大切な要素だから、気相が増加することは、物理性の改善の指標としても好ましい。

ところが、このような土の大きな変化に土壌分析法が対応していない、というのが実感なのだ。

●重量法と体積法

土壌分析法には重量法と体積法という二つの方法がある。

重量法とは、乾燥させた田畑の土(乾土)一〇〇gに何mgの肥料があるか、ということを計測する方法だ。土の採取方法としては、ある地点での土を採取して、土をふるいにかけ、水を飛ばして乾燥させた土一〇〇g当たりの肥料成分を測ることになる。

これに対して体積法は、田畑の土一〇〇ccに何mgの肥料があるか、という計測方法だ。土の採取は、一定の体積の土を採取して、その土に含まれている肥料成分を測る。

現在多くの農家で行なわれている土壌分析の方法は、重量法である。

重量と体積、そんなに大きな違いはないと思われるかもしれないが、そうではない。

表5―2を見ていただこう。これはイネや野菜などの圃場から採取した二〇検体の土を、重量法と体積法の二通りの分析機器にかけて出した苦土の分析値である。重量法の数値が体積法の数値の約二倍になっていることがわかる。

この数値のちがいは、分析機器のちがいや抽出法、発色、吸光、その他の要因でおこったわけではない。どちらも公定法に基づいて調整されているので、同じ検体なら大きなちがいは生じないはずなのである。それなのにこのような数字のちがいが出るのは、なぜなのか。

●腐植の多い土では、重量法は大きな数値が出やすい

ここで簡単な実験をしてみる。同一の土壌（比重一、つまり一g／cc）に、A区は肥料を単位面積当たり一〇〇mg散布する。B区は同じ土壌にモミガラを混ぜて比重を〇・五に調製した後、同じ面積で同じ量の肥料を散布する。

この二つの土壌を分析（重量法）にまわす。どちらも一〇〇gの乾燥した土壌が必要なので、A区は一〇〇cc、B区は土の重さが半分なので二〇〇ccの土が必要になる。つまりB区のほうは（体積でいえば）二倍の土が分析されることになり、土の中の肥料の量は、もしA区が五なら、B区は一〇という結果になる（次ページの図5—1の●印の数に対応）。

表5-2　同じ土を異なる分析機器にかけて出た苦土の分析値
＜重量法＞＜体積法＞

資料＼単位	mg/100g	mg/100cc
1	46.5	25
2	58.5	30
3	50.6	30
4	40.3	20
5	27.5	15
6	62.1	35
7	37.4	25
8	61.3	25
9	43.1	25
10	77.8	35
11	64.6	30
12	57.8	30
13	55.1	30
14	46.2	25
15	47.5	25
16	59.8	25
17	33.5	20
18	71.3	30
19	45.8	30
20	29.6	15
平均値	50.83	26.25

＊重量法（SFP-3法）は風乾土、体積法は生土で分析

つまり、モミガラを混ぜた比重の軽い土のほうが肥料がたくさん入っているということになり、この分析値に基づいて必要量（一二）に対する不足分（必要分）を求めると、A区は七、B区は二となる。しかし、この施肥量では、A区の作物は順調に生育しても、B区のほうは肥料不足となり、十分な生育ができないということになる。

堆肥、有機質肥料などを施肥することにより、土壌団粒が形成されることで、気相が増加し、比重がより軽くなっていく。つまり、有機栽培に近づけば近づくほど、有機栽培を続ければ続けるほど重量法による分析値は大きくなる。その分析値に基づいて施肥設計を立てれば、土壌分析結果では肥料養分が多いという数値が出るので、施肥量は少なくなってしまう。

この重量法でも、土の採取の段階で土の気相を含んだ比重を測れば正確な

数値が期待できるが、実際に土の比重が測られることはほとんどない。そして、重量法は土を分析にかける前にふるいにかけるため、ふるう前とふるった後では気相が大きく変化してしまう。

このような理由から、重量法ではふるいにかける前の実質比重を求めることはたいへんむずかしいのである。

図5-1　重量法の土壌分析では土の重さ（比重）によって分析値がちがう

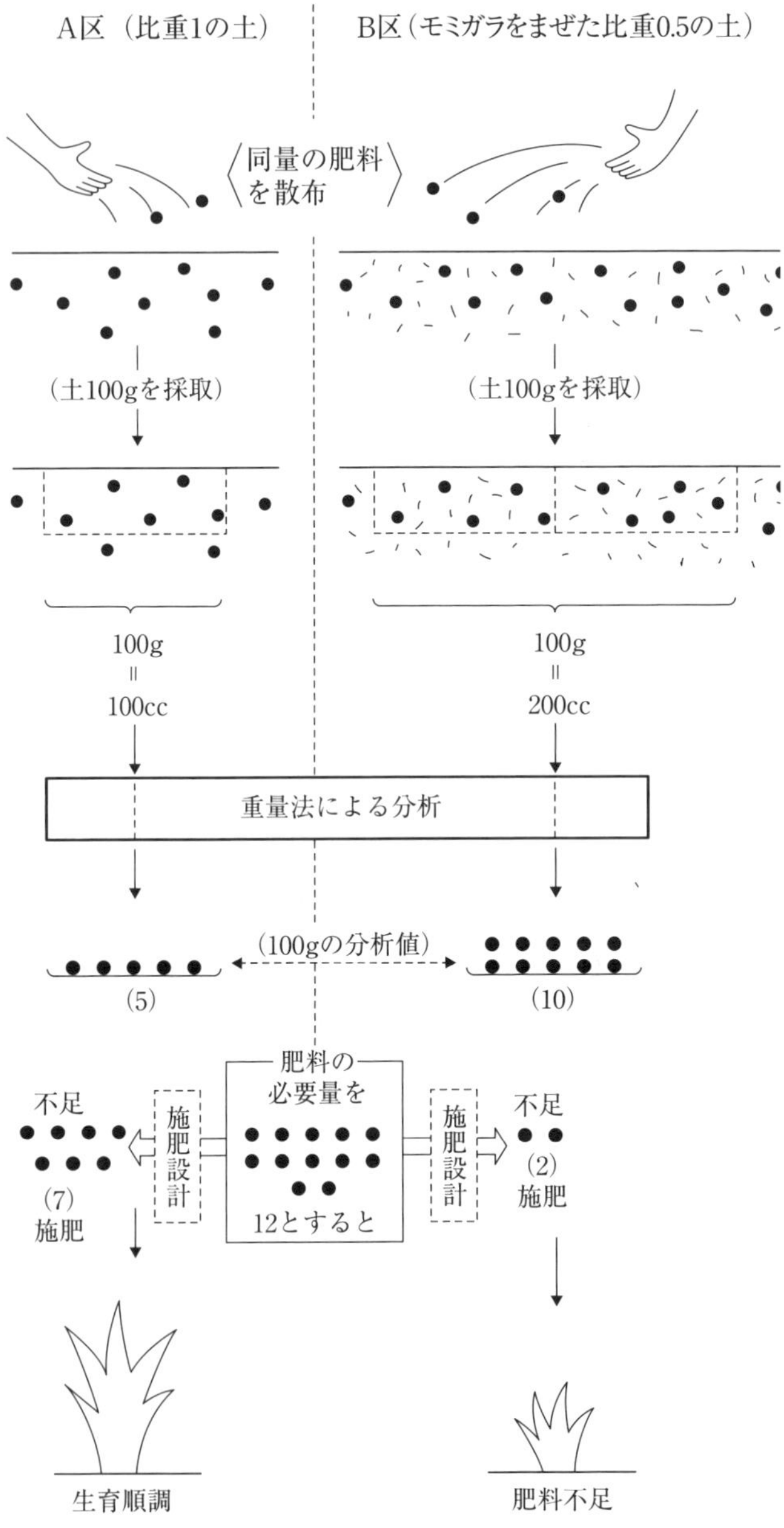

●有機栽培には体積法

実際の土の比重というのは、土本来の重さと腐植の重さ、水の重さ、それに気相によって決まる。これを重量法のように、土をふるってしまっては、気相の部分は分からなくなってしまう。わかるのは土と有機物を足した状態での比重だけということになる。すると、気相が増えれば増えるほど土は軽くなるので、重量法による分析値はどんどんずれていくことになる。

土壌分析とは、作物の生育のよしあしを土の肥料分と照らし合わせた統計学といえる。目視による判断と、そのときに土にどのくらいの肥料分があったのかということを統計的に出したのが土壌分析で、そのデータに対応して適正範囲で肥料を施用するように勧めた数値が施肥設計ということになる。

土が腐植を含み、団粒構造が発達して軽くなるほど、一定重量の土を集めるのに多くの体積の土を集めることになる。体積がふえればふえるほど肥料はたくさん含まれているので、必然的に土壌分析の値は高くなる。分析値の高いデータを元に施肥設計をしたのでは、肥料の施用量は少なくなってしまう。ときには、分析値が高く出て、それこそ養分過剰という判断になってしまうこともある。

このようなことを考えると有機栽培に適した土壌分析法は、重量法ではなく体積法ということになる。

●根の張っている空間を丸ごととらえたい

根は、根の周りにどのくらいの濃度の肥料があるかで、過剰症が出たり欠乏症が出たりする。根が触れているのは、土の重量ではない。根が触れている土の体積に対して、どのくらいの肥料があるのかが重要なのだ。これは土壌がぬれている場合でも同じである。一定体積中の肥料の量は土壌の乾湿によって変化することはないからだ。

根の張っている空間を丸ごととらえる土壌分析が、とくに有機栽培では必要であり、その方法は重量法ではなく、体積法である。農業が土壌中に腐植の少ない化学肥料中心の栽培から、堆肥や有機質肥料を使って腐植が多くなる環境保全型に移行しつつあるいま、分析方法も重量法から体積法へ移行しなければならない。

体積法による土壌分析法

体積法の土壌分析器として「Dr.ソイル（ドクターソイル）」という製品があるが、手軽で、誰が検査しても数値に差が出にくいので、自分で土壌分析するには都合がよい。

以下、このドクターソイルによる土

壌分析法について紹介する。

(1) 採取時期

●イナ作

イナ作では肥料養分を設計どおり吸わせるためには、適切なワラ処理によって根を健全にしておかなければならない。その際、注意しなければならないことは水田のpHである。pHが五・五以下であると、ワラの分解が遅れることでイネの根に悪影響が出てしまう。さらに、肥料成分の溶け出しに時間がかかって施肥設計どおりの効果が期待できなくなる。

つまり、水田のpH五・五を境に、秋から春にかけて行なう作業がちがってくるのだ。pH五・五以下の水田では、春に石灰を施用したのでは作付けまでにワラは分解しないので秋に石灰とチッソをまいてワラの分解を進めておく。pHが五・五以上なら、春に石灰をまいても適正値にすることができる（秋にチッソをまく）。

そこで、土壌分析のための土の採取は、秋の収穫後と春の作付け前に行なうことが無難ということになる。あるいは秋にはワラ処理を確実に行なうためにpHだけ分析しておくという方法もある。もっとも、自分の水田のpHが五・五以上あることがわかっているのなら、春に土を採取して分析、施肥設計をすれば十分だが、五・五以下の可能性のある水田では、秋の収穫後、できるだけ早く分析をして、五・五以下なら石灰をまいて、pHを上げておくことが大切だ。

●果菜類

ナス、キュウリ、トマトなど果菜については、樹だけでなく果実に養分が使われるので、元肥と追肥とに分けて分析する。元肥については葉菜や根菜と同じく作の前に行なって、追肥については収穫開始から約一カ月ごとに分析するのがよい。どういう肥料養分がどのくらい減るかといった統計が得られ、圃場や作物の特徴が、土壌分析をすることによってわかる。

●葉物、根菜など

土壌の採取時期は作物によって大きく異なる。単作のホウレンソウやコマツナでは作が終わる前に分析する。すると次の作物の土壌分析として使える。あるいは、次の作付け前までに時間があれば、ロータリをかけたあとの均一の状態の土を計ってもよい。ロータリで気相はつぶれるが、土はほぼ同じ体積を保っているので問題はない。比重も大きく変わるわけではない。作が終わる間際というのは、土の中の成分が吸われて、減少している状態なので、それによって次の作の設計をするということになる。根菜も同様だ。

●果樹

果樹では、枝葉をつくる時期の設計と、実を肥大させる時期の設計の二つに分けて考えるので、土壌の採取時期も年二回になる。

果樹は、春先にチッソなどの養分を土中からどんどん吸って葉や枝を伸ばす。つまり春先に枝葉をつくるために必要な肥料はどのくらいか、ということを秋までに土壌分析をして知り、秋までに施肥しておくことだ。このため土壌分析のための土の採取は晩夏から秋にかけて行なう。この土壌分析をもとにして、春に枝葉をつくるための樹体内の貯蔵養分と春に吸われる土中の肥料養分を設計することになる。

夏になると、雨の量が増え、寒さからも解放され、根がうわ根傾向になる。この時期、実を肥大させるために必要な肥料（実肥）がどのくらいかを判断するために土壌分析をし、それに基づいた施肥を行なう。土壌の採取時期は春先、新梢が八割ほど止まってチッソが切れてきた頃に分析する。この時期は栄養生長から生殖生長に切り替わる時期で、このままチッソが減り続けると、チッソ不足で葉色が維持できなくなり炭水化物をつくらなくなってしまい、実も肥大しなくなる。そこでこの時期、実を肥大させるために必要な肥料養分を見極めるために土壌分析をする。

●チャ

チャは、秋と冬に貯蔵養分を枝と根にためこみ、その貯蔵養分で翌春の新芽（一茶）を伸ばす。この貯蔵養分量を決める施肥が九月上旬から十月下旬にかけて施す礼肥と、十一月に施す元肥だ。土壌分析はこの礼肥と元肥の適正値を決めるために行なう。土壌分析は七月中旬に行ない、礼肥と元肥の二つの施肥を一度の土壌分析で決める。

さらに、一茶・二茶摘採後、すぐに新芽のための施肥を決めるための土壌分析を行なうようにすれば、より適切な施肥設計を立てることができる。

(2) 採取方法

●採取量と採取部分

分析する土は、圃場の四～五カ所から生の土をそのまま採る。採取量は、あわせて湯のみ一杯分くらいでよい。気をつけるのは、土を湿ったまま、崩さないで分析にかけること。乾くと成分の変化がおこるので、できるだけ手早く分析にかける。

採取する部分は、当該作物の吸収根（横根）の八割が分布している深さまで

写真5-1　圃場での土壌分析のようす（鹿児島県指宿市）

採る。根の張り方は作目や育て方でもちがうので、必ず株を抜いてどのくらいまで張っているか確かめることだ。もし三〇cmまで吸収根が張っていたら〇～二四cmまで、幅一～二cmくらいの幅で均等に採る。垂直に掘った壁から採るのではなく、斜めに掘ってその斜面からだと採りやすい。

●採取時に土の硬さを確かめておく

採取した土から根や有機物、石などをふるい分けて、取り除く。このときも、できるだけ手早く行ない、土の湿り気を保つこと。

ふるい分けた土を二ccの計量スプーンに詰めて分析にかけるのだが、このとき、採取したときの土の硬さで詰めていくことがいちばんのポイント。このために土の採取地の土の硬さを確かめておくのだ。土の硬度と土の比重は、同じ土であれば比例するので、二ccの容積に、もとの土の状態を二ccのまま再現することができる。経験上、土を入れすぎてしまい、その結果、分析値が高く出てしまう傾向はあるものの、施肥設計が多くなりすぎることは避けられる。このようにすることで、採取地の土の体積を再現し、その体積中の土壌分析が可能になるわけだ。

このような手順を踏んでから、軽量スプーンの土を分析にかけることになる。

●採取上の注意

トマトやナスなど、追肥の必要な作物は、できるだけ定点観測で行なうようにしたい。定点観測をするには、採取箇所を毎回五cmくらいずらすようにして土を採取すればよい。

また、生育にばらつきがある場合は、同一圃場でも、別だと思って採取・分析する。生育のひとかたまりを一つの圃場とみることが肝心なのだ。

(3) 分析項目

●分析項目

分析項目については以下のとおり。

ＣＥＣ
pH（二種類、水、塩化カリ）
ＥＣ（＊）
アンモニア態チッソ
硝酸態チッソ
可給態リン酸

交換性カリ
交換性石灰
交換性苦土
可給態鉄
交換性マンガン
塩分

（＊　ＥＣは測定しなくてもよい。理由は八五ページを参照）

●ＣＥＣの決定が施肥設計の基礎となる

土壌分析項目でまず重要なのはＣＥ

図5-2　分析する土は圃場の適当な場所4〜5カ所から採る

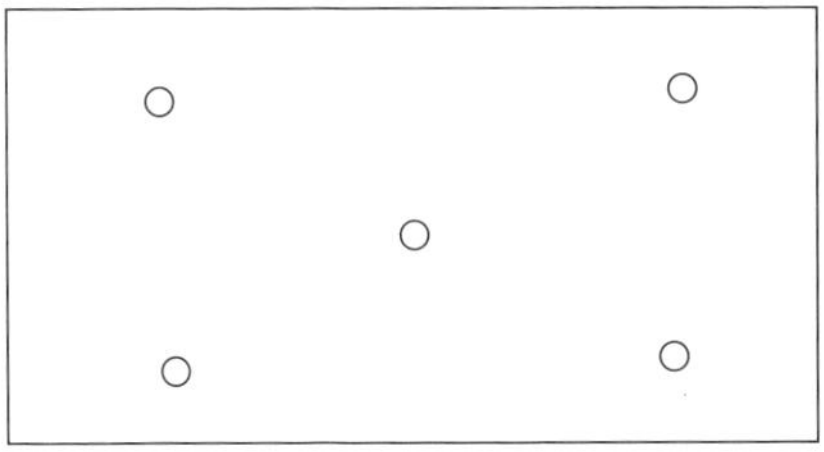

（図は対角線採土法と呼ばれるもの。
採取地点はこのとおりでなくてもよい）

図5-3　分析する土の採り方

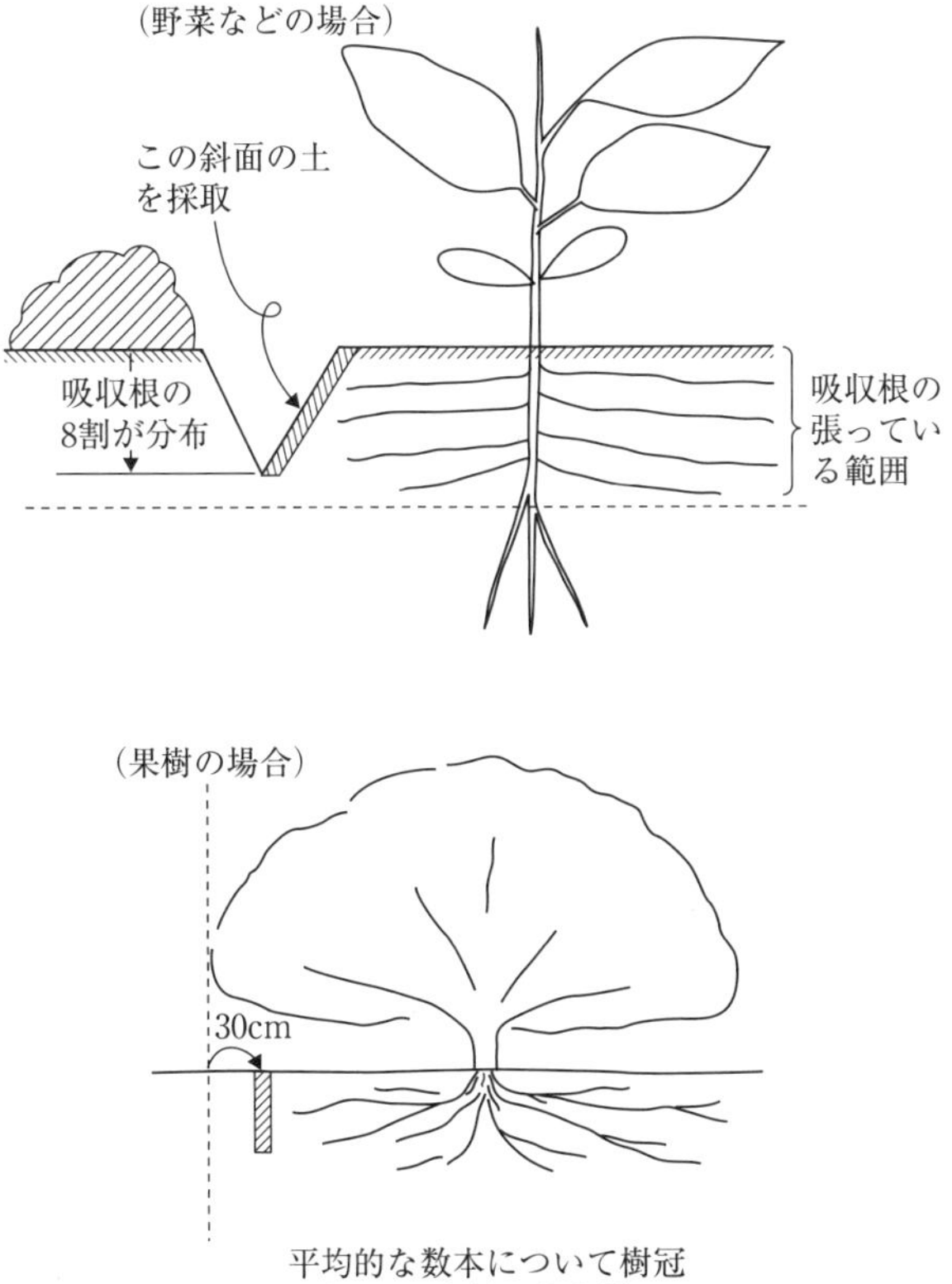
平均的な数本について樹冠から30cm内側の土を採る

図5-4　トマト・ナスなど追肥をする作物での土の採取法

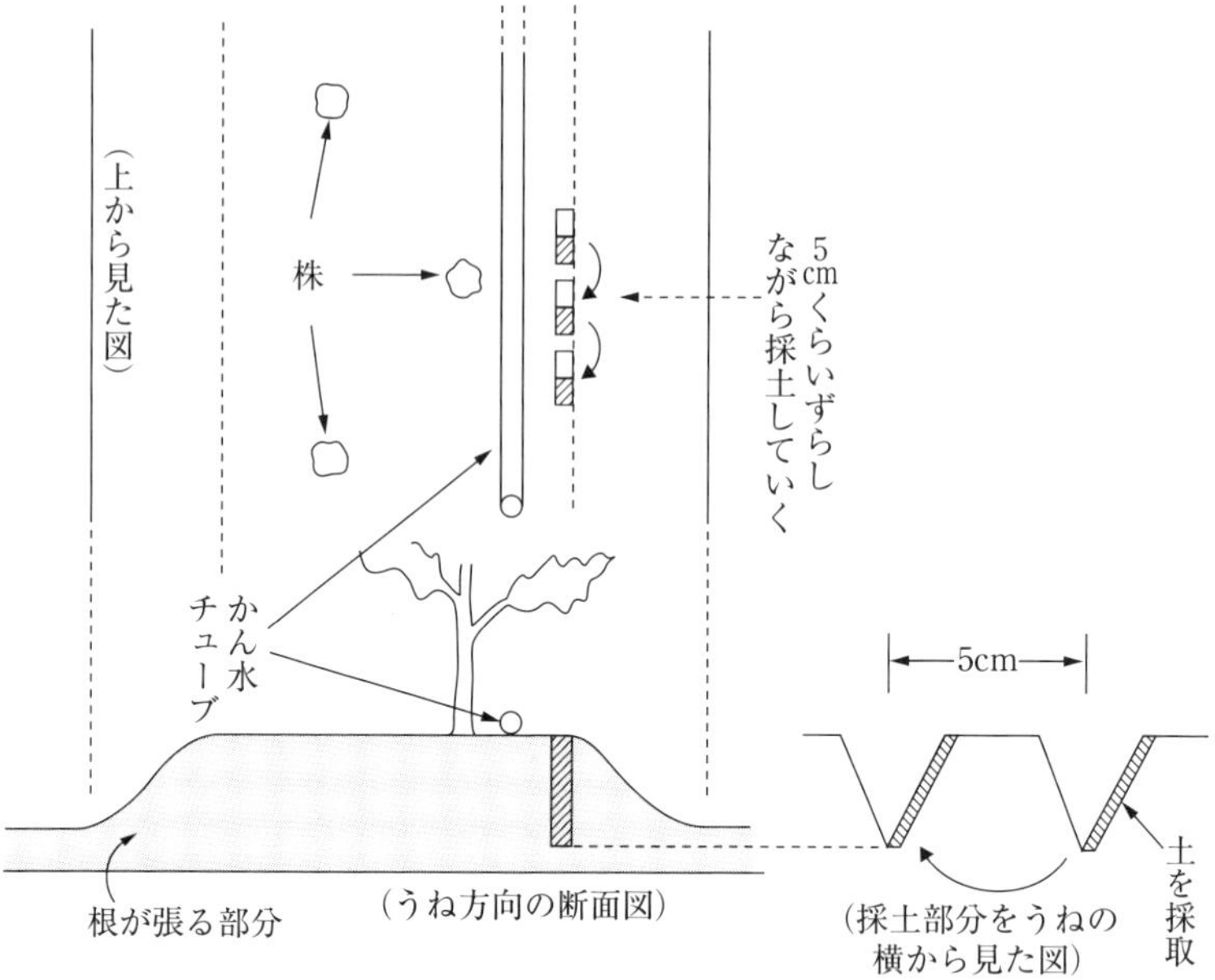

CだCECがわからない簡易土壌分析の数値データだけでは、実は何の意味もない。CECがわかってはじめて、その土壌にとって肥料養分が多いか少ないか決められるからである。

　一般に行なわれている土壌分析、施肥設計の場合、この作物にはこれだけ必要だという肥料成分量が前提されている。だから同じ土壌分析データが出れば、同じ施肥設計でよしとなる。しかし、同じ土壌分析データでもCECに応じて、施肥の意味合いが変わるはずである。

　たとえば、一〇〇mlと二〇〇mlのコップがあり、どちらにも一〇〇mlの水が入っているとする。一〇〇mlのコップのほうは水で満杯だが、二〇〇mlのコップは半分しか入っていない。土壌分析データ（肥料の量）を水に、CECをコップの大きさと見立てれば、水の量（データの数値、肥料の量）が一〇〇mlと同じでも、二つのコップにとっては水の量の意味合いはまったく異なる。小さいコップでは満杯で、これ以上水を入れることはできない。しかし、大きいコップはまだ水を半分入れるゆとりがある。

　これと同じ理由で、土のなかで肥料養分が多いか少ないかというのは、肥料の量で決まるのではなく、その土のCECに対する相対量として決まってくるのだ。

だから、施肥設計は画一的にはできない。ＣＥＣが決定されないで施肥設計が行なわれること自体、むちゃくちゃな話なのである。

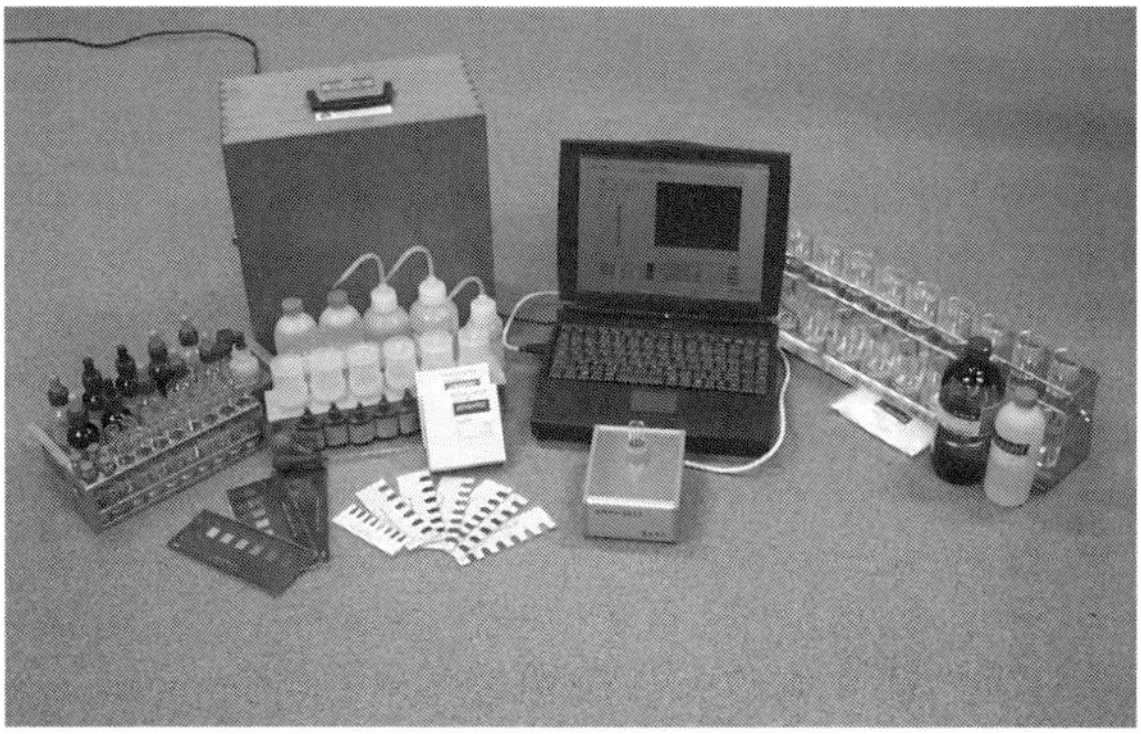

写真５-２　新型土壌養分検定器Dr.ソイル（ドクターソイル、左側）とＣＥＣキット（右側）
問い合わせ先：富士平工業（株)、TEL 03-3812-2276

●施肥設計ソフトで算定

このように重要なＣＥＣだが、ドクターソイルだけでは調べられない。そこで、ＣＥＣ以外の数値からＣＥＣを計算して、適切な施肥量を判断するためのソフトを用意している。それは、筆者がパソコンの表計算ソフトのエクセルでつくった「施肥設計ソフト」で、分析データを入力すればＣＥＣと各肥料養分について適正な値の上限値と下限値が表示される。

その値はＣＥＣ、pHと相関があり、連動している。つまり、肥料の施用量を変えれば、ＣＥＣやpHは変わっていく。そのため、各肥料養分の量を入力しながら、作付け時には上限値近くに養分があるように施肥設計をし、最終的には下限値に近いかたちで終わるような設計にするのが基本だ。

この上限値、下限値というのは各地のさまざまな実践データ二万件余りを解析して設定したオリジナルなものである。この施肥設計ソフトに、圃場データを打ち込むことで、パソコンで土壌分析、施肥設計ができることになる。（ソフトの入手法・使い方については巻末付録参照）

●ＣＥＣを他の数値から計算

この施肥設計ソフトの各数値間の連関について簡単に紹介すると次のようになる。

いま、土壌コロイドを考えてみると、その土壌のＣＥＣの大きさに対応してマイナスイオンの量が決まっている。何の肥料成分もなければ、その土壌のマイナスイオンにはプラスの水素イオンがくっついている。そこに肥料養分である石灰や苦土、カリが施用されると、それらはプラスのイオンなので、水素イオンと置換して土壌粒子に結びつく。引き離された水素イオンの量で

pHが決まってくる。たとえば、土壌溶液中にカルシウムイオンが増えれば水素イオンは減って、pHは上がってくる。

このように考えると、CEC、pH（水素イオン濃度）、肥料養分量との間には数学的な相関関係があるということになる。ただし、pHの数値の上がり方は、水素イオンが二分の一になったからpHが一上がるというような上がり方ではない。水素イオンが一〇分の一になってpHは一上がり、一〇〇分の一になってpHは二上がる、反対に、水素イオンが一〇倍になればpHは一下がり、一〇〇倍になれば二下がる、というように連動している。

これらのことを数学的に処理して、このソフトでは、CECが一上がることで、各肥料養分の吸着量がどのくらいふえるのか、という計算式が入っていて、それによって肥料の適正施用量がどのくらいになるかわかるようになっている。

●施肥設計ソフトの限界

ただ、CECの部分は、ソフトの数値どおりいかない場合もある。このソフトが機能するCECの範囲は一〇～三〇程度で、日本各地の土壌はおおかた含まれるのだが、特殊な土壌では数値が大きくズレることがある。たとえば、北海道の腐植の多い土壌や黒ボクで腐植が多い土、可給態リン酸が非常に多い土などがある。そのような場合には、別途、CECを正確に測って対応することになる。

有機栽培にきちんと取り組み始めると、アンモニア態チッソと硝酸態チッソの数値が非常に小さくなってくる。一般の化成栽培のデータからみると、チッソ欠乏そのものという数値が出ることがある。しかし、目の前の作物を見ると、葉色は濃く、照りがあり、とてもチッソ欠乏とは見えない……。これは先述したように有機栽培の場合は、チッソがアミノ酸を主体とした有機態チッソの形態で土壌中に多く存在し、吸収され、硝酸態チッソやアンモニア態チッソとしては土壌中に微量しか存在しないからである。しかも吸収され

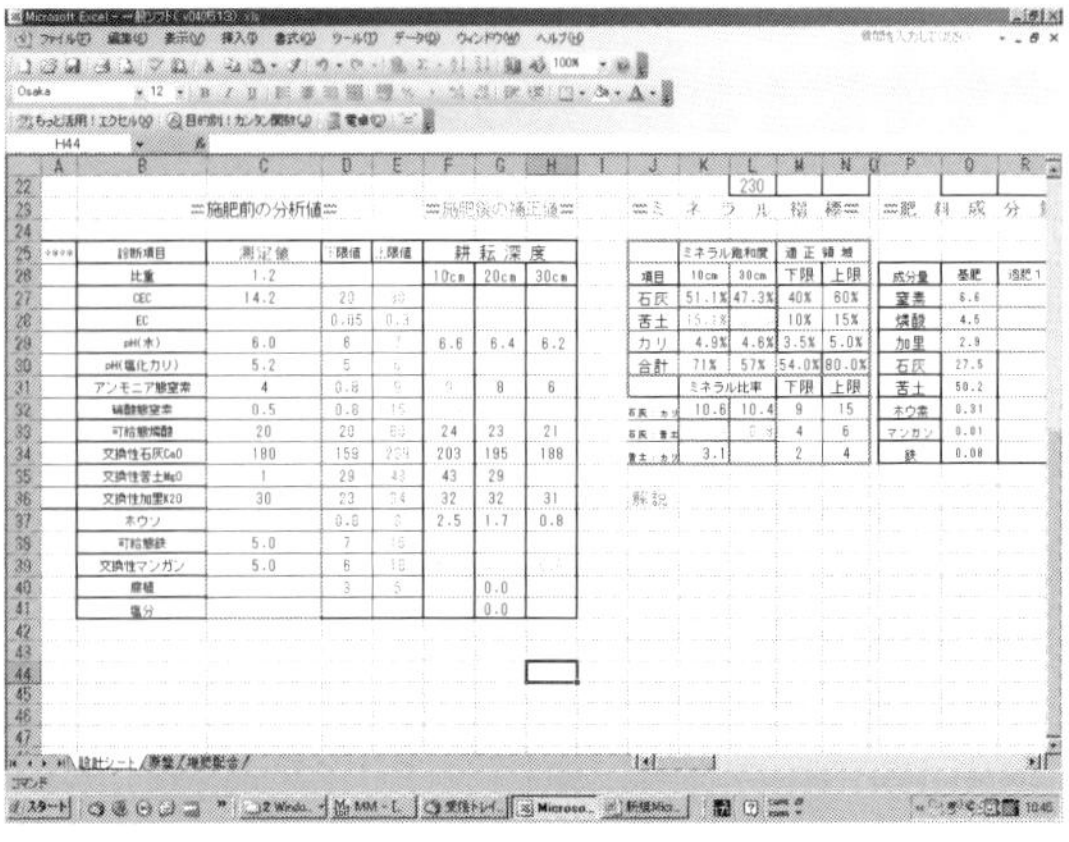

図5-5　施肥設計ソフトの入力画面

るアミノ酸は、簡易分析を含む一般的な分析ではデータとして表われてこない。

チッソ肥効の判断は、化成栽培と同じように、樹勢や葉の色・テリ、節間の長さといった生育診断をもとに行なうことになる。また、屈折糖度計で樹液中の炭水化物とアミノ酸の合算の糖度を測ることで行なうこともできる。ただしこの方法は、同じような天気が続き、土壌水分量が一定の場合でないと、光合成による炭水化物量の差が大きく出てしまうので、適用できない。

土壌を診断する
——分析データの読み方と処方箋

(1) CECで施肥の幅を知る

●土の保肥力を示すCEC

さて、土壌分析によって自分の圃場のさまざまな化学的なデータを入手できたことになる。そのデータをどう読み解くかが次の作業になる。

分析データの中で大切なのがCEC、陽イオン交換容量とか塩基置換容量と呼ばれるものだ。これは、土が肥料をどのくらい貯えることができるかを示した数値だ。CECは土の保肥力といわれているもので、通常の日本の土であれば一〇~三〇くらいに収まる。この数値が高い低いといって一喜一憂する必要はないが、数値が高ければ多くの肥料を土が貯えることができるので元肥だけで作物をつくることもできる。数値が低ければ土の肥料をつかむ力が弱いので、栽培の途中に追肥を考えなければならない。

●CECのない分析データは意味がない

このCECが大切なのは、作物にとっての養分の過不足がCECによって一変してしまうことがあるからだ。たとえば、石灰の分析データが二〇〇mg/一〇〇ccの場合を考えてみよう。

CECが一〇の場合、石灰の適正肥料成分量の上限値は一六八、下限値は一一二となるので、二〇〇という分析データは石灰過剰を表していることになる。ところが、CECが二〇になると、上限値は三三七、下限値は二二五となり、二〇〇という分析データは石灰不足を表していることになる。つまり、同じ二〇〇という分析データでも、CEC二〇の圃場では石灰を新たに施用しなければならないのに、CEC一〇の圃場では石灰は過剰だから石灰は不要ということになる（図5―6）。つまり、同じ分析データでもCECによって正反対の施肥になることもあるのだ。施肥設計を決める土壌分析データにCECがないのでは、施肥設計は不可能といってもいい過言ではない。

●元肥型の土と追肥型の土

「施肥設計ソフト」では、適正肥料成分の上限値と下限値のなかで作物を栽培することを勧めているわけだが、この上限値・下限値はCECとpH、さらに実践データをもとに作成したもので、試験研究機関が出している肥料養分の適正値とは多少ちがっている。

CECが高いということは、上限値と下限値の両方の値が高くなり、その幅も広くなる。逆に、CECの値が低いということは、上限値と下限値の両方の値が低くなり、しかもその幅が狭くなるということだ（図5―6）。

このことは、CECが高い土では、一度にたくさんの肥料を入れることができ、作物が生育中に十分な肥料を吸収しても土にまだ肥料があるので、追肥の回数を減らしても大丈夫ということを意味している。いっぽう、CECが低い土では、一度にたくさんの肥料を入れることができない。作物は生育中に肥料を吸収し続けているので、土の肥料養分が下限値を下回らないうちに追肥をして、作物が肥料養分を十分に吸収できるようにしてやらなければならない。

つまり、CECの値によってその土が元肥一発でいける元肥型か、元肥だけでは肥料がもちこたえられないので追肥で補う追肥型か、分かれることになる。もちろん、このことは作付けから収穫までの期間の長さによってもちがってくる。コマツナやホウレンソウのように栽培期間が短いものでは、CECが低くても元肥だけで栽培できる。

●低CECで追肥ができない場合

ただ、ニンジンやダイコン、タマネギのような作物を栽培する場合、低CECの土では追肥が必要になることがある。しかしマルチをしていては追肥をすることができない。このような場合には、堆肥を使いながら保肥力を維持し、初期の肥効を高めるためにアミノ酸肥料を組み合わせる。さらに、通常のCECの上限値より二〇～四〇％多い施肥設計をするように勧めている。

(2) リン酸が多いときどうするか

●リン酸過剰は土壌病害を招く

分析データでCECの次に見ておくのは、リン酸や石灰、苦土といった肥料養分が適正範囲内に収まっているかどうかだ。

　米ヌカや魚粕、肉骨粉などを主体に施肥を組み立てていると、どうしても土にリン酸が多く入ってしまう。経験から、リン酸が多すぎると病気をふやす、とくに糸状菌（カビの仲間）が関わった根が腐るような病気が多くなる。リン酸過剰はただちに作物が枯れるとか品質が大きく低下するようなことはないので、あまり気にされていない。しかし、リン酸はチッソの一〇分の一～八分の一程度しか作物に吸収されないので、リン酸過剰になった場合には、土壌病害を直して正常な栽培にもどすのに、相当な年数と手間がかかることになる。

図5-6　CECによって養分の過不足は変わってしまう

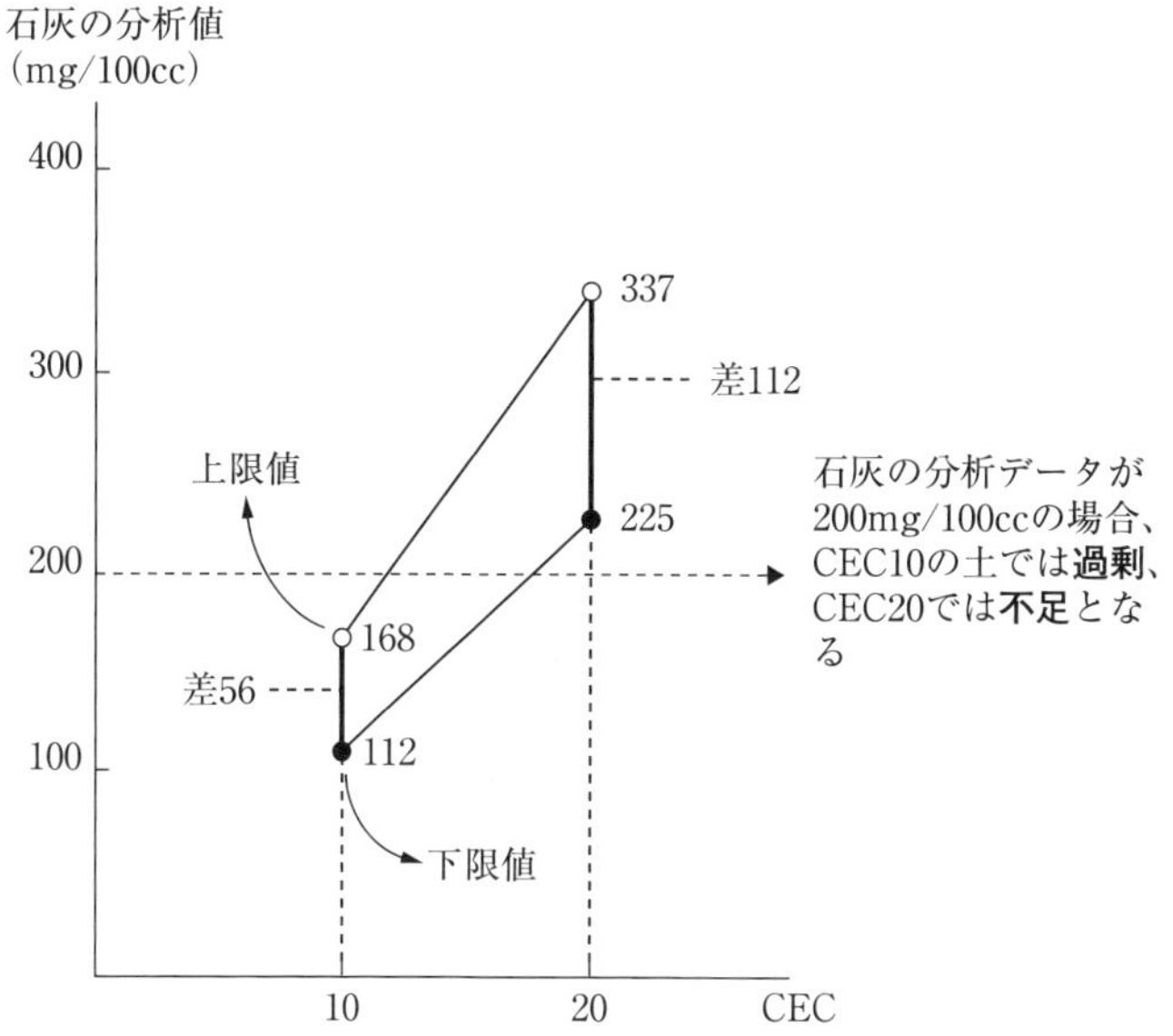

●リン酸過剰のときのチッソ肥料の選び方

有機栽培の場合、リン酸はチッソ分と一緒に施肥されることが多い。化成肥料のようにアンモニア態や硝酸態だけのチッソ肥料というのはない。アミノ酸肥料の原料が有機質なので、どうしてもチッソとリン酸がともづれで入ってしまう。そこで、リン酸が多いときの肥料の選び方が問題になる。

　「リン酸が多いときには、リン酸分の少ない肥料を選ぶ」。こう考えたくなるのだが、ここに盲点がある。

　たとえば、チッソ・リン酸・カリがそれぞれ五―三―一と七―四―一という有機質肥料を考えてみる。土壌中にリン酸が多ければ、選ぶ肥料はリン酸分の少ない五―三―一の肥料を選んだほうがよいと考えるのがふつうだろう。では、実際にチッソ成分で二〇kgを入れることを考えてみよう。すると、五―三―一の肥料では、四〇〇kgを施用することになる。このときリン酸分は一二kg入ることになる。七―四―一ではどうだろうか。二八六kgを施用することになるのだが、そのときのリン酸は一一・四kgとなり、リン酸分の少ない五―三―一という肥料よりリン酸の量は少なくなる。

つまり、リン酸が多いときのアミノ酸肥料の選び方としては、その肥料で必要なチッソ量を入れたときに、リン酸が実際にどれだけ入るかを計算して決めるということだ。リン酸の配合割合の数字だけに目を奪われてはならない。

●堆肥由来のリン酸にも注意

アミノ酸肥料と同じ理由でリン酸が多いときに注意しなければならないのは、堆肥である。たとえば、チッソが二・五％、リン酸が二％含まれている堆肥を考えてみよう。チッソの利用率はふつう四〇～七〇％程度だから、ここでは五〇％として計算する。堆肥からチッソで一〇kgをとろうと思ったら、堆肥は八〇〇kg必要になる。するとリン酸は一六kgも入ってしまうことになる。

堆肥によって土壌の物理性の改善をねらっても、その堆肥の施用がリン酸の過剰を招いては何にもならない。堆肥の施用がリン酸過剰を招きかねないときは、粘土鉱物を上手に組み合わせながら手当てすることになる。

(3) 肥料成分バランスが悪いときどうするか

●石灰・苦土・カリで過剰なものがあるとき

土壌分析でよく見られるのは、石灰やカリの過剰だ。「土壌改良には石灰」とばかりにpHを考慮しない石灰施肥が行なわれたり、家畜ふん堆肥を投入している圃場などによく見られる。そのような圃場では、石灰やカリなどが過剰に蓄積されており、石灰・苦土・カリの適正な割合といわれている五：二：一という割合が崩れてしまう。このような過剰養分の入ってしまっている圃場ではどのようにしたらよいのだろう。

このような場合、過剰な養分には手をつけない（過剰な養分は施肥しない）で、過剰でないものを上限値まで上げるように施肥する。作期の長いものについては、過剰でないものを追肥型の施肥で、絶えず上限値に維持するようにする。

●不足養分だけ施肥、バランス内に抑える

たとえば、石灰・苦土・カリが七：一：一・五だったとする。適正な割合である五：二：一に比べると、石灰が

表5-3　石灰・苦土・カリのバランスが悪いときの対応のしかた

	石灰	苦土	カリ
適正値	5	2	1
分析例	7	1	1.5
適正値に対して	過剰	不足	過剰

↓

元肥	処方	なし	1	なし
	(値)	(7)	(2)	(1.5)

不足している苦土だけ施肥。過剰な石灰・カリは施肥しない

↓

生育途中の分析	5	1	1
分析に基づく追肥	なし	1	なし

作物が吸収したので数値は下がる

苦土だけ不足している。水溶性の苦土を不足分1（2－1=1）だけ追肥する

↓

栽培終了後	3	0.5	0.5

↓

［適正値にするように施肥設計できる］

過剰、苦土が不足、カリが過剰という場合だ。このような圃場の場合、過剰である石灰とカリは施肥しないで、苦土の不足分を上限値になるように施肥する。つまり七：二：一・五となるように苦土だけを施肥して作付ける。生育の途中で土壌分析をしたところ、作物に吸収された結果、分析値は五：一：一になった。まだ苦土は少ないものの、石灰とカリは適正値になったので、苦土が二になるように水溶性苦土で追肥する。このようにして収穫までいけば、次作に対しては石灰・苦土・カリを適正値にするように施肥設計を行なうことができる。

一作でできない場合もあるが、そのような場合も同様に、石灰・苦土・カリが五：二：一の数値以下になるまで、不足養分だけの施肥を続けていけばよい。

(4) 高pHのときどうするか

●高pHの原因を知る

pHというのは、石灰・苦土・カリなどの養分の総量によって決まってくる数値で、「pHが高い」というのは、土壌

中の養分量が土のCECに対して多いということを意味している。そして、重要なことは、「pHが高い」といっても、その要因はさまざまだということ。石灰が多いために高い場合もあれば、カリや苦土が多いためにpHが高いこともある。さらには、石灰・苦土・カリのすべてが適正値より高いためにpHが高くなることもある。だから、pHが高いときの対策も一律ではない、ということだ。

また、「高pH」というとき、何と比較して高いのか、ということをきちんと把握しておくことが大切だ。一般には、つくっている作物の最適pHよりもpH値が高いことをいっているはずだが、その最適pHというのは第3章「最適pHの落とし穴」でも紹介したとおり、養分がその作物に対して適切なバランスであれば、結果として適当な範囲のpHの値（最適pH）に収まってくれる。逆にいうと、最適pHの値をとっているからといって、養分の量やバランスが適切であるとは限らないのである。

●pHは養分とペアで見る

以上のことから、高pHのときの処方箋が見えてくる。結局、高pHというのは、土壌中の養分が多すぎることが原因しているのであるから、その処方箋は、「（3）肥料成分バランスが悪いときどうするか」と同じと考えてよい。つまり、過剰な養分は施さず、不足している養分だけその適正量まで施す、ということになる。過剰な養分は作物に吸ってもらい、不足分は肥料として施して吸ってもらう。そのようにすることで、土壌中の養分の量・バランスが整えられれば、おのずとpHは適切な範囲に収まることになる。pHを考えるときは、必ず養分とペアで考えることがポイントなのだ。

そして、施用する肥料はpHを考えて選ぶことだ。たとえば、苦土は少ないのだが、カリが多すぎるために高pHになっているような場合がある。このようなときには、pHの高い苦土肥料は使わない。苦土肥料にも何種類かあり、水マグ（水酸化マグネシウム）は水に溶けるとアルカリ性を示すのに対して、硫酸苦土（硫酸マグネシウム）は中性または酸性を示す。どちらを使うかということになれば、酸性の硫酸苦土ということになる。つまり、高pHのときの肥料の選択は、アルカリ性の肥料ではなく、中性か酸性のものを選ぶようにすることだ。

（5）低pHのときどうするか

●不足している養分を施肥

では「pHが低い」ときはどうするか。考え方は「pHが高い」ときと同じでよい。まず低pHの原因をつかむことだ。基本的には「pHが低い」ということは、土壌中の養分量が土のCECに対して少ないわけだから、不足している養分を施用すればよい。土壌中の養分の量・バランスが整えられれば、おのずとpHは適切な値に落ち着いてくれる。

●「土壌改良は石灰で」という誤り

問題は、pHが低いと何でも「酸性（土壌）改良は石灰で」という一連の流れがいまだにあることだ。このような考え方が、土壌改良即石灰の投入という安易なやり方を助長し、ミネラルバランスを崩しているように思える。

　第3章で紹介したように、pHというのは化学性の一局面であって、そのpHはさまざまな養分相互の関係のなかで決まってくる。先にpHの値があるのではなく、養分の量やバランスの結果としてpHが決まってくる。だから、pHの改善は養分の施用量を決める施肥設計で行なうべきことがらなのだ。

　分析データが、石灰が不足していることを示していれば石灰の不足分を施肥すればよいし、石灰だけでなく苦土も不足しているのなら石灰と苦土を適正量施肥すればよい。

　「酸性（土壌）改良は石灰で」という画一的な処方箋では、土の状態はけっしてよくはならない。

第6章

有機栽培の作目別施肥設計とその実際

イネ

(1) 施肥設計の前提

● 根傷みさせないことが第一

イナ作では、本田で根傷みしない状態を施肥設計の前につくり上げることがポイントだ。根傷みの原因は、土中にスキ込まれた未分解のワラにある。これが土の中を還元状態にして、硫化水素などのガスを発生させ、根傷みを招いてしまうのだ。そこで、水田に水を張っても根の活力が低下しないように、秋のうちにワラを分解しておかなければならない。

一〇a分のワラの分解に必要なチッソ量は、だいたい三kgから多くて四kgくらい。発酵鶏ふんで一〇〇～一五〇kg、米ヌカで一〇〇～一五〇kgほどになる。ワラの残る水田にまいて、およそ一〇cmくらいの深さで耕うんする。

ワラの分解には地温一八度はほしいので、気温の高い秋のうちにやっておきたい作業だ。なおpHが低すぎるとワラの分解が進まなくなる。pHが五・五以下なら発酵鶏ふんや米ヌカといっしょに石灰もまいて、pHを五・五以上に上げておくことが必要だ。なお、湿田の場合は、これらといっしょに乳酸菌や酵母や嫌気性セルロース分解菌を散布する（菌の培養については第3章 表3-2、第7章 二五四ページ参照）。

ワラ処理をすませた後、イネの生理にあわせた施肥設計をする。このような処理を行なうことで、イネは白い根を伸ばしながら健全な生育をするようになる。このような理由から、私たちの有機栽培のイナ作は「白い根イナ作」と呼ばれている。

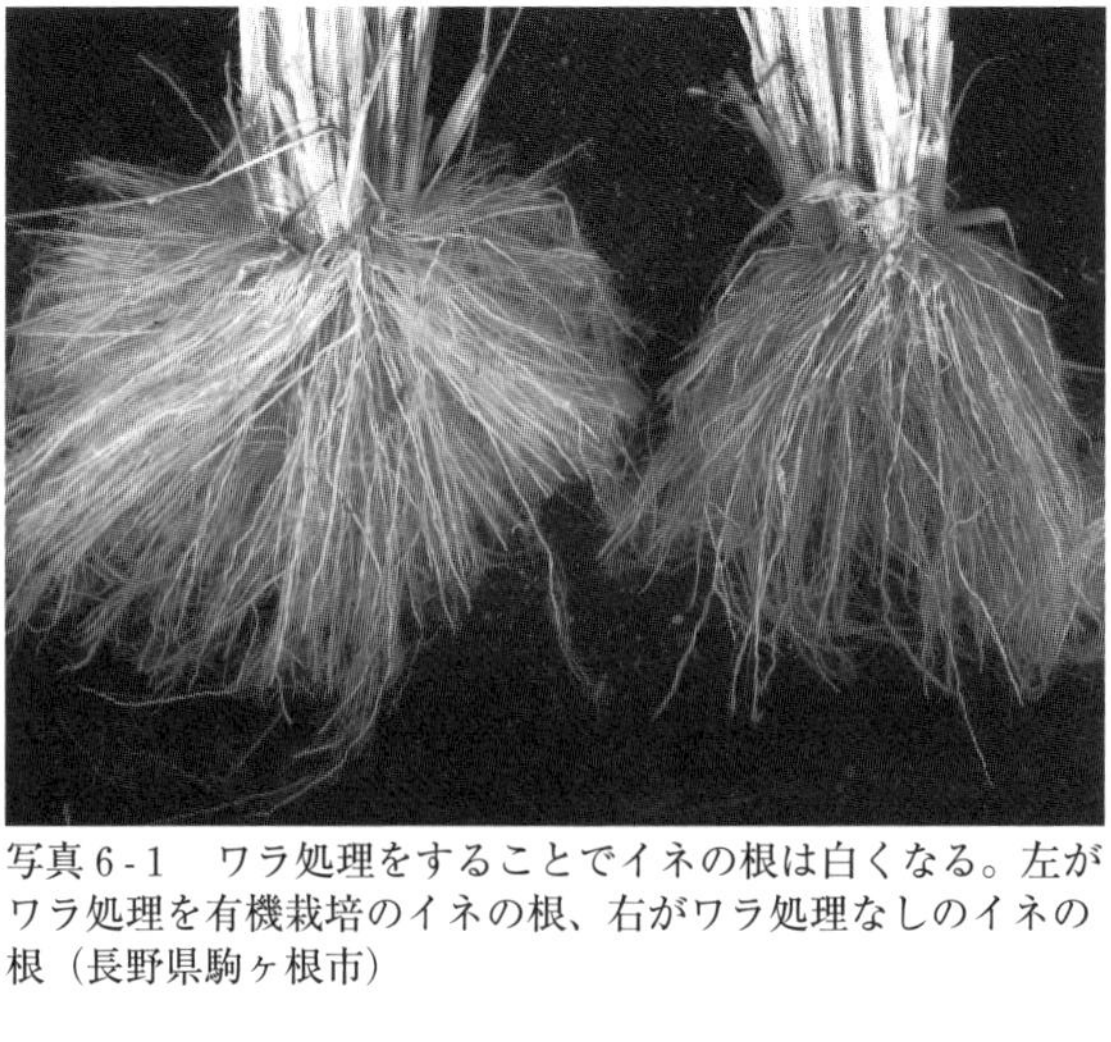

写真6-1　ワラ処理をすることでイネの根は白くなる。左がワラ処理を有機栽培のイネの根、右がワラ処理なしのイネの根（長野県駒ヶ根市）

郵便はがき

3350022

おそれいります が切手をはって お出し下さい

（受取人）
埼玉県戸田市上戸田
2丁目2－2

農文協
読者カード係 行

◎ このカードは当会の今後の刊行計画及び、新刊等の案内に役だたせていただきたいと思います。　はじめての方は○印を（　）

ご住所　（〒　－　） TEL： FAX：	
お名前　男・女　歳	
E-mail：	
ご職業　公務員・会社員・自営業・自由業・主婦・農漁業・教職員（大学・短大・高校・中学・小学・他）研究生・学生・団体職員・その他（　）	
お勤め先・学校名	日頃ご覧の新聞・雑誌名

※この葉書にお書きいただいた個人情報は、新刊案内や見本誌送付、ご注文品の配送、確認等の連絡のために使用し、その目的以外での利用はいたしません。

- ご感想をインターネット等で紹介させていただく場合がございます。ご了承下さい。
- 送料無料・農文協以外の書籍も注文できる会員制通販書店「田舎の本屋さん」入会募集中！ 案内進呈します。　希望□

■毎月抽選で10名様に見本誌を1冊進呈■（ご希望の雑誌名ひとつに○を）

①現代農業　②季刊 地 域　③うかたま

お客様コード | | | | | | | | | | |

お買上げの本

■ ご購入いただいた書店（　　　　　　書店）

●本書についてご感想など

●今後の出版物についてのご希望など

この本をお求めの動機	広告を見て（紙・誌名）	書店で見て	書評を見て（紙・誌名）	インターネットを見て	知人・先生のすすめで	図書館で見て

◇ 新規注文書 ◇　　郵送ご希望の場合、送料をご負担いただきます。

購入希望の図書がありましたら、下記へご記入下さい。お支払いはCVS・郵便振替でお願いします。

（書名）	（定価）¥	（部数）　部
（書名）	（定価）¥	（部数）　部

●生育前半、分けつをとりながら根を伸ばす

イネの生育は、まず根を伸ばし、その後、分けつをふやして横に生長し、さらに、草丈を伸ばして縦に伸びるという特徴をもっている。生育初期は気温が低く、イネは分けつをとりながら草丈をゆっくり伸ばす。このときイネは、光合成養分を送り込んで根を盛んに伸ばす。気温が上がってくると上方向に急に伸びはじめ、幼穂がつくられる。このようにイネは気候にあわせた生理をもっている。

根や分けつの細胞をつくっている物質はタンパク質で、タンパク質はアミノ酸が原料である。まだ気温が低く葉面積も小さい生育初期は、イネは光合成が十分行なえず、アミノ酸やタンパク質の合成も少ない。だからこの時期、アミノ酸肥料を十分吸わせて、根をぐんと伸ばしたい。根を伸ばしてイネの養分吸収範囲を広げておくことが、後半の米づくりの土台となるのだ。

●前半の根張りをもとに充実した穂をつくる

そして上方向に伸びる時期になるとイネは盛んに水を吸い上げる。毛根も出してミネラルなどの多様な養分を吸収し始める。根張りがよく、養分の吸収範囲が広いほど、ミネラルなどの多様な養分を吸うことができる。苦土も吸収されるので、葉緑素のしっかりした葉がどんどんできるようになり、炭水化物の生産量も飛躍的に高まる。

そして、幼穂ができると、今度は葉から幼穂に向けて炭水化物やアミノ酸が移動し、葉からチッソが抜けるかたちになる。光合成を維持して十分な炭水化物を穂に送るためにも、葉の葉緑素を維持する必要がある。このときにアミノ酸肥料が十分あればタンパク質の合成も盛んになり、幼穂の生長を促してモミ数の多い充実した穂をつくることができる。このように葉緑素の維持と幼穂の生長のための肥料が穂肥だ。この穂肥にアミノ酸肥料を使うことで、アミノ酸の炭水化物部分が登熟をあと押しし、天候不順のときには光合成を補うことになるので、安定した米づくりができる。

(2) イネに必要な肥料とは

●水の中で腐敗しないアミノ酸肥料

イネが吸収するアミノ酸肥料は、土壌中に薄く溶けて広がっていくような水溶性の肥料が必要だ。というのも、溶け方が遅くては、アミノ酸肥料表面の肥料濃度が高くなって根傷みすることがあるからだ。初期にしっかりとした分けつをとるためには光合成産物が

必要で、元肥のアミノ酸肥料はその光合成産物をイネに供給してくれる。ところが、肝心の根が濃度障害で傷んでいてはアミノ酸肥料が吸収できない。

元肥にしろ穂肥にしろ、イネつくりで重要なことは、施肥されたアミノ酸肥料は水の中の嫌気条件下にあるということだ。このため、嫌気条件下でも腐敗しないような菌で発酵を進めた肥料を使うことが重要だ。この点、畑作物にはないポイントだ。

つまり、イナ作で使うアミノ酸肥料の条件は、水の中でも腐敗しない、水溶性のアミノ酸肥料ということになる。

●イナ作用のアミノ酸肥料のつくり方

イナ作用のアミノ酸肥料は次のように調製する。元肥も穂肥もつくり方は同じでよく、水の多いところでも腐敗しない酵母主体の発酵を行なうことがポイントだ。

まず、米ヌカに麹をぱらぱらと混ぜて（〇・五～二％くらい）五〇％前後の水分にして発酵させる。甘いにおいがしてきたら、微生物のエサ（糖分）ができたということだ。この発酵米ヌカに有機質肥料（チッソを含んだ高タンパクのもの）を加える。たとえば魚粕なら、米ヌカ一に対して魚粕は最大三くらいの割合で混ぜる。これに酵母菌を含んだもの（生の酒粕など）を混ぜる。分量は材料の二～三％くらい。火入れ前の生の酒粕には酒精酵母という嫌気条件の中で活躍してきた酵母がふんだんにある。この酵母の力を借りて、水田の中でも腐敗しないアミノ酸肥料をつくるのだ。

さて、発酵米ヌカと魚粕、それに酒粕を加えたら、水分六〇％で密封、光に当てないようにして三カ月ほど寝かせれば、イナ作用のアミノ酸肥料のできあがりだ。密封に黒いビニル袋を使うときには、袋の口に掃除機の吸引口を入れて中の空気を吸い出しておく。ポリタンクを使う場合には、材料を満タンにして表面から空気が入らないようにフタをする。このように酵母を加えて密封することで、嫌気的な条件をつくり、そこで酵母による発酵を進めてアミノ酸肥料をつくるのだ。

発酵を進めるときの温度は一五～二五℃で、味噌づくり・酒づくりの温度より少し高めの温度設定にする。密封して二～三カ月が目安だが、たとえば二月初めに仕込めば五月初めにはできあがるので、元肥として散布すればよい。また穂肥には施肥時期まで密封しておいたものをそのまま使えばよい。

(3) 施肥の実際

●元肥と穂肥の考え方と実際

幼穂形成期になると、穂の生長や葉の葉緑素維持のためにもチッソが必要になる。このようなイネの栄養状態を元肥だけで実現するには、何度かの経験が必要になる。施肥の基本は、株づくりの元肥と、葉緑素維持のための穂肥の二つに分けて考えるのがわかりやすい。

施肥量は品種や地域で異なるが、ＣＥＣ一五の土であれば、元肥チッソは暖地の四～六kgから寒地の七kg、穂肥は暖地で一・五～二・五kg（二～三回に分施）から寒地で一・五～二kgというところを目安に考えればよい。

肥料のＣ／Ｎ比は六～七程度と、ふつうのアミノ酸肥料の八～一〇に比べるとチッソが多い。これはイネの生育期間が夏にあたり、温度と日照が確保でき、炭水化物生産が十分行なえるので、チッソを多くしている。なお、このような有機栽培を三年続けると、ワラのセンイが炭水化物として吸われるようになるので、施肥チッソ量を一〇～二〇％ほど、ふやすことができる。そのため、高品質を維持したまま、収量を高めることができる。

また葉緑素の維持に苦土は必須の要素なので、元肥には必ず苦土を入れる。ＣＥＣが一〇以下のやせ田では、苦土の追肥も検討する。このときの苦土は、イオウを含まない苦土を使う。硫酸苦土は水の張られた田んぼでは還元条件であるために、硫化水素の原因になってしまうこともある。ただし、硫化水素の発生がなく、根の伸びが悪いときはイオウ不足が考えられるので、このようなときは硫酸苦土の併用も考えたい。

●ミネラル肥料の施用

ミネラル肥料で重要なのは苦土と石灰。

元肥にく溶性の苦土（硫酸根を含まない苦土）を施用するが、これは葉緑素への苦土の補給と硫化水素の発生を抑えるためだ。

石灰もポイントの一つ。イネはよくケイ酸植物といわれるが、実は根づくりには石灰が深く関係している。根をつくるたくさんの細胞を接着するためにはペクチン酸カルシウムが必要で、石灰はその物質の主要成分だ。石灰をきちんと施肥のなかに位置づけて、元肥に入れることが大切なのだ。ただし、秋の土壌分析で、石灰の値が適正肥料成分量の下限値の二分の一以下であれば、秋のうちに石灰を施さなければならない。石灰は溶けにくいので、春の元肥散布時に全量を施しても、そのすべてを効かせることはできないからだ。

下限値の二分の一より多ければ春の施用分だけで十分効かせることができる。たとえば、CEC二〇、pH六・五のときの石灰の必要量は二八一mg／一〇〇gだが、土壌分析で一四〇以下なら秋のうちに石灰を施しておくようにする。

(4) よくある失敗

●元肥の肥効の遅れに注意

イネの有機栽培で陥りやすい失敗について紹介しておく。化成栽培から移行した場合などには、まったくイネの反応がちがって面食らうことも多いので注意していただきたい。

有機栽培では、有機質を発酵させたボカシ肥料やアミノ酸肥料を使う。肥料のつくり込みによって肥効は大きくちがってくるのだが、化成肥料に比べると明らかに肥効が遅れる。このことを前提として施肥設計をたてる。

元肥の肥効の遅れは、活着不良をもたらす。植えた苗の色が出ない、葉が伸びてこないといったことがおきる。すると光合成が十分できないために充実した分けつがとれず、初期茎数不足になる。あるいは、活着が遅れたために、遅れて出た分けつが穂にならなかったり（無効茎の増加、有効茎歩合の低下など）、たとえ穂になっても充実しない（モミ数減、登熟の低下）。また、初期肥効の遅れによって後半にチッソ肥効がずれて、食味や品質の低下をもたらす。結局、収量・品質の低下を招いてしまう。

肥効の遅れの原因はおもに、アミノ酸肥料のつくり込みの甘さ（発酵の不十分さ）にある。こういったボカシ肥料では、低地温＋湛水条件下での初期肥効を期待することは難しい。肥料の多くが水に溶けて広がっていくくらいにつくり込まれた、おもに酵母によって発酵させたボカシ肥料や水溶性のアミノ酸肥料を使いたい。

●アミノ酸肥料の肥効の特徴を知る

また、穂肥でも施肥時期が遅れてしまう失敗がよくある。要するに、使っている肥料がいつ頃から効き出すかということをつかんでいないことが失敗の原因だ。しかし、発酵の不十分なボカシ肥料や未発酵の有機肥料の肥効は想像以上に遅い。そのために、化成栽培から移行したような場合は、化成肥料とはまったく異なる、遅すぎる肥効に面食らう場面も多い。

田植え後、イネの緑は徐々に濃くなって、そのまますっと平らな肥効曲線を描くようにつくるのがコツだ。有機栽培では、生育中期に「V字」をかけて葉色を落とし、炭水化物蓄積を進める必要はない。アミノ酸肥料がもっている炭水化物が吸収されるために、葉色が落ちなくても炭水化物の蓄積が進むからだ。

穂肥は、幼穂形成期に効かせて、収穫期に向けて徐々に葉色を落としていくようにもっていきたい。ところが、このように葉色を維持するには、ふつうのボカシ肥料で出穂の五五日前頃にふらないといけない。すぐに水に溶けるように調製したアミノ酸肥料では、出穂の四〇～四五日前頃が施肥時期になる。肥料が効くまでに、ボカシ肥料で一〇日、アミノ酸肥料で五日程度である。この時間（日数）を計算に入れて施肥時期を決めなければならない。だから、有機栽培の場合は、イネの葉色を見て施肥するのではなく、肥料が効く時期、イネのステージを見定めて施肥しなくてはいけないのだ。

●未分解の肥料が招く失敗

有機栽培で陥りやすい失敗に、未分解の有機質肥料を使ってしまうことがある。湛水条件下で未分解の有機質肥料を使ったのでは、還元が進み、硫化水素ガスなどが発生して根傷みがおきる。そのため、チッソの吸収が遅れてしまい、倒伏や品質低下、病気などを招いてしまう。

同じようなことは上手に発酵を進めたボカシ肥料やアミノ酸肥料でもおきる。それは好気性の菌だけで発酵肥料をつくった場合だ。水の中では、好気性の菌は生きつづけることができず、嫌気的な菌が有機物にとりつく。それまでは好気性菌の固まりだった肥料が、急激に嫌気性菌にとってかわられる。こうなると、さまざまな有害物質がつくられて、多くの場合は腐敗の方向に進んでしまう。その結果は、先の未分解の有機質肥料と同じだ。異常発酵による根傷み、そして肥料の遅効きによる倒伏や品質低下を招き、イモチ病にかかりやすい体質になってしまう。

イナ作に使う肥料は、初期から肥効があり、水田という嫌気状態にあったアミノ酸肥料でなければならない。目的と状況にあったアミノ酸肥料の調製が大切なのだ。

事例❶　イネ

米づくりは秋にスタート、ものの見事に真っ平らな生育

（執筆）山形県遊佐町・尾形修一郎

思い込みの有機農法だった

イナ作農家にとって、安定多収は経営的にも非常に大切な要素であることは誰しもが認めるところです。よく生

尾形修一郎さんと奥さん

産コストの話がされますが、減収がいちばんコストに跳ね返ります。したがって収量を安定させることは経営上、もっとも大切な技術になります。そのため私は分施によるムラ直しなど、イネを平らに栽培する努力をずっとしてきました。おかげで収量は地域の平均反収より一俵以上も余計にとることができていました。ササニシキを四haで五一〇俵収穫したこともあります。ただ、その収量は化学肥料と農薬の使用で成り立っていたものです。しかしある消費者との出会いがきっかけで、化学肥料や農薬に頼らない米つくりを目指し、できた米は自ら販売しようと思い立ち、有機栽培に取り組んで一〇年ほどが経ちました。

そうしたとき小祝氏を講師に迎えた「ガスわき防止による米作り」という研修会に参加して驚きました。自分なりに苦労して体系化した有機栽培が何ら裏づけのない思い込みの方法だったことがわかったからです。有機栽培を始めた当初は肉牛を飼っていたので、イナワラを牛に与え、その牛から堆肥を得て田んぼに返すという循環型の農業を行なっていました。これでいい、これ以上のものないだろう、と考えてやっていたものです。堆肥は堆肥で、つくり方なんかとくに気にもせず、たとえば六〇度の発酵温度を維持し続けると有効菌をたくさん含んだいい堆肥になる、といったことなど知りもしません。しかしそうではない、科学的な考え方があるんだということを知って驚いたわけです。

秋のワラ処理だけで生育が平らに

また、小祝氏は「米作りのスタートは収穫が終わった直後である」といいます。イナ作は春にスタートするものだと思っていた私にはこれも大きな驚きでした。しかし、実際に秋にワラの上に発酵鶏ふんをまいて、翌年その田んぼでイネをつくって驚きました。このやり方を実践したら、ムラ直しなどしないでもイネの生育が真っ平らにできたからです。

また、ふつうなら六月上旬からわき始めてドブのようなにおいのする田んぼも、ほとんどわいてきません。ワラが発酵鶏ふんで分解したためにガスわきが減り、そのために根が健康で深く張り、イネの体を丈夫にしているように思います。以前はコンバインの収穫のときにイネが株ごと抜けてくることがありましたが、今はそのようなことはありません。根張りが確実によくなっているからでしょう。

イネの姿にしても、以前は梅雨のムシムシするようなときは病気がつかないか心配でしたが、今はシャッキッとして、見ていて気持ちよく感じられます。

低pHを改善して秋落ちを回避

鳥海山の裾野に位置する当地は鉄分が多く、赤い酸化鉄となってイネの根に付着し、栄養分が吸収できず、秋落ちの原因となっていました。しかしどうしたらよいか、その対処方法もわからず諦めていました。

今はそれにも対応できるようになりました。根が赤くなるのは、田んぼのpHが低いために酸化鉄が溶け出し、それが根の表面に付着して、養分の吸収を阻害していたのです。そこで、ドクターソイルで土壌分析をして、不足している石灰や苦土の量を施肥設計ソフトで求め、さらにpHが六・四〜六・五くらいになるよう調整します。これによって、真っ白とまではいきませんがかなり白い根になります。秋落ちも回避できるようになり、有機無農薬でコシヒカリとひとめぼれで八俵半から九俵ほどの収量をあげることができています。

石灰と苦土だけで元肥出発

現在は、秋のワラ処理に「サケパワー」というサケの身に米ヌカを加えて発酵させた有機質肥料（六―五―三）を七五kg施用して、なかなかよい成果を上げています。

また五とか五・二と低かったpHや石灰や苦土の不足（苦土は極端に少なかった）状態がだんだん改善されてきています。おかげで当初二〇〇kg入れていた石灰資材も、いまでは一二〇kgくらいに減らしても大丈夫になってきました。

元肥は石灰と苦土だけで出発しています。力のない田んぼでは有機質肥料を一五kgほど追加しますが、あとは七月に追肥を二〇kgほどやるだけですんでしまいます。

私の田んぼの隣で二〇haほど耕作している方も、秋にワラ処理を一緒に始めてからは、すべての水田が真っ平らに生育して収量品質ともに安定しております。

この方法を取り入れて四回の作付けを経験しましたが、イネをつくる楽しみがますます増してきたことを実感しています。

果菜類

(1) 施肥設計の前提

●体を大きくしてから実をつける

果菜類の特徴は、栄養生長と生殖生長が同時に並行して進む作物だということである。花が着くと茎葉の生育がにぶるので、チッソの追肥をして生育を維持する。しかし、この追肥が多すぎると生育が旺盛になりすぎて、今度は花が着かなかったりする。果菜類はとくに、チッソと炭水化物のバランスのとり方が課題になる。このバランスを安定させるためには、「体をある程度大きくして、炭水化物をつくる葉面積をふやしてから実をつける」ことが原則になる。そうでないと、花と茎葉の生育の波が大きくなりすぎて、収量・品質が低下したり、病虫害にあいやすくなってしまう。

生育初期は葉面積が小さい。光を受ける面積が少なく、光合成による炭水化物生産も少ない。そのため、どうしても生育量が確保しにくく、そのままではいじけた生育になるし、追肥で対応したのでは生育の波をかえって大きくしてしまいがちだ。

そこで、初期生育を確保するための施肥設計が重要になる。生育量の確保は、光合成による炭水化物が基本となる。そこにチッソが加わってタンパク質が合成され、生育量が確保される。そこで、元肥にはC／N比の高い、しかも炭水化物量の多いアミノ酸肥料、しかも水溶性のものを初期に吸わせて肥効を高め、小さい葉面積をアミノ酸肥料の炭水化物部分で補ってやる。そうして初期にしっかりした体をつくりあげる。これが果菜類の栽培の基本だ。

●水を切らずに品質を高める

定植したときにあまり水をやりすぎると、チッソだけが先行して吸収され、栄養生長的になって花が着きにくくなる。このため果菜類では、水を若干控えめにすることが多い。とくにトマトでは糖度を高めようと、必要以上に「水を切る」ような栽培法が広がっていて、ミネラルの吸収を妨げ、樹を弱らせている。

しかし有機栽培でアミノ酸肥料を施

用するので、水を切るような管理をしなくても、花は着く。というのは、アミノ酸肥料は炭水化物部分をもったチッソという特徴をもっている。そのため、アミノ酸肥料を吸収することで、作物体内の炭水化物量が多くなり、力のあるかたちで生殖生長に移行し、花芽を着ける体勢を容易につくり上げることができる。つまり、有機栽培だと、樹を弱らせることなく花を着けること

表6-1　果菜の種類と養分の適正値（元肥、kg）

	石灰	苦土	カリ
基　本	227	41	31
ミニトマト	242	44	51
大玉トマト	242	44	31
キュウリ	242	44	41
ナス	242	49	53

表の数値はCEC13.5の土のばあい
CECが異なれば数値は変わる

ができるのである。これはトマトに限らず、他の果菜類にもいえる。

●収穫にあわせてチッソとミネラルを追肥する

花が咲き、実が大きくなってくると、タンパク質合成にチッソが使われるので、元肥のチッソ量が減ってくる。減りすぎないうちに確実に追肥しないと、チッソと炭水化物のバランスが崩れて、生育や収量が波打つことになる。チッソと同時にミネラル類も減るので、これもあわせて追肥しないといけない場合もある。

ミネラルの追肥に絡んだ失敗で多いのが石灰の追肥だ。「石灰は土壌改良材」という認識が強いせいか、元肥では施用しても、追肥ではやらないということが多い。そのため生育途中で石灰欠になり、トマトやピーマンの尻腐れやキュウリの腐れが出ることになる。石灰は生育になくてはならないもので、その吸収量も多い。追肥をしなければならない場面は意外に多いのだ。

また微量要素の追肥を忘れることも多い。土壌分析でマンガンや鉄が少なくなっていれば他の微量要素も減っているとみて間違いない。そんな場合は、マンガン、ホウ素、鉄の入った微量要素肥料に、海藻を原料とした肥料を施用しておくとよい。

果菜類は必要なチッソやミネラルを、収穫にあわせて施用し続けないといけない作物なのである。そのためには追肥の技術が基本になる。

●土の物理性の改善は必須条件

果菜類は養水分の吸収量が多いので、根の呼吸量が多くなる。そのため、根周りの通気性についてはとくに意識しなければならない。水はもちろん必要なので、保水性もまた兼ね備えた土つくりをしなくてはいけない。いい堆肥

をきちんと入れ、団粒構造をしっかりとつくることが何より大切になる。

粘土質の土壌では高うねにして排水性を高めるといった物理的な方法もある。砂壌土で高うねにしては乾燥しすぎてしまう。また、比重の軽いぱさぱさの土の場合は、鎮圧して毛管現象が途切れないようにして地下からの水の道を確保する必要がある。しかし、粘土質の土壌で鎮圧しては通気性が悪くなってしまう。物理性の改善は、土質など土の条件を見て方法を選ぶことが大切だ。

(2) 果菜類に必要な肥料とは

●水に溶けやすいアミノ酸肥料

チッソ分はアミノ酸肥料または、できるだけ発酵を進めたボカシ肥料、つまり水に溶けやすいものを使う。水溶性でないと吸わないし、次々に花が咲き、実を結ぶという果菜類の生育スピードに間にあわない。発酵が進んで醤油のような香り、味噌のような香りになってから、さらに、若干アンモニアのにおいがツンとするくらいのものを使うくらいがよい。

アミノ酸肥料は、基本的には水がなければ溶けないので、水が供給できる場所に肥料を置くようにする。かん水チューブの下に追肥したり、追肥してからかん水することだ。なお、追肥の判断は生長点の伸び方や葉色、葉の照り、節間の長さといった形態判断によって行なう。また屈折糖度計を利用する方法もある。

●ミネラル肥料

ミネラルについては、一カ月ごとに土壌分析をし、そのデータを元に適切な追肥をする。もちろん分析して減ってなければ追肥の必要はない。ＣＥＣが高い土だと養分の保有量が多いので、下限値まで減るのに時間がかかる。つまり、追肥の回数を減らすことができる。

なお、土壌分析を一カ月ごとにすることで、どの養分がどのくらい減るものなのか、という作物の特徴と自分の圃場の個性が見えてくるのも、土壌分析の効用である。

(3) ハウスでの有機栽培

果菜類では寒い季節にハウスなどの施設栽培も多い。このような栽培の課題は、地温が低いということと、光合成能力が低い、ということだ。

地温が低いということは、未熟な有機物を使った有機栽培では、肥料の効きが悪くなりやすいということだ。使う肥料が生に近ければ近いほど溶けにくくなるので、作物の生育は化成栽培

写真６-２　収穫したあとの節に花が咲き、実がとまったキュウリ（和歌山県粉河町）

に比べるとどうしても劣ることになる。加えて寒い時期にかかるので、気温が低く、日射量が少ない。そのため光合成の生産力は低くくなる。施設の有機栽培ではマイナスの要素が二つ重なることになる。そこで「有機っていうのは生育が悪く、収量も劣るものだ」ということになりかねない。

しかし、日射量が少ないのは化成栽培でも同じだが、分解の進んだボカシ肥料やアミノ酸肥料は、その炭水化物部分で光合成を補うことができるので、吸収するための条件が整えば、化成栽培以上の成果をあげることも可能だ。

そのようなことを実現するためには、①十分につくり込んだ水溶性のＣ／Ｎ比の高いアミノ酸肥料を使うこと、そして、②地温を高めるために温水をかん水すること、という二つの方策がポイントになる。

Ｃ／Ｎ比の高いアミノ酸肥料は炭水化物部分が多いので、作物に吸収されれば、光合成を補うことができる。そして、十分発酵を進めて水に溶けやすくすれば、作物も吸収しやすい。また、温水をかん水して、頭寒足熱の環境にしてやれば、地温が高まり、根の活性も高まる。その結果、ミネラルなどの肥料養分も吸収されるようになり、収量・品質が向上する。

温水かん水は、暖房でハウス内の温度を高めるより効果が高い。室内の暖房ではどうしても室温のほうが地温より高くなって地上部優先の育ちになる。ベッドが冷えたままでは根がじっとしているために水に溶けたチッソが優先して吸われることになり、ミネラルの吸収が抑えられる。地上部優先、チッソ優先の生育になって、病気が出やすくなってしまう。反対に、温水かん水では地温のほうが高くなって、根優先、ミネラル優先の健全な育ちになる。しかも、室内の暖房より温水かん水の方がコストも安い。

(4) 作目別の施肥設計

果菜の品目ごとの特徴について、考えておくべきことを列挙しておく。

〈トマト〉

トマトの根は地表から二〇㎝くらいまでに張る側根と地下深く張る直根とで構成されている。側根部分からチッソ肥料やミネラルが吸われ、直根からはおもに水だけが吸われる。一般に行なわれている糖度を上げるために水を切る栽培法では、この側根部分にあるチッソ肥料の吸収を、水を切ることで抑え、直根からの水だけで光合成を進めている。その結果、糖度が上がる。しかし、この栽培法では側根部分は水を切るので、ミネラルの吸収もチッソ同様抑えられてしまう。さらに、側根部分の土壌溶液の肥料濃度が高くなって根傷みをおこしている場合も少なくない。当然、樹勢も弱くなりがちで、収量は上がらず、病害にも弱くなる。果実も、水を切ったために糖度は上がるものの、ミネラルが十分ではないので栄養価は高くはない。樹勢を維持しようとかん水をするとトマトは栄養生長型に傾いて、酸味が増したり、空洞果が多くなったり、色が出ない、ということになってしまう。

このような化成栽培の水を切る栽培法に対して、有機栽培では水をしぼる程度にしている。いわば、水をやって糖度をあげる栽培法だ。側根部分に施肥するのは化成栽培と同じだが、炭水化物部分をもったアミノ酸肥料を施肥するため、トマトの光合成を補うことができる。このため、化成栽培のように水を切ってチッソ吸収を抑えなくても、吸収したチッソ分と炭水化物総量のバランスがとれ、果実の糖度をあげることができる。しかも、側根部分には水もあるので、ミネラルも十分に吸うことができる。その結果、果実も糖度が高くなると同時にミネラルなどの栄養価に富んだコクのあるものになる。もちろん、樹勢も維持されるので、収量も多く、病虫害の発生も抑えられる。

このような有機栽培の施肥は、チッソ分の少ない、C／N比の高いアミノ酸肥料を施すことがポイントになる。土壌中の水分のために、チッソが高い肥料ではチッソ成分がよけいに吸われ、栄養生長的になりやすい。さらに、炭水化物部分で光合成を補うには炭水化物の多い肥料の方が適している。このような理由で、C／N比の高いアミノ酸肥料が適していることになる。

元肥の量はチッソ成分で一五kg前後を目安にし、前作の後半の生育から圃場に残っている肥料分を見きわめて施肥量は決めていく。

ミネラル肥料では、カリを多くすると形状が悪くなったり、割れたりする。これはカリに水を動かす力があるためにおきる現象だ。施肥では、葉緑素を落とさない苦土と、皮をしっかりつくる石灰の施肥が忘れてはならないポイ

図6-1　トマト栽培のポイント

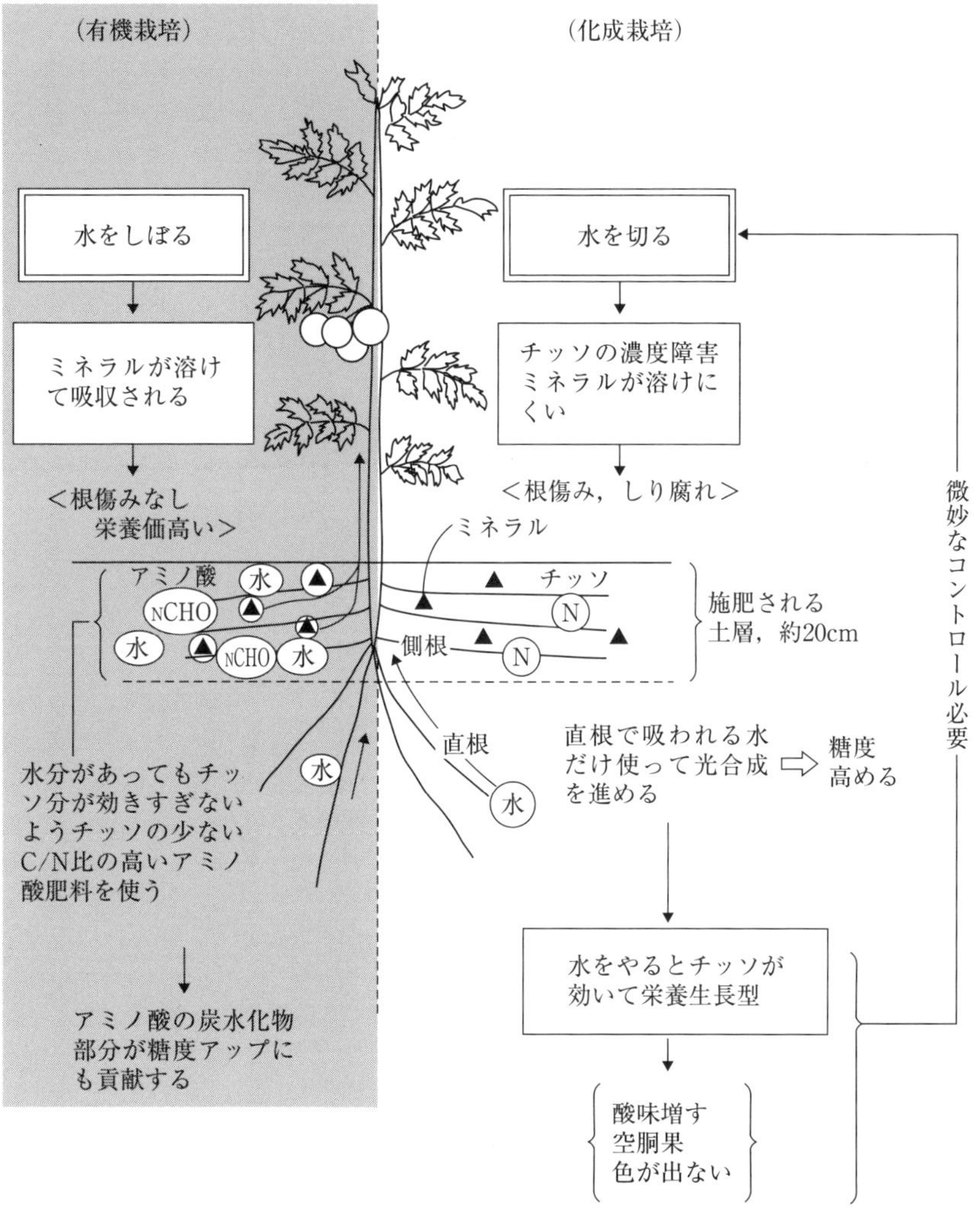

ント。苦土とカルシウムはしっかりやって、カリを控えめにする。このようにすると水をある程度多くしても樹が暴れるということがない。糖分をつくる炭水化物量に見あった水を毎日やっていくことによって糖度も上がっていく。きちんとかん水をすることで、他のミネラル類も吸えることになる。糖度を高めるためにに水を切るという必要性がなくなり、樹を健全に育てることにつながる。

〈ナス〉

ナスの特徴は、葉面積が大きく、光合成による炭水化物製造能力が高いということだ。そのため、生長速度が速く、吸肥力が高い。このことは、肥料を吸収するのに多くのエネルギーを使うということだから酸素を多く必要とする作物だといえる。そして同時に水をよく吸う作物でもある。酸素と水を同時に多量に必要とするという、相反することを同時に実現することが、ナスの収量・品質をあげるポイントになる。そのためには、水田で高うね（二〇～二五cm）による栽培を行なうことである。

まず、施肥するアミノ酸肥料は、ナスの葉面積が大きく光合成能力が高いことから、C／N比の低いものを使う。ナスは生長速度が速く、細胞という炭水化物の入れ物をたくさんつくって、それを収穫する。トマトのように、果実の中のタネの形成まで行なったものを収穫する場合は、炭水化物を蓄積させるという意味合いからC／N比の高い肥料を使うのだが、ナスではタネの形成まで果実を成熟させたら商品にならなくなってしまう。ナスはせっかく大きな光合成器官である葉をもっているのだから、その能力を生かして、チッソ肥料でつくるという考えでよい。

ナスの栽培でもっとも注意しなければならないことは、うね間の水位の管理だ。水田で高うねで栽培するのを前提にした場合、うね間にたまっていた水が乾くと根が下がってくる。そこで、「乾かしすぎた」とあわてて水を入れると、下に伸びた根が腐ってしまうのだ。だから、圃場に排水口を設けて、うね間の水位が一定以上に上がらないようにしておく。

このことからわかるように、ナスの栽培の場合、高うねとうね間の管理をきっちりと分けるとよい。高うね部分は元肥で、うね間の部分は追肥で対応する。

元肥は高うねに施用されることになる。苗を移植してから根がうね間部分に到達するまでに、耐病性をつけておく。放線菌と納豆菌（枯草菌）という土壌病原菌に強い菌で発酵させた良質堆肥を施用して根を守ることが大切だ。C／N比の低いアミノ酸肥料と耐病性を付加した良質堆肥を施用することがポイントになる。

追肥はうね間へ行なうことになる。ナスへ十分な水を供給するためにうね間には水がたまる。そのたまり水へ追肥することになる。追肥するものは有機質だから腐敗しやすい。腐敗した水が根の周りを満たしていたのでは、ナスの根は肥料を吸収できないし、病気になってしまう。収量・品質も上がらない。

そこで、このたまり水が腐り水にならないようにすることがきわめて重要になる。そこで、腐り水にしないため

図6-2　ナス栽培のポイント（水田転作畑のばあい）

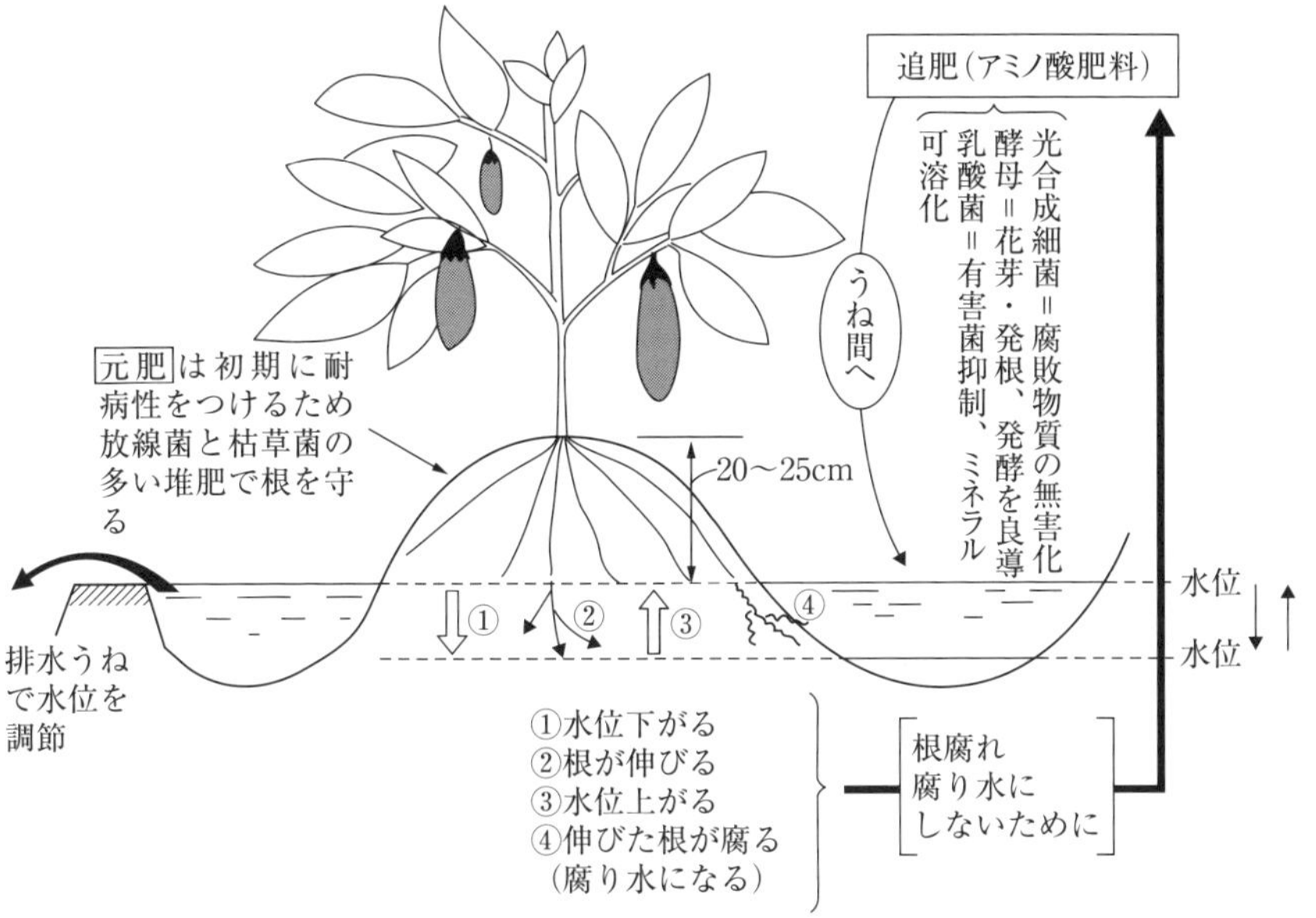

に乳酸菌、酵母、光合成細菌で発酵させたアミノ酸肥料を使うのだ。乳酸菌は乳酸をつくって有害菌を抑えてくれる。同時にpHを下げてミネラルを溶かし、ナスが吸収しやすいかたちにしてくれる。酵母はアミノ酸をつくる本体であると同時にホルモン様物質をつくって花芽の形成や発根を促す。また嫌気的な条件下でも腐敗ではなく、良好な発酵に導いてくれる。さらに光合成細菌は、腐敗物質を無害化する力をもっており、ナスの果皮の色をよくしてくれる。

ナスは生育期間も長く、収量も多いので、元肥はチッソ成分で二五kg、追肥は月に六～八kgを目安にして施肥設計を立てる。

ミネラル肥料については、ナスは収穫量が非常に多く、ナス自体の水の含有量も多い果菜なので、水をよく吸うようにカリを多めに設計する。石灰、苦土、カリの適切な比は五―二―一とされているが、苦土とカリを多めに設計する。とくにカリは三〇～四〇％多めに設計するようにする。ナスの柔らかさや食感もカリに由来している。

〈キュウリ〉

キュウリは生育が早く、光や水が不足すると果実に曲がりが生じやすい。品質のよい果実を生産するために、葉を厚く、小ぶりにつくるようにすることがポイントになる。このような葉の性能は、炭水化物量と関係している。炭水化物量が多いほど節間は短くなり、葉は小ぶりで、厚くなる。小ぶりで厚い葉ができれば、お互いの葉が陰になりにくいので光の利用率が高まり、葉が厚ければ受けた光の透過率を抑えて利用効率を高めることになる。炭水化物量と葉の性能は、お互いがお互いを高めあう関係にある。

生育の初期は葉面積が小さいので光合成による炭水化物生産量は少ない。これをどう高めていくかが、生育初期の栽培管理のポイントだ。そこでキュウリの元肥の施肥設計として、C／N比の高い、炭水化物部分の多いアミノ酸肥料を使って、葉の光合成を補ってやる。すると全体の炭水化物量が豊富になるので、節間の短い、小ぶりで厚い葉をもったキュウリの姿が実現し、品質のよい果実を生産することができるようになる。

元肥のチッソ量はトマトより多く、ナスより少ない。この元肥の量の差は、葉（葉面積）の大きさと比例すると考えてよい。キュウリの場合、チッソ成分量で一五～二〇kgを目安にするが、この量はナスより少なく、トマトより多い数字だ。葉面積の大きなナスは炭水化物生産量も多いのでチッソをある程度やってもバランスがとれる。トマトは葉面積が小さいからチッソを多くしては栄養生長型に傾いて品質のよい果実生産ができない。施肥量についていうと、キュウリはナスとトマトの中間ということだ。

施肥でとくに注意したいのが、追肥だ。キュウリは生育が早いため、品種にもよるが月に八～一〇kgのチッソ追肥が必要になる。一カ月に一回の土壌分析を行ない土壌中の肥料養分の動きを見るわけだが、一回の追肥に一〇kgでは量が多すぎて茎が伸びすぎてしまう。そこで五kg、五kgというように二回に分けて追肥をしたほうがよい。

ミネラル肥料との関連でいえば、キュウリは水が少ないとどうしても果実に曲がりが出やすくなる。そのため、水を動かす養分であるカリについてはきちっと施用してやることが大切だ。

またキュウリはネコブセンチュウやべと病といった病虫害におかされやすい。とくに土壌病虫害との関係でいえば、放線菌・納豆菌・酵母菌・乳酸菌などの多様な微生物で発酵させた良質堆肥を施用して、太陽熱消毒を行なったほうがよい。

〈イチゴ〉

イチゴの性質として、実をとっている間は根はあまり伸びない。そして実をとると根が伸びて、また実をつける。このような性質があるため、どうしても収穫の波が出やすい。いわゆる成り止まりと呼ばれている現象だ。この成り止まりをどう少なくしていくかで、収量が大きくちがってくる。

　ハウスイチゴは冬場、気温が低く、日照が短いときに生育する。そのため、どうしても地温が確保されず、また、光合成が低下してしまう。ハウスの温度を上げすぎては地上部ばかり旺盛になってしまい、根が追いつかない。これでは成り止まりは防げず、暖房費だけがかさむ結果となる。

　そこで、有機栽培では、元肥では、光合成を補う目的でC／N比の高いアミノ酸肥料を施し、さらに収穫開始頃から後半にかけて、C／N比の高いアミノ酸肥料をだんだん量を多くしながら三回くらい追肥するようにする。しかし、発酵を進めたボカシ肥料やアミノ酸肥料でも、地温が低ければ十分な効果は発揮できない。そこで、ハウスを暖めるぶんの重油で温水をつくり、それをかん水する。三〇℃の温水を二日に一回、一・五tかん水する。根が伸びだし、ミネラルも含めて肥料を吸って、成り止まりのない生育になる。この方法で、七〜八tの生産量を上げている事例もある。

事例❷ ナス

ミネラル追肥で顔が映るナスを増収

（執筆）奈良県五條市・亀田　嘉

根傷みで二〜三tしかとれない!

　私は水田転作でナスを一〇a栽培しています。定植は五月上旬、一〇a当たり七〇〇株の作付けです。通常は九〇〇株ほどですから、疎植といえると思います。収穫開始は六月十日頃、終了は十月三十日頃になります。

　以前から私は、有機資材は養分とミネラルの宝庫であるから、肥料としてはそれで十分だと考え、栽培しているナスについても、EM菌で発酵させた自作の乳酸発酵資材を軸に施肥設計を立ててきました。しかしこの資材の仕込みがなかなか安定しませんでした。仕上がりを香りで判断して、大丈夫と思ったものを穴肥として施用していたのですが、夏場のうね間かん水の時期や梅雨どきに腐敗臭を発するのです。このため根傷み症状を招き、虫害も発生していました。ナスの葉に茶色の斑点が出て、葉が落ちてしまう病気に悩まされ、収量は二〜三tと低迷していました。

　ちょうどこの頃、小祝氏の技術指導を受ける機会に恵まれ、この課題を解

亀田　嘉さん

消し、同時に収量を伸ばせる施肥設計に組み変えることができました。

以下は、その施肥改善の内容です。

堆肥を倍にして物理性を改善

根は、動物と同じように呼吸しながら、水と養分を吸収する性質をもっています。そこで厳冬期に、オガクスを素材とした完熟堆肥（オガクズの他にオカラ、薬草のしぼりかす、木炭を入れて発酵させた購入堆肥、成分は二―二―一）の投入量を前年の二倍にし、できるかぎり土壌の通気性と透水性を確保しました。同時に、前作で残っているイナワラに発酵ウズラふん三〇〇kgを散布して耕うんし、五月上旬の定植までに十分分解を進め、CECを高めるようにしました。

発酵肥料の改良で生物性を改善

「ナスは水で育つ」といわれるほど、梅雨明け以降の夏場は、うね間に十分なかん水が必要な作物です。かん水直後からうね間は還元状態になります。夏場の追肥は、この還元状態になっているうね間に行なうことになります。そのため、有機資材の発酵が中熟であっても（未熟であればもちろん）、有機物が腐敗しやすく、根を傷めることになります。前述のように私は発酵の進み具合を「香り」で判断して、これで大丈夫だろうと思って使っていたのですが、どうもそれがまだ初期発酵の段階だったのです。

そこで、その乳酸発酵資材の熟成期間を前年の五倍の半年間に延長し、資材のpHを四前後まで下げ、エサとなる生タンパク質に病原菌が繁殖できないように完熟させました。乳酸発酵の見極めはpHであり、pHが四前後に下がっていれば、たとえ中熟程度の発酵であっても、圃場が仮に還元状態であっても腐敗菌や病原菌は繁殖しにくくなることを知ったからです。

なお、pHが六前後と弱酸性になってしまった資材（EM菌による嫌気的な発酵を進めたのですが、仕込み段階の水分不足や、密封の弱さなどで好気的発酵になってしまったもの）は、堆肥と混合したうえで、うねの肩に施肥し、その後で散水することにしました。うね間へ施用したのでは、うね間かん水によって嫌気的な環境になり、腐敗菌や病原菌がとりつきやすいと判断したからです。

ミネラル追肥の大きな効果

マグネシウム（苦土）とカルシウム（石灰）は収量を伸ばすための施肥といえます。私が苦土や石灰を追肥したのは、このときが初めてでした。作の途中で追肥するなど考えたこともありませんでした。やはり有機資材をやっておけばその中にはミネラルも豊富にあって、それで十分だと思っていたからです。しかし、土壌分析をしてみると、畑にそもそもミネラルが少ないことがわかりました。また栽培中はナスに吸収されて、大きく変動している様子が見て取れました。早速この年は苦土を五回、石灰は三回追肥したのですが、もししていなかったら土壌中のミネラルは底をついていたかもしれません。

＜マグネシウムの効果＞

葉で光合成される炭水化物は、根や葉が活動するための燃料として、同時に代謝や体内養分の細胞化をすすめる酵素や免疫物質の原料として機能します。この光合成に必要なマグネシウムは、有機質資材に含まれる量では不足し、この能力を十分に発揮させることができません。そこで、入梅中期以降、水溶性の硫酸マグネシウムを繰り返し施肥しました。結果として、うどんこ病などの病気やアブラムシの害が微発生にとどまり、収量が爆発的に伸びました。

色艶もよくなりました。ナスは手でもったときにしっとりと手に収まる感触のあるものですが、以前はかさつく感じがしていました。それが八月中でもしっとりとして、それこそ顔が映る

ナスの施肥設計・収量の変化（奈良県五條市、700株／10a、5月上旬定植）

	元肥	追肥	収量
2001年	堆肥1000kg ＥＭ発酵有機質資材400kg 水酸化マグネシウム40kg 貝化石200kg	ＥＭ発酵有機質資材を２週間に１回、計４回、400kg	2.4トン
2002年	堆肥2000kg 水酸化マグネシウム80kg 貝化石200kg ＥＭ発酵有機資材200kg 草木灰100kg ウズラ発酵糞300kg モミガラ（60a分）	ＥＭ発酵有機質資材を２回計400kg 硫酸マグネシウムを２週間に１回、計５回、120kg 水溶性カルシウムを２週間に１回、計３回、120kg	6.5トン

＊無農薬・無化学肥料での栽培。現在の収量は約８t

ほどピカピカなのです。以前のナスが「おじいさんの手」なら、いまのナスは「赤ちゃんの手」といったほどの違いがあります。これもマグネシウムが効いて、炭水化物をたくさんつくることができたためにクチクラ層が発達したためかと思います。

＜カルシウムの効果＞

マグネシウムの追肥で炭水化物が増産されると根の吸収力が増し、葉や新芽、それに果実もよく肥大します。細胞をつくるうえで必要なカルシウムの要求度も高まります。そこで、マグネシウムの追肥と同様に、入梅中期以降に石灰の追肥を行ないました。

その結果、果実の尻腐れなどの病気がほとんど発生せず、以前から課題だった、かん水時期の根傷みによる病気の発生・進展もかなり回避できたと感じています。発酵肥料の改良も手伝ったのでしょう、収穫期の後半に多少の症状は出たものの、致命傷にならずにすみました。

このように栽培中期以降からミネラルの追肥を積極的にくり返した結果、収量がそれまでの二・四tから六・五tと三倍近くに増え、病虫害の発生も抑えられるようになりました。栽培初期からミネラルを追肥する現在は、七・五～八tの収量を上げるとともに高品質のナスを得ることができています。

＜カリの追肥も検討＞

前述したように、「ナスは水で育つ」作物なので最近はカリの追肥も始めました。カリは根の浸透圧を高め、水分の吸収力を高めるので、ナス栽培には必須のミネラルといえます。ただし、マグネシウムとは拮抗関係にあるので、必ず土壌分析を済ませてから追肥することが重要だと考えています。

根菜類

(1) 施肥設計の前提と肥料

●直根をすんなり伸ばす

根菜は最初に直根を伸ばす。直根は未分解の有機物にあたるとそこで裂根や股根になってしまい、商品価値がなくなる。根菜類に生のものは厳禁なのだ。生はネキリムシなど害虫をふやすことにもなる。

また、初期に肥料を多くやり過ぎてはいけない。肥料濃度が高いところに根が伸びていくと、根が濃度障害を受けたようになり、裂根や股根の原因になったり、表皮がとけたり腐ったりしてしまう。ゴボウやダイコンでは、元肥と土寄せ追肥を組み合わせるようにする。

直根を素直に伸ばすためには、きちんと発酵した堆肥を入れて、とくにチッソ系の肥料は施肥後、土となじませるための養生期間を設けてから播種することが大事だ。養生期間としては、地温は一八度以上、土に水分のある状態で三週間から四週間は必要だ。そのくらい前から土つくりをして畑の準備をしておかなければならない。養生期間をおくことで、肥料のチッソの濃い部分が拡散して均一に薄まっていく。さらに土壌病原菌などを抑える拮抗微生物の活動範囲を広げる期間にもなる。

●アミノ酸肥料のやり方

アミノ酸肥料のやり方は作物と季節によってちがってくる。

ゴボウは夏作物で葉面積が大きいので光合成による炭水化物生産が十分に行なえる。そのため、チッソの多いC／N比の低いアミノ酸肥料を使う。ダイコンやニンジンは作型によって使うアミノ酸肥料のC／N比を変えるとよい。基本的には収穫時期が暖かい時期ならC／N比の低いものを、寒い時期ならC／N比の高いものを施用する。暖かい時期はゴボウと同じ理由だが、寒い時期は気温も低く、日照も少ないので、炭水化物部分の多いアミノ酸肥料で少ない光合成を補ってやるという考え方だ。

たとえばニンジンは作型が多い作物だが、収穫時期によって春ニンジン、夏ニンジン、冬ニンジンとある。基本的には元肥だけの施肥だが、そのときのチッソ量は品種にもよるが、春ニンジン一二kg、夏ニンジン一〇kg、冬ニンジン一五kgというところだ。その理由を春ニンジンを基本に考えれば、夏ニンジンは気温の高い時期の生育なので根が十分張れる。そのため、土の広い範囲からチッソ分を集められるので、施肥量は少なくてよい。反対に冬ニンジンは気温が低い時期なので、根の伸びが悪く、チッソを多少濃くしないと必要とするチッソを吸収できないので、施肥量は多めにするということだ。

●ミネラル肥料のやり方

石灰、苦土、カリの量については、石灰は細胞を締める働きをするので暖かい時期に栽培する作型・作目ほどふやしてやり、苦土は葉数・葉面積に比例してふやすようにする。カリは細胞を肥大させるように働くので、暖かい時期になるほど減らしていく。石灰・

表6-2　根菜類の養分バランスの目安

	石灰	苦土	カリ	pH
（基本）	5	2	1	—
ゴボウ（夏）	5	2.5	1	6.5
ナガイモ（夏）	5	2.5	1.5	6.5
ニンジン（春・夏・冬）	5	2	0.7	6.5
ダイコン（春・夏・冬）	5	2	1	6.5

＊pHは全層にわたって安定して6.5を保ちたい
＊ニンジン・ダイコンの各作型については，季節の施肥量の変動を±20％とみておく。生育を締めたい夏は石灰を多く，逆にゆるめたい冬はカリを多くする，という対応をする

苦土とカリは拮抗作用の関係にあり、石灰・苦土をふやすことでカリを抑える効果もある。このような考え方は、ニンジンだけでなくダイコンでも応用できる。

●石灰追肥と保存性

ミネラルではとくに石灰が重要になる。石灰が収穫間際に不足すると、根菜の肌がきめ細かくならず、保存性も悪くなってしまう。というのは、根菜類は収穫後も呼吸を盛んに行なうために貯蔵した炭水化物を消費し、品質も低下する。

石灰を追肥することで、できたものも締まったものになり、呼吸量も少なくなるために保存性もよくなる。長期にわたって販売もできる。根菜は葉を切られ、根を切られた瞬間に、自分の養分を使って生きようとする。せっかく根に貯えた養分をどんどん消費してしまう。このときに石灰が効いていると、養分を消費する過程でつくられる有機酸を中和し、また、呼吸量の低下によって貯蔵養分の消費が減少するので、結果として保存性がよくなるのだ。

●苦土施肥の考え方

ゴボウとダイコン、ニンジンを比べると、葉面積が大きいゴボウがもっとも苦土の要求量が多い。場合によっては、苦土の追肥が必要なときもある。あと、香りを高めなければいけないという場合には、イオウ成分が必要になるので、このときは硫酸苦土を使う。元肥はく溶性の苦土でいい。

苦土資材の選び方は土壌pHによって変えるのが基本。pH六・七を境に、この数値より低ければ水酸化苦土を使い、高ければ硫酸苦土を使う。

また、苦土資材の選び方で香りや味・食感にちがいが生まれる。硫酸苦土（硫マグ）は作物特有の香りが強くなる。塩化マグネシウム（ニガリ）はセンイが強固になるので、スジっぽくなる。食用にはあまり適さないようにも思われるが、刺身のツマ用のダイコンでは、塩マグを使うことで形崩れの

しないものができる。また水マグは香りも強くなく万人向けともいえる。

●カリ施肥の考え方

カリはできるだけ減らしたい。カリによって水の吸収が高まると、割れがおきやすいからだ。このため、雨の多い年には、最後の追肥に水溶性の苦土と石灰を両方まく場合もある。拮抗作用を利用してカリの働きを抑えてしまうのである。

●微量要素とその効用

根菜では微量要素は切らせない。根の部分が裂けるのはホウ素欠乏の場合に多い。ダイコンのス入りも同じだ。このような異常が見られるようになったら元肥施用時にホウ砂を施用することだ。

また、鉄の不足は根の呼吸を妨げてしまい、根が深く張らなくなる。根菜類は直根をスーッと伸ばしたいのだが、それがむずかしくなってしまう。またマンガンも不足している圃場は多く、不足すると光合成の能力が落ちたりするなど、多くの弊害があるので、注意する（微量要素の役割については第４章を参照）。

(2)　作物別の施肥設計

〈ゴボウ〉

ゴボウやナガイモなど長尺ものを栽培するとき、ポイントとなるのが土壌下層のpHだ。畑の下層土は酸性土壌であることが多く、そこに根を伸ばしていく作物にとっては過酷な環境といえる。そこで、トレンチャーをかけるときに下層土に石灰が入るようにして、過酷なpH条件を緩和してやる。目安は、植穴下までpHが六・五になるように調整する。

下層土のpH調整の資材としては、水溶性の石灰（焼いた貝殻の資材がよい、炭カル・消石灰でも可）を使う。水溶性の石灰は吸収がよいというだけでなく、土壌病原菌を溶かす作用もある。

図6-3　根菜（ゴボウ）栽培のポイント

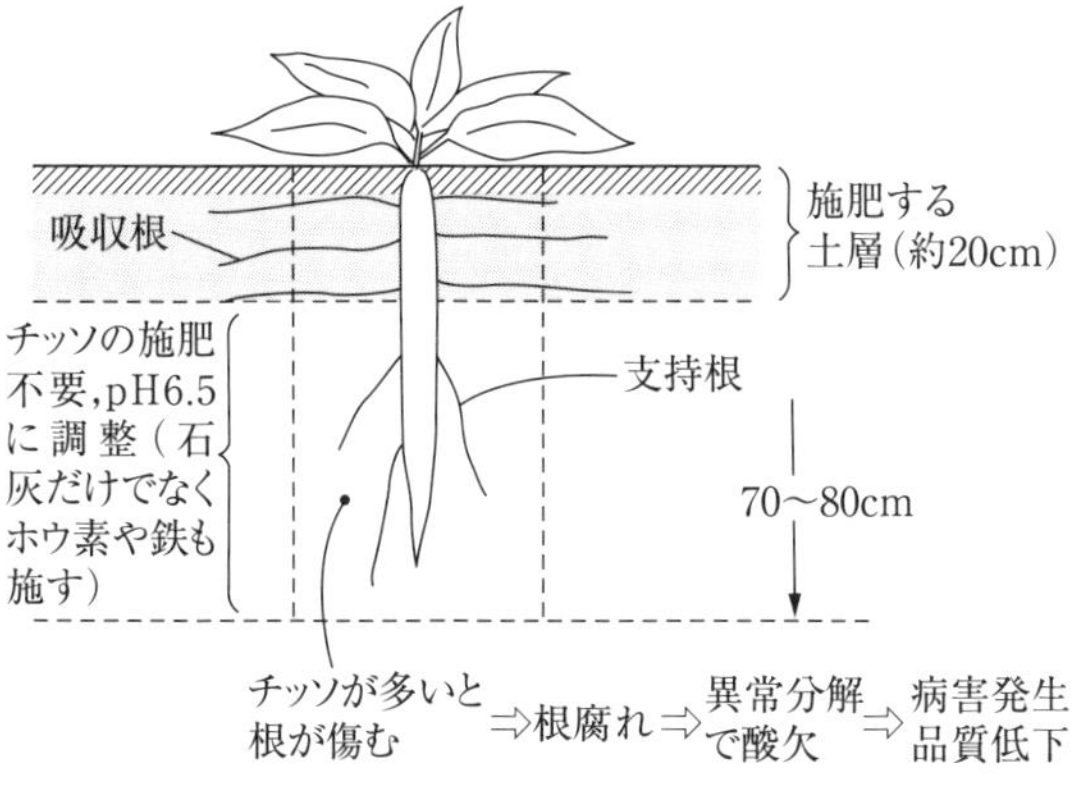

さらに、下層土へ石灰を入れるときには同時に微量要素のホウ素や鉄も施用したい。ホウ素は割れを、鉄は根腐れを防いでくれる。また海藻肥料を施すことで、含まれているアルギニンが、酸素が少ない環境のなかでも根を伸ばす働きをしてくれる。

　施肥設計は、地表から二〇～二五cmくらいの吸収根のある土に対して行なう。吸収根の下の下層土はpHが安定していればいい。このようにするのはゴボウやナガイモなど長尺ものだけの特別な設計だ。

〈ナガイモ〉

　ナガイモの栽培でも、ゴボウと同様、下層土のpHを安定させることが大きなポイントになる。ただ、イモの部分にたくさんの炭水化物を貯めこむ点にちがいがある。このことを念頭に施肥設計を組み立てる。

　イモは炭水化物の貯蔵庫なので、地上部で旺盛な光合成による炭水化物生産が行なわれないといけない。そのためには光合成の中核物質である苦土の不足は致命的となるので、切らさないようにしなければならない。そして後半は葉緑素維持とナガイモ中のネバリ成分を高めるためのチッソの追肥が二回くらいは必要になる。また、光合成によってつくられた炭水化物をイモにどんどん貯めこんでいくことになるので、デンプンの転流を促すためのカリも必要になってくる。

　なお、使うアミノ酸肥料は、C／N比が低いとイモは水っぽくなり、高いとネバリと甘味が強くなる傾向がある。

　ナガイモ栽培のポイントは、前半は苦土と石灰を効かせた、光合成能力の高い葉づくり、後半はチッソとカリを効かせてイモの品質を高め、デンプンを蓄積する、というつくり方になる。

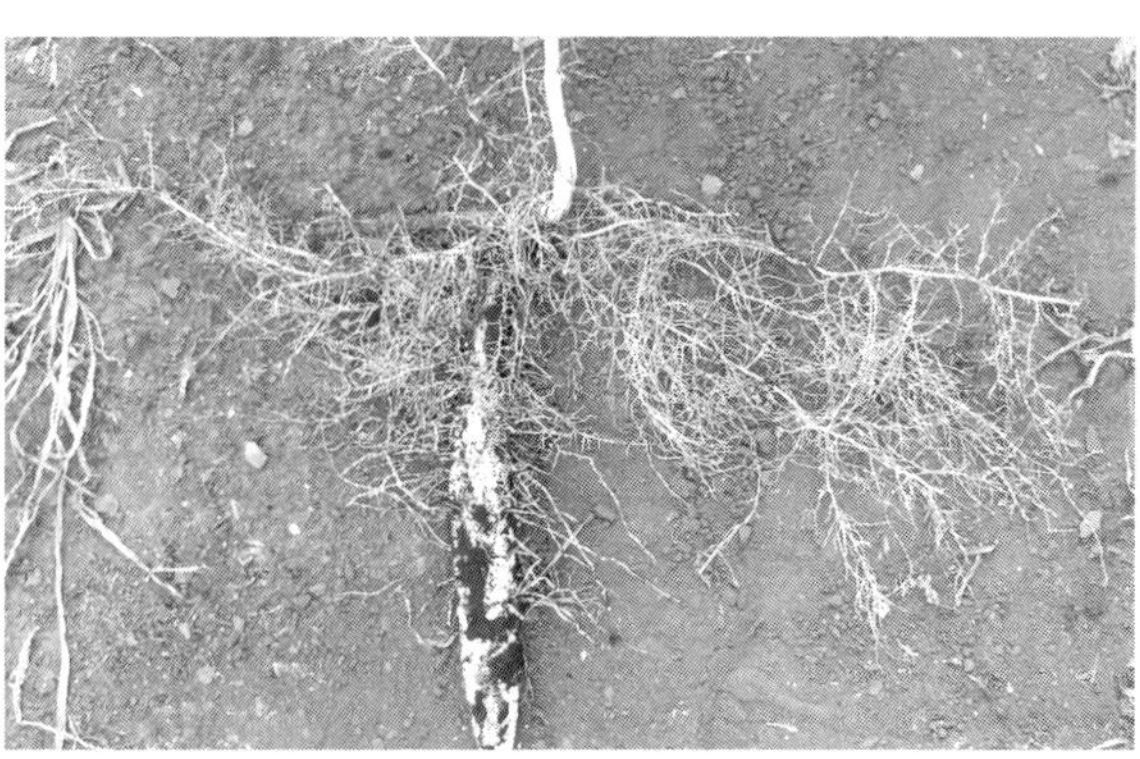
写真6-3　生育中のナガイモの根。吸収根が上部に拡がっているのがわかる（青森県軽米町）

前半の石灰は葉の表皮を硬くして病原菌の侵入を防ぐ働きが強いことが知られている。葉から侵入する病原菌はポリガラクチュロナーゼという細胞壁分解酵素をもっているのだが、カルシウムが多いとこの酵素が働きにくくなるからだ。またカリを後半効かせるために、追肥でカリを多めにすることがポイントになる。

事例❸ ニンジン

クズが減り、揃いがよくなってきた

（執筆）千葉県栗源町・宮城清司

割れやシミ、不揃いは仕方ない…

　私は堆肥中心の有機栽培でニンジンをつくって、一二年ほどになります。

　当初は豚ぷん堆肥にモミガラを混ぜたものを一〇aに三t施し、これにオール八の化成肥料を、六袋とか八袋入れていました。これらの量はかなり大まかだったし、石灰などもネギは石灰をよく吸うというので、消石灰をやる程度でした。

　その後、本格的な有機栽培に切り替えてからも、同じ堆肥を同じように投入してきましたが、石灰や苦土は入れてはいませんでした。とにかく、堆肥を入れておけば土は肥えるもの、使用している堆肥やボカシ肥は天然由来のものだから、土の中の養分バランスはとれている、と思っていたのです。

　当時は、ニンジンに割れやシミ、不揃いが多かったのですが、堆肥はしっかり入れていてこの品質なのだから、仕方のないことだと思っていました。

完熟堆肥を量少なく施す

　しかし堆肥を入れていれば土壌の養分のバランスはとれているものとばかり思っていたのが、実際に測ってみるとカリ過剰（一四〇もありました）・苦土欠の状態でした。pHも五・〇と低かったのです。堆肥は完熟していないし、石灰や苦土も入れていなかったのですから、不思議ではないかもしれません。

　現在は、豚ぷん堆肥にオカラや米ヌカを混ぜ、自分のところの堆肥盤で切返しながら、ニンジン用で半年、ネギ用でも三～四カ月ほど熟成させたサラ

宮城清司さん

サラの堆肥を使っています。ニンジンでは一〇a一～一・五t、これまでの半分から三分の一に減らして施しています。そのせいか、一四〇あったカリは現在六〇程度にまで下がり、苦土や石灰の調整によってpHも五・〇から六前後に上がってきています。

有機栽培で初期肥効を高める

ニンジンは初期生育が大切で、本葉七～八枚のころに旺盛な生育にしておかないとよい成果は得られません。これまでは有機肥料イコール緩効性肥料というイメージが強く、春先の地温や日照がまだ十分でない時期にスタートダッシュをかけるには有機肥料では無理だと思い込んでいました。地温が低いときにも効く肥料がわからなかったために、作物の力を引き出すことができなかったようです。

しかし、有機質の発酵を進めてアミノ酸を多く含んだ、液肥になるくらいの肥料、小祝氏はアミノ酸肥料といいますが、これなら初期生育が順調になり、スタートダッシュも効きます。初期生育が順調に経過すれば、その後の生育も頑健となり、結果として病気に強くなり、素直な生長をしてよい収量につながるようです。

アミノ酸肥料の成分は八―五―三、これを一〇aに四～五袋、畑の状態に応じて施用し、三週間くらいおいて土によくなじんでから播種するようにしています。

クズが大幅に減った

このように施肥を変えてみて、ニンジンの根張りや揃いがよくなってきたかなと感じています。圃場によって差はありますが、いずれも好ましい変化です。とくに二〇〇四年の春の出来はよく、今までにない出来でした。しかも割れも少なく、出荷できずに処分するようなクズが少なくて、品質のよいニンジンが収穫できました。また、この年は長雨の年で地上部の生育はあまりよく見えなかったのですが、根はけっこうよく生育していたようです。これも施肥改善の成果かもしれません。

いま栽培上で気にかけている点は、苦土や石灰を中心としたミネラル主体の施肥設計をすること、まだ多いカリを控えめにしてバランスをとること、昔みたいにリン酸にはこだわらないこと、よい堆肥で地力を上げること、作物にあった適量のチッソ量を施し、生育初期に必要な水分やチッソを効く状態にすること、などです。

さらに微量要素と腐植にも目をむけ、作物の生理をイメージしながら栽培するように心がけています。

葉菜類

(1) 施肥設計の前提

葉物は栄養生長だけなので、基本的には土壌病害を出さないことに留意する。土にあったミネラルとチッソの量を入れ、堆肥を入れて、養生期間をおいて播種する。追肥の必要もないので、土壌病害対策さえ守ればむずかしい作物ではない。堆肥などで病害拮抗微生物を有効に活用することがポイントだ。

写真6-4　土壌病害もなく葉肉の厚いレタス（長野県川上村）

(2) 堆肥施用と施肥のコツ

●堆肥の養生期間と太陽熱消毒

堆肥の養生期間を守ること。根こぶ病が出ている圃場ではとくにこの点がポイントになる。バチルスや納豆菌、放線菌などで中温発酵させた堆肥（堆肥については第7章を参照）を施して、水分を五〇～六〇％にしておくことで菌はふえる。水分の多い状態で土を養生させ、菌をまんべんなく広げる。ただ、この方法は、一定以上の温度（三〇℃以上）を一定期間（三週間）、維持できないと効果はない。このため、冬に行なっても効果はない。だから土壌病害をなくすのは温度の高い夏がチャンスということになる。

夏、畑に堆肥を入れて、湿気の多い状態に保つ。そしてマルチングして、太陽熱消毒を行なう。堆肥の代わりに米ヌカでもかまわない。気をつけていただきたいのは、この方法だと堆肥や米ヌカといったいろいろな有機物と同時に、肥料成分も入るということ。たくさん入れれば入れるほど養分過剰になる危険性がある。有機質を入れるとチッソ、リン酸、カリ、ミネラルすべて入ることになるので、必ず太陽熱消毒の前に土壌分析をして作付ける作物に応じた施用をすること。

表6-3　作目別施肥基準一覧（イネ，野菜）

（関東、平場を基準）

作目名	チッソ施用量（10a当たりkg）		耕うん深度cm	pH（水）	水分管理	メモ
	元肥	追肥				
イネ	6.4～8	0～2.4	15	6.5	深水管理	前年の秋にワラ処理
トマト	10	3（樹勢に応じて）	20	6.0～7.0	水は少量ずつこまめに，ドリップを使用	硝酸態チッソ多いと節間つまる，アンモニア態チッソ多いと樹が暴れ，メガネ・尻腐れ増える／石灰欠，ホウ素欠に注意
ナス	15～20	4～6（2～3週間おき）	20	6.5～7.5	大き目のうねと通路かん水	苦土欠，石灰欠出やすい
キュウリ	20～30	4～6（2～3週間おき）	20	6.5～7.0	通路は乾燥気味に（湿度管理）	チッソ・カリ過剰，苦土・石灰・ホウ素欠でベト病出やすい
ピーマン	17	6	25	6.5～7.0	乾燥に弱い	健全生育のときは長花柱花，栄養状態低下で中花柱花，さらに悪化で短花柱花
スイカ（大玉）	15～20	5	20	6.0～7.0		果肉の赤色が薄いのは鉄欠乏の疑い
スイカ（小玉）	12	2番果とる場合は5	20	6.0～7.0		
メロン	7～8	4～5	20	6.0～7.0		
カボチャ	15	2番果とる場合は5	20	6.0～7.0		
ハクサイ	25	元肥一発（追肥に分けてもよい）	20	6.0～7.0		外葉を大きくするために初期チッソをしっかり効かす／ホウ素欠に注意
キャベツ	22～25	同上	20	6.0～7.0		同上
ブロッコリー	22～24	同上	20	6.0～7.0		同上
レタス	12～14	同上	20	6.0～7.5		同上
ホウレンソウ	12～15		15	6.5～7.5	栽培期間中，同じ水分状態を保つ	チッソを少し多めに投入し一気につくる
ミズナ	12～15		15	6.5～7.5	同上	同上
チンゲンサイ	25		15	6.0～7.0	同上	同上
コマツナ	15～16		15	6.0～7.5	同上	同上
シュンギク	15～16	4		6.0～7.0	同上	同上
セロリ	30			6.0～7.5		初期から強めにチッソを効かす
トウモロコシ	28～30	元肥一発（追肥に分けてもよい）		6.0～7.0		
エダマメ	8			6.0～7.0		初期から強めにチッソを効かす
エンドウ	8	6		6.5～7.5		同上
インゲン	8	3（2～3週間ごとに）		6.5～7.5		同上
ソラマメ	8～9	3（2回）花が咲いたらすぐ		6.5～7.5		同上
オクラ	15	3～4（2～3週間ごとに）		6.0～7.5		
ラッカセイ	6～8			6.0～7.0		苦土がたりないと花数が少なくなる／根粒菌は酸性が嫌いなので必ず石灰を施用
ゴボウ	22		25	6.0～7.0		空堀り時に石灰20～40kg
ダイコン	16		25	6.0～7.5		ホウ素欠に注意
カブ	17			6.0～7.0		割れ，ネコブ病対策
ニンジン	12		25	6.0～7.0		香りを高めたいときは,硫酸苦土・動物質有機を使用。抑えたいときはイオウ系を控え植物質有機を使用
ジャガイモ	12～15	土寄せ時に石灰・苦土の追肥	20	6.0～6.5		しっかりデンプンの貯まった種イモを使用／苦土を多めに入れるとデンプン価高まる
サトイモ	15～20	4.8～6.4	20	6.0～7.0	初期から夏にかけて水分を十分に	カリ多めに，腐れを少なくするには石灰多めに
サツマイモ	4～5			6.0～7.0		カリ多めに／亜鉛でイモの長さが出る／苦土が少ないとつるボケする
ショウガ	10	2×2回		6.5～7.5		
ヤーコン	14～15			6.5～7.0		割れやすいので石灰多めカリ少なめ
ネギ	総25		20	6.5～7.5		低pHで赤サビ発生，石灰を多めに入れるととろけがなくなる／イオウ分が必要
タマネギ	20			6.5～7.5		
レンコン	25～30			6.5～7.0		

注：チッソ施用量については一応の目安。とくにスイカ、メロンについては大きくちがうことがある

●元肥施肥後、播種まで一〇日は空ける

肥料を施して耕うんした後、細霧噴霧機などで水分を供給して、一〇日ほどの間にもう一回発酵させてから播種するのが無難な方法だ。発酵を進めたアミノ酸肥料といえども、一〇〇%完全に発酵しているわけではなく、未分解の有機物がどうしても残る。その有機物が土に入ると、水分を得て、再度発酵を始める。このとき発芽とタイミングがあってしまうと、芽や根が傷むことがある。発酵肥料だから、ボカシ肥料だからといって、施肥後、すぐに播種して、株の揃いを悪くしている例も多いので注意が必要だ。

●ミネラル肥料の使い方

ミネラルではカリの使い方に注意する。作期が冬なのか夏なのかで、カリの量を加減するのだ。

冬の場合は、水を上げて生育を進める、光合成を高める、ということでカリと苦土を多めにする。石灰・苦土・カリの比が、五：二：一のところ、五：二：一・五あるいは五：三：一・五くらいにする。

夏の場合は、気温が高く水も多いので徒長しやすい生育になる。そのため、チッソとカリがあると伸びやすくなる。そこで、カリを少なめに施肥設計するのがよい。また夏は石灰欠にもなりやすいので、石灰は多めにする。石灰・苦土・カリの比を六：二：〇・八くらいにする。

落葉果樹

(1) 施肥設計の前提と肥料

●栽培のポイント

落葉果樹の栽培のポイントは、花芽分化から休眠期までの期間を長くとることだ。

落葉果樹の品目や品種によってもちがうが、花芽分化は六月中旬頃になる。この期間は気温も高く、降水量も多く、日照も多い時期にあたる。春に伸びた枝葉も土中のチッソが少なくなって止まり、硬くなると花芽も分化してくる。そして太陽の光を受けて葉は光合成を盛んに行ない、炭水化物を盛んに生産する。この炭水化物を使って、果実を大きくし、いっぽうで分化した花芽を生長・充実させ、さらに枝と根に貯蔵養分を貯め込む。この貯蔵養分が春に花を咲かせ、新葉を伸ばす元手になる。

花芽分化から休眠期まで、落葉果樹は実にたくさんの仕事をしなければならない。この仕事をするエネルギー源として、そして、果実の肥大や養分を貯蔵するためにも、たくさんの炭水化物が必要になる。炭水化物の生産を多くするには、充実した葉による光合成が長く行なえるほどよいことになる。

そのためにも、枝葉の伸び・展開を早めに止めて硬くし、葉を充実し、花芽分化を早くし、休眠期までに十分な量の光合成産物（炭水化物）を生産し、貯蔵することが大切なのだ。

●チッソを切って味をのせるのは間違い

落葉果樹で陥りやすい失敗は、味をよくしようとして実肥・礼肥のチッソを切る傾向が強いということだ。このチッソを切るという行為が、知らず知らずのうちに樹を弱らせ、貯蔵養分の蓄積を少なくして、隔年結果を招いている大きな要因なのだ。

チッソを切ることのねらいは、光合成によってつくられた炭水化物を果実にまわすことだ。しかし、チッソを切るということは、葉緑素がつくられなくなることにつながり、落葉を早め、翌年の結果枝の貯蔵養分が十分に蓄積されなくなる。

その結果、秋のうちは生長し続ける花芽の生長も途中で止まり、生育にもバラつきが出る。春に咲く花数も少なく、遅くまでダラダラと咲く。花が早いものは大玉に、遅いものは小玉というように、玉の大きさもバラバラで揃わない。収量も伸びず、品質も安定しない。

収量が低いおかげで着果負担が減り、樹勢が回復して、翌年はたくさんの花芽がついてくれる。収量は回復するものの、チッソを切って糖度をのせるという考え方は踏襲されたままなので、樹勢が弱まり、結果枝への貯蔵養分は蓄積されず、翌年はまた不作となってしまう。抜本的な改善策ができないまま、隔年結果をくり返すことになる。

●花に効かない花肥

また、花芽が充実しない原因の一つに、花肥の時期の誤りがある。花のための肥料ということで花の咲く前にチッソ肥料を花肥として施すことがある。しかし、温度の低い時期で根が伸びだしていないこと、すぐには根の伸びている部分に肥料分が到達しないこと、といった理由から、実際には花の時期には効かない。花というより、枝葉をしまりなく伸ばすように働く。花肥ならぬ徒長枝肥となっているのだ。そして、花肥は七月、八月、ひどい場合は九月まで効いて、花芽分化を遅らせたり、花芽ではなく葉芽をふやすことになってしまう。つまり花のための花肥が、生育転換を混乱させる肥料となっている。

チッソが効いている状態では枝や葉が硬化しない。硬化しないと花芽が安定しない。つまり、光合成によってつくられた炭水化物の多くは枝葉の伸びに使われ、花芽の生長や充実には十分な量が分配されない。休眠期までの期間が短くなるため、結果枝への貯蔵養分の蓄積も不十分にならざるを得ない。こうして、翌春の花の数は少なくなり、品質のよい実を結ぶことはできないということになる。

●樹勢維持と糖度アップを実現できるアミノ酸肥料

ではどうしたらこのようなサイクルから抜け出して、収量品質の向上を図ることができるのだろうか。

現状の問題点は、チッソを切ることで果実の糖度を上げようとして、その結果、炭水化物生産が十分行なわれないほど樹勢を衰えさせてしまっていることにある。その結果、根や枝への貯蔵養分が十分蓄積されずに、翌年の開花、結実を不安定にしているのだ。つまり、味をよくしようとしてチッソを切ると、樹勢が衰えて炭水化物の蓄積（貯蔵養分）が少なくなってしまい、隔年結果に陥る。反対に、樹勢を維持するためにチッソを施肥すると、今度は果実の糖度が上がらなくなってしまう。

解決策は、チッソを施用して樹勢を維持しながら、貯蔵養分をふやすことと果実に糖分をふやすことを、同時に実現する方法ということになる。

つまり、貯蔵養分の一部や糖分は炭水化物であることを考えると、C／N比の高いアミノ酸肥料を施用することで、アミノ酸肥料のチッソ部分で樹勢を維持し、炭水化物部分で果樹全体の光合成産物である炭水化物量をふやしてやるという手立てが考えられる。炭水化物を根から吸収することで、果実へ蓄積する糖分や枝や根に蓄積する貯蔵養分としての炭水化物をふやすことができる。その結果、果実はおいしくなり、貯蔵養分が増えるので翌春の開花から結実が安定することになる。

C／N比の高いアミノ酸肥料を施用することで、おいしい果実を隔年結果なしに多収することができる。

(2) いちばん大事なのは礼肥

●施肥の出発点は前年の秋

落葉果樹の施肥の出発点は前年の秋になる。なぜかというと、果樹は花を着けるために、結果枝に養分を貯めるという作業をする。この養分が多ければ、開花時期が揃い、新梢の伸びも揃い、しかも新葉の大きさが揃ってくる。

図6-4　貯蔵養分の内訳と役割

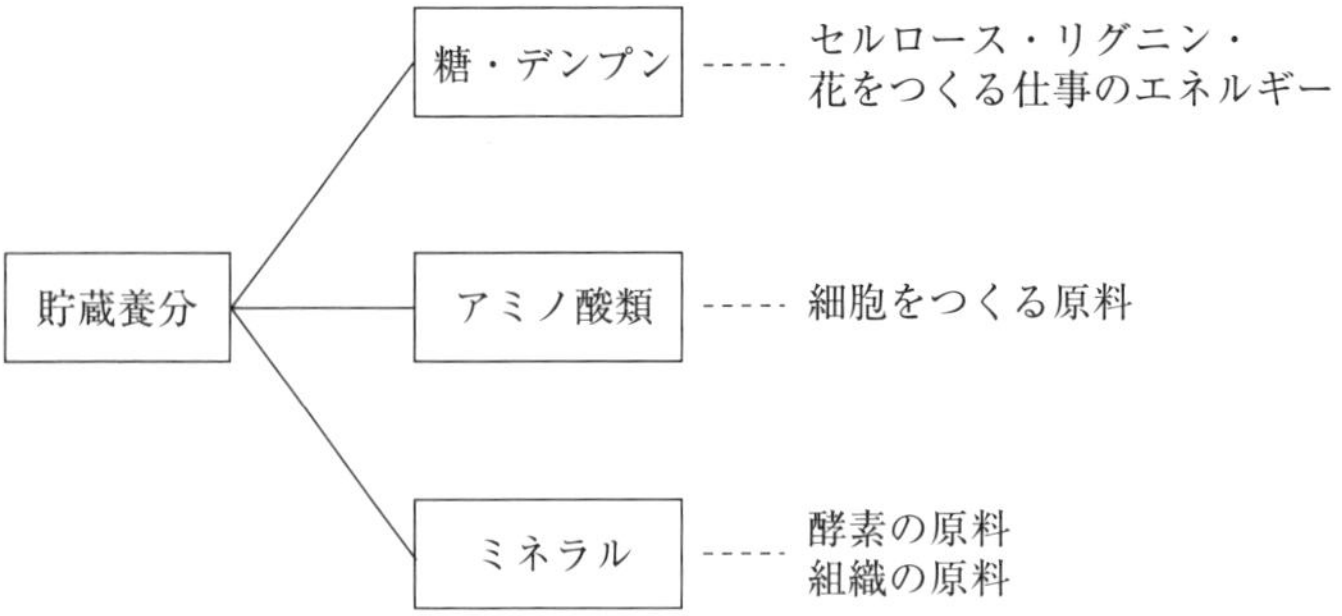

この作業が重点的に行なわれるのが前年の秋なのだ。

果樹は、せん定によって切られた枝にも花は咲くし、葉（果そう葉）も出る。せん定枝にも花や葉がつく理由は、その枝に貯蔵養分が貯め込まれており、それが花になり葉や枝になるからだ。このように貯蔵養分を貯めるという作業は、翌年の春の準備であり、秋のうちにしておかなければならない重要な作業なのだ。

枝に貯め込める養分の量が多ければ、果実の品質を左右するという果そう葉を大きくでき、果実の品質を高めることができる。さらに余力があれば、副梢という枝を出ばすこともある。

このように春先の果樹にとっての一大事業をつつがなく行なうためにも、秋の施肥設計がきわめて重要になる。

●結果枝に含まれている成分を礼肥で施す

結果枝には春先に動き出す花、葉、副梢の一部となる成分が含まれている。その成分は、花の原料であるアミノ酸や、枝葉の構造をつくるセンイ（セルロース）の原料である炭水化物である。さらに、貯蔵養分からエネルギーを取り出したり、養分の移動や細胞同士の結びつき、細胞分裂に関係するミネラル類も必要になってくる。ということは、この結果枝を充実させるためには、アミノ酸、炭水化物、さらにミネラル類が必要になるということだ。

炭水化物をつくるのはチッソ四つと苦土一つを基本骨格にもつ葉緑素なので、樹が休眠する前までこの葉緑素はある程度維持されないといけない。ただチッソが多すぎては、チッソが果実に移行して、果実の熟色が緑に戻ってしまったり、酸が強くなってしまう。葉緑素の維持と、果実の色が戻らない程度のチッソが礼肥（秋肥）になる。樹種にもよるが九月前後に施用することが多い。この礼肥の時期は、秋根が伸びる時期でもある。秋根が伸びるときには、土壌分析に基づいて施肥されたミネラルが根の伸びるところに届いていなければならない。

落葉果樹に対する適切なチッソ量というのは、栽植密度、樹齢、せん定の強弱によって、つまり各栽培者ごとに若干ちがってくることになる。栽植密度が多いほど、樹齢が経っているほど、チッソは必要になる。また、せん定については強いほど結果枝は少ないから、チッソは少なくてすむことになる。

●葉の能力を高めて糖度を上げる

礼肥で施すチッソの量は、葉緑素の維持にとどめること。果実にまわるほど多く入れてはならないのだが、このとき有機態チッソを施すことの有用性がはっきり現われることになる。

有機栽培ではアミノ酸肥料をやることによって、チッソによる葉緑素の維持と同時に、アミノ酸肥料の炭水化物部分も肥料として吸収される。果樹の体内には、果樹の光合成による炭水化物と、アミノ酸肥料からの炭水化物が同居して、炭水化物の総量が多くなる。果実の糖分は炭水化物であるから、炭水化物総量が多くなった果樹では、果実の糖度が上がることになる。

いっぽう、アミノ酸肥料のチッソ分によって葉緑素を維持しながら、葉の能力を高めることができる。そして光合成によってつくられた炭水化物を果実に回せる能力が高くなってくる。つまり有機栽培では、「チッソをやると糖度が落ちる」という常識が通用しなくなる。もちろん、アミノ酸肥料の入れすぎはまずいが、「チッソ（アミノ酸）をやることで糖度を上げることができる」のである。

●礼肥は炭水化物の多い肥料を選ぶ

礼肥のアミノ酸肥料は、チッソの少ない炭水化物の多いC／N比の高い肥料（チッソ成分で三～四％程度）を使う。そうすれば、果実の糖度と枝の貯蔵養分の双方を同時に高めることができるからだ。

そのような肥料としては、たとえば米ヌカなどを発酵させたようなものだ。そうすると糖度が上がりやすくなり、なおかつ、枝に蓄積される炭水化物量、つまり、春先に樹を動かすためのエネルギーが多くなる。さらに、結果枝に貯めた養分の濃度が高まるため、凍害、霜害に対する抵抗力も強くなる。

●まずミネラルを施してから

礼肥としての考え方は、ミネラル肥料とC／N比の高いチッソ肥料を規定量やるということ。この場合に注意することは、ミネラルを先行して施すということである。ミネラル肥料をやってから、アミノ酸肥料をやるということ。

長野県のリンゴを例にとると、ミネラル肥料は基本的に八月下旬くらいに施し、アミノ酸肥料は九月上旬から十月上旬に施している。もちろん地域や品種によって若干ずれる。

八月下旬のミネラルの礼肥と、九〜十月のチッソの礼肥とはセットになっている。ミネラル肥料とアミノ酸肥料をやる時間のずれは、あいだにひと雨あればいい。というのは、雨水といっしょに肥料は波状的に土中にしみ込んでいくからだ。ひと雨来ればミネラル肥料は土中にしみ込み、その後に有機肥料をまけば、その次の雨で、ミネラル肥料を追いかけるようにしみ込んでいく。ひと足遅れて追いかけるようになるが、追い越すことはないから、ミネラルが先行して根に届くことになる。ミネラルが不足しているなかでチッソを吸収した細胞は病気・軟弱な育ちになる。ミネラルを吸いながらチッソを吸うことが大事なポイントなのだ。

(3) 元肥の施し方

●三、四月の元肥では遅すぎる

次のポイントは元肥である。枝や根に貯めた貯蔵養分だけでは、春に結果枝を十分な長さに伸ばすことはできない。そのために元肥が必要になる。

この元肥を春先の二月から四月頃にまく農家がある。しかし春先にまいたのでは遅い。寒さのために表層に吸収根がないので、春先に施した肥料はすぐには効かずに、五月の中旬から下旬になってようやく効きだす。春は開花から展葉と養分を切れ目なくつないでいかなければならないのに、元肥の肥効が五月では、春に肥料が効かずに肥効に谷ができてしまう。これでは結果枝をスムーズに伸ばしていくことはできない。

とくに化成栽培から有機栽培に切り替えたばかりで、十分に発酵が進んでいないボカシ肥料（アミノ酸肥料）を元肥に施したような場合は、化成肥料以上に肥効は遅くなってしまうので、注意が必要だ。

それだけではない。肥効が遅くなることで新梢がいつまでもダラダラと伸びて、なかなか硬くならない。そのため、病虫害にかかりやすい体質となってしまう。さらに花肥などを施していれば、この傾向に拍車をかけることになる。しかも、枝が硬くならないので、花芽分化そのものがスムーズに行なわれないし、弱い形の花芽分化となってしまう。

このような果樹の新梢は、元の部分の葉は小さくて節間も短いのだが、先の部分は葉は大きくなり、節間も長くなっている。基部に近い葉は、栄養状態も悪く、光合成能力も低いので、早期に落葉しがちになる。そのような部分には翌年、芽がつかないので、新しい枝はどうしても基部から遠いところに出ることになり、効率の悪い樹形になってしまう。せん定にも多くの時間が費やされることになる。

●春には根回りに肥料が届いている状態にする

春に貯蔵養分で伸びだした結果枝を継続的に伸ばしていくためには、元肥は根が動き出す前に根の周りに十分に届いていなければならない。つまり、雪が降る前に、土が凍る前にやっておいて、春先の芽が動き出すときには、雨や雪解け水によって根の周りに肥料が来ている状態にしておくのである。元肥のことを「雪前肥」とも呼んでいる。

この元肥は根の周りに届くまでに時間があるので、堆肥でもかまわない。ただし、腐植酸やアミノ酸を多く含んだ水溶性部分の多い堆肥（C／N比一〇～一五程度）を使うことである。アミノ酸肥料を使うなら、春から先は光合成がだんだん盛んになっていくので、チッソが高く炭水化物の低いC／N比の低いものを使う。またコスト面から考えれば、チッソの量によって値段に差のあまりない有機質肥料では、チッソ成分の多い肥料を使えばよいということになる。

この元肥（雪前肥）は、長野だと十一月下旬くらい（落葉前後の時期）になる。量が多すぎたり、まだ暖かい時期だと根がチッソを吸って若戻りするので、休眠一歩手前くらいの時期の施肥がいい。

●元肥で春のスタートダッシュ

結果枝に貯蔵養分が十分貯め込まれていることが前提だが、この元肥（雪前肥）によって春には副梢がいっせいに伸び出すことになる。栄養状態がいいから、副梢も出るし、花揃いもよい。いわば、元肥が春のスタートダッシュをあと押ししてくれるのだ。

結果枝の貯蔵養分も多く、しかも初期のチッソ量が十分あるので、基部の葉も大きくなる。すると続いて出てくる葉も大きく揃い、光合成の拡大再生産が行なわれるようになる。このようなサイクルが生まれると、吸収したチッソもタンパク合成に使われるようになる。その結果、土壌中のチッソがスムーズに切れるかたちになり、新梢の枝止まりが均一になる。こうなれば、確実に生育転換がおこり、花芽分化もスムーズに行なわれる。

このような生育になれば、枝葉も早く硬くなるので、病虫害にも強い体質を備えることになる。しかも枝元の葉

図6-5　落葉果樹（リンゴ）の生長と施肥・肥効

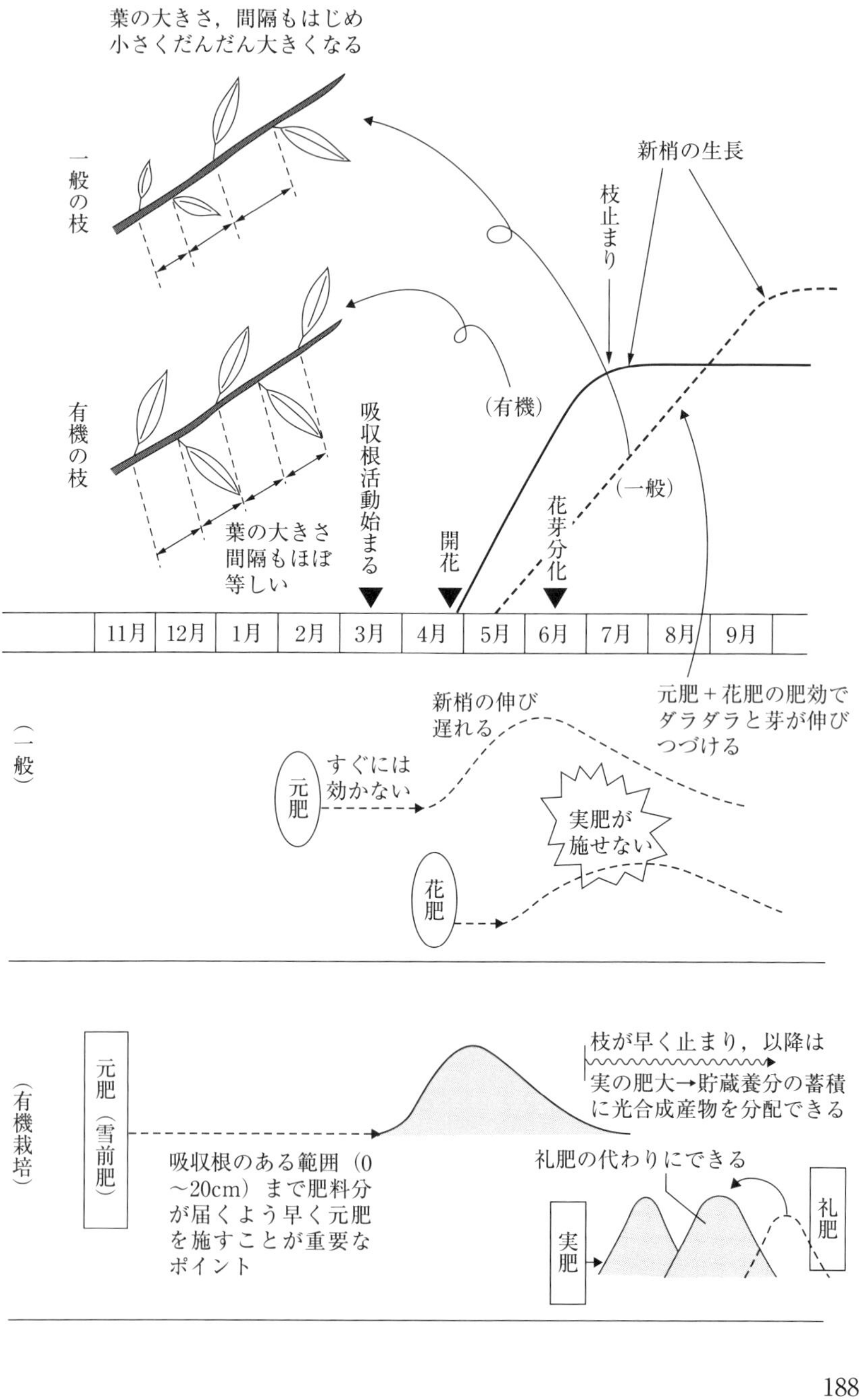

葉の大きさ，間隔もはじめ
小さくだんだん大きくなる
一般の枝
有機の枝
葉の大きさ
間隔もほぼ
等しい
吸収根活動始まる
開花
花芽分化
（有機）
（一般）
枝止まり
新梢の生長
11月
12月
1月
2月
3月
4月
5月
6月
7月
8月
9月
元肥＋花肥の肥効で
ダラダラと芽が伸び
つづける
（一般）
新梢の伸び
遅れる
元肥
すぐには
効かない
実肥が
施せない
花肥
（有機栽培）
元肥（雪前肥）
吸収根のある範囲（0
～20cm）まで肥料分
が届くよう早く元肥
を施すことが重要な
ポイント
枝が早く止まり，以降は
実の肥大→貯蔵養分の蓄積
に光合成産物を分配できる
礼肥の代わりにできる
実肥
礼肥

が大きいので順次展開していく葉も大きさが揃い、節間も揃うようになる。芽もしっかりついて、新梢もふところから多く伸びだすので、小づくりの樹になる。小さな空間においしい果実をたくさんつける果樹生産が営めることになる。

なお、元肥が多かったか少なかったかという判断は、翌年の新梢の伸びで判断する。新梢が長いようなら次の元肥ではチッソを少なくし、短いようならチッソを多くする。ただし、摘果が遅れている場合は、新梢は伸びにくくなるので注意する。

(4) 追肥の決め方と実際

●果実肥大期のチッソ維持に実肥

新梢の伸びに使われていた土中チッソが減少してくると、夏の果実肥大期にチッソが不足してくる場合がある。チッソ不足で葉緑素の機能が低下しては、十分な炭水化物生産ができないので、果実も肥大しないし、糖度も上がらない。そこで、葉緑素の維持のために、チッソ分の不足を補うのが実肥になる。樹種や品種によっても実肥の時期は異なるが、だいたい、六月から七月の頃になる。

また、樹種によってはこの実肥を施さないものもある。花が咲いてから収穫までの生育期間が短いものは、実肥を施しても、その効果が現われる前に収穫してしまい間にあわないからだ。そのようなものとしては、サクランボやモモ（晩生を除く）がある。他の樹種（リンゴ、ナシ、ブドウ、キウィなど）は基本的には、礼肥―元肥―実肥というパターンの施肥になる。

この実肥が多いと、枝の二次伸長を招くことがある。しかし、礼肥、元肥を土壌分析に基づいてきっちり施肥してあれば、貯蔵養分も多く、花芽もたくさんつき、実も多くなる。実が多く着けば、実肥は果実にとられるかたちになるので、二次伸長にまわることは少ない。花芽をきちんと着けておくことが、施肥にゆとりをもたらせてくれることにもなる。

写真6-5　リンゴの葉のつき方としては、枝の元から先まで、等間隔で同じくらいの大きさの葉が出ることが望ましい（青森県平賀市）

●実肥でミネラルを補充することもある

実肥の施用時期に注意することは、石灰や苦土や微量要素が不足してないかどうか、必ずチェックすることだ。

年二回ある果樹の土壌分析のうち一回は、新梢が八割ほど止まってチッソが切れてきた頃に行なう。これは実肥をどう設計するか決めるためのものだ。その際、ミネラル分をチェックして、不足気味なら施肥しておくことが大切だ。

落葉果樹のミネラル肥料の施肥は、礼肥時に一年分をまとめて施肥するのが基本なのだが、枝と葉と果実にミネラルが吸われて、土壌分析時には各ミネラルの下限値に近づいている場合がある。そのような場合には、礼肥を待たずに水溶性ミネラルを追肥しておくことが高品質の果樹生産をねらうためには必要になる。

(5) 失敗しないための注意点

●施肥のバランス

落葉果樹の施肥の考え方の基本は次のようになる。

礼肥によって結果枝に貯蔵養分をためることから落葉果樹はスタートする。結果枝の貯蔵養分なしには果物生産は不可能だからだ。そして春に伸び始める根がすぐに養分を吸収し、花を咲かせ、しっかりした枝葉を伸ばせるように、休眠期前、雪が降る前に元肥（雪前肥）を施しておく。さらに果実が肥大するときに使われるチッソを維持するために実肥を施す。

これらの肥料のチッソ分の割合は、礼肥一五％、元肥七〇％、実肥一五％とする。

ミネラルは礼肥のときに全量施すのが基本だが、ＣＥＣが低い場合には、実肥の前に施すこともある。ミネラルを全量施しておき、その後の礼肥や元肥、実肥のチッソ肥料（アミノ酸肥料）が根から吸収されるときには必ずミネラルと一緒に吸収されるようにしておくことが肝心だ。

●使うアミノ酸肥料の特徴

各肥料に使うアミノ酸肥料の性質は、季節や肥料の役割によって変える。

礼肥は樹勢を保ちながら、果実の糖度を上げ、結果枝の貯蔵養分を貯める役目を担っている。そこで、樹勢を保つチッソ分を十分もちながら、糖度と貯蔵養分を貯めるために、チッソの低い、Ｃ／Ｎ比の高い、炭水化物部分を多くもったアミノ酸肥料を施す。

元肥は春のスタートダッシュをあと押しする肥料だ。元肥が効くのは春以降の温度が高くなり、日照も多くなっていく時期になる。そのため、光合成も盛んに行なわれるようになるので、施用するアミノ酸肥料はＣ／Ｎ比の低い、チッソの多いものでよい。

実肥は果実が肥大するときに使われるチッソの補給の意味あいが大きいのだが、これは樹種によって使う肥料は変わる。ナシのように収穫までの期間が短いものの場合は、Ｃ／Ｎ比の高いアミノ酸肥料を使って、果実に糖をのせるようにする。リンゴのように収穫まで期間が長いものの場合は、Ｃ／Ｎ比の低いアミノ酸肥料を使って、この間の日照を十分に使って炭水化物を生産し、果実の品質に反映するようにする。なお、Ｃ／Ｎ比の低いアミノ酸肥料の場合は酸味が強くなり、Ｃ／Ｎ比の高い場合は酸味が低く糖が高くなる、という傾向があるので、地形などの日照条件によって使い分けることができる。

●異常気象・温暖化への対応

最近は冬が暖かくなってきたために、施肥についても注意が必要になっている。

問題なのは礼肥を施肥した後、気温がいつまでも高いような場合だ。温度が高いと、果実に色が戻るようなかたちでチッソが効いてしまうのだ。そこで、このような温暖化の対策として勧めている方法が、実肥を何回かに分けて施肥し、最後が礼肥になるように少し早めに施肥していく方法だ。このようにすることで、気温が高い時期が十月、十一月と続いたような場合でも、最後に施した肥料の肥効がなだらかに下降している状態であれば、色が戻るようなチッソの効き方にはならない。

具体的には、チッソ分の施肥配分を「礼肥一五％、元肥七〇％、実肥一五％」から、「礼肥〇％、元肥七五～八〇％、実肥二〇～二五％」というように変えるという方法だ（ミネラルについては、礼肥一〇〇％）。

ただ、このように礼肥から実肥の方向にチッソ肥効を移すことによって、二次伸長を招きやすくなる。この点は、十分に花芽が着き、着果数が多ければ、チッソは果実の肥大に使われるので、二次伸長を促すことにはならない。

そこで、このような温暖化対応の施肥設計を導入できる条件としては、樹に成りグセがつくこと、があげられる。その指標としては、結果枝が六割以上、元枝から出るようになってから移行するようにするとよい。

事例❹ モモ

苦土と石灰をきっちりやって、玉揃いのよさを実現

（執筆）和歌山県粉河町・根来幸伸

生理落果、核まわりの渋みが残る…

わが家はミカン二haのほかにモモを三〇a栽培しています。このモモの肥料には常緑果樹と同じ有機配合（有機七〇％程度のもの）を、十一～十二月に毎年ほぼ決まった量（チッソ成分で約一五kg）ずつ施肥していました。肥料は三要素しか頭になく、石灰、苦土などミネラル類は土壌改良材として二～三年に一度施肥すればよいと考え、一～二月頃にそれぞれを一〇〇～一四〇kgやるぐらいでした。

モモをつくり始めて間もないこともあり、当時は品質のばらつきなど、いろいろな問題を抱えていました。

二〇〇一～二〇〇二年にかけ、核割れ、生理落果が多く発生し、また果実の種のまわりに渋みが残るという年が続きました。原因は収穫前の高温多湿によるものと考えていましたが、小祝氏から品質問題の根本的な原因は土づくり（肥料設計）にあるとアドバイスを受け、土壌分析を行なったところ、土の中に苦土はほとんどない状態、石灰は不足し、カリは過剰という結果でした。

土壌分析値を設計ソフトに入力

表①と②はその翌年、施肥改善に取り組んだ二〇〇三年九月と二〇〇四年三月に行なったドクターソイルによる土壌分析データと礼肥、元肥の内容です。九月の分析データは礼肥と元肥の内容を決めるために行なったもので、データを施肥設計ソフトに入力し表示された数値です。

この表でわかるように、九月時点ではリン酸とカリが過剰で、石灰は適正値の上限に近く、苦土は不足していることがわかります。また、土のCECは一二・五と小さい数値になっています。

この畑に施した礼肥と元肥の内容が表②に示してあります。礼肥としてアミノ酸肥料のほかに、苦土は測定値と上限値の差三五kgを施していますが、カリは過剰のため入れていません。石灰は、ほぼ上限値に近い値だったのですが、モモは中耕をしないことや細胞を締めるねらいもあって、一〇〇kg施しています。このへんはモモの独自性ということで、収穫したときの感覚などを優先しています。

十一月の元肥では堆肥を四〇〇kg施しています。この堆肥は良質の微生物の豊富な堆肥で、「三―三―二」の三要素のほかにカルシウム一六%、マグネシウム一%を含んでいます。

このような施肥をした結果、翌春の芽生え直前の土の中の状態がどうなっているかを見たものが三月の分析データです（表③）。リン酸は相変わらず過剰ですが、石灰、苦土は適正値の範囲に収まっています。カリも九月には上限値の倍あったのが、石灰や苦土などの施肥によって全体のバランスが整えられて、大幅に改善されていることがわかります。また、堆肥やミネラルの施用で、CECも大きく改善されて、数値が大きくなっています。土の養分保持力が高まってきたことを示しています。このように土壌中の肥料養分があれば春の芽生えも十分、期待できます。

表①　2003年9月（礼肥の前の分析データ）

	施肥前の分析値	施肥後の補正値	
診断項目	測定値	下限値	上限値
比重	1.2		
CEC	12.5	20	30
EC		0.05	0.3
pH（水）	7.0	6	7
pH（塩化カリ）	6.5	5	6
アンモニア態チッソ	1	0.8	9
硝酸態チッソ	1	0.8	15
可給態リン酸	150	20	60
交換性石灰	200	141	211
交換性苦土	10	25	45
交換性カリ	70	19	35
ホウ素		0.8	3
可給態鉄	5.0	7	15
交換性マンガン	5.0	6	18
腐植		3	5
塩分	0	0	0

施肥時期を変える

その一方で施肥時期も大きく変えました。これまで十一～十二月に礼肥、一～二月に元肥（ミネラル類含む）をやっていた施肥を、ミネラル類を八月に、礼肥は九月、そして元肥は十一月にやるというように変更したのです。

礼肥を十一月から収穫後すぐの九月に変えたのは、樹勢の回復とともに、樹体内に翌年の貯蔵養分（炭水化物）を蓄積させる目的です。落葉するまで葉にしっかり稼がせる。これにより春先のスタートが早まり、また樹体の養分の消耗を極力抑えて結実できるので、余力を果実肥大や翌年の花芽分化に使うことができるようになります。

収穫の前後から落葉までの葉にしっかり稼いでもらうにはミネラル類（苦土・石灰など）が必要です。とくに苦

表②　2003年9月（礼肥の前の分析データ）

礼肥（9月）の内容

アミノ酸肥料（チッソ7%）	100kg
石灰（成分）	100kg
苦土（成分）	35kg
カリ（成分）	なし

元肥（11月）の内容

信末堆肥*	400kg

*内容成分は、チッソ3%、リン酸3%、カリ2%、カルシウム16%、マグネシウム1%。pH8.33

根来幸伸さん

土はチッソと結びついて葉緑素となるため、礼肥としてやるチッソより先に土の中に沈めておかねばなりません。したがってミネラル類の施肥は八月に。これが変更の第二点です。同時期に施す石灰は細胞の結合を強めるので、核割れを減らし、収穫後の日持ちもよくします。苦土も葉緑素となり光合成を強めるので、より糖度が上昇するように思います。

変更の第三点は一月に施していた元肥を十一月にしたことです。チッソ量を全体の六割に減らしたことで、枝の無駄な徒長がなくなり、そのぶん果実の肥大がよくなりました。

照りのある葉、玉揃いのよい果実

このようなやり方に変えて、モモの生育は大きく変わってきました。

一年目、まず葉の色が変わってきました。新芽が吹いてから、葉が展開しますが、ピカピカ光った厚い葉になるのです。これは水溶性の苦土肥料が効いているのだと思います。

また、二年目くらいから新芽が揃って出てくるようになりました。それまでは、新芽が順番に伸び出してこなかったのです。伸びないでそのまま止まってしまい、芽が飛んでしまうことがよくありました。それがどの芽もしっかりと伸びて、しかも徒長しないで止まるのです。つまり、枝の貯蔵養分が多いために、ひと芽ひと芽が充実しているということです。このことは作業もやりやすくします。花芽がきちんと止まるかどうか容易に判断でき、途中で生理落果などせずに、ちゃんと実になるかどうかがはっきりわかるので、

表③　2004年３月（芽生え直前）

	施肥前の分析値	施肥後の補正値	
診断項目	測定値	下限値	上限値
比重	1.2		
CEC	24.9	20	30
EC		0.05	0.3
pH（水）	7.0	6	7
pH（塩化カリ）	6.5	5	6
アンモニア態チッソ	1	0.8	9
硝酸態チッソ	5	0.8	15
可給態リン酸	150	20	60
交換性石灰	400	279	418
交換性苦土	75	50	90
交換性カリ	80	39	70
ホウ素		0.8	3
可給態鉄	5.0	7	15
交換性マンガン	5.0	6	18
腐植		3	5
塩分	0	0	0

摘蕾や摘花の見きわめが早くつきます。そのぶん作業が早く行なえるわけです。

さらに、このように新梢や花が揃って充実しているので、玉揃いがよくなりました。これも二年目から実感できたことです。この状態を維持していくためにも、圃場に足を運び、土壌分析を欠かさず、樹体を観察することが大切だと思っています。

常緑果樹

(1) 施肥設計の前提と肥料

●隔年結果を防ぐことが最大の課題

常緑果樹の施肥設計は、基本的には落葉果樹と同じだが、一番のポイントは隔年結果を防ぐ施肥の仕方である。とくに温州ミカンでは特殊な肥培管理が必要になる。というのは、花芽分化時期が落葉果樹と違うからだ。落葉果樹は夏の中期に花芽分化が来るのに対して、カンキツ、とくに温州ミカンの場合は、秋の遅い時期になり、収穫時期と重なってしまう。収穫時期は果実生産の完成期でもあり、それまでに樹は果実の肥大・充実などにかなり体力を使ってきている。そのため、花芽分化が弱く、花数・着果が少なくなり、隔年結果に結びついてしまう。

隔年結果をおこしている園をながめてみると、全体に黄色く、樹体が弱っていることが分かる。ミネラル欠乏もあるが、全体的にはチッソ欠乏を呈していることが多い。

ミカンは、果皮に含まれるタンパク質が意外に多く、その維持のためにチッソを必要とする。さらに、果実の中身に旨み・コクの源でもあるアミノ酸が多く、ここでもチッソが必要になる。そのため、一年間に必要とするチッソ量も、リンゴの一二～一八kgに対して、温州ミカンは二五～三〇kgと多いのだ。

ただでさえミカンはチッソを多く要求する果樹なのに、甘いミカンをつくるためにチッソを制限する栽培法が取り入れられており、このことが隔年結果を助長している。

●マルチ栽培と隔年結果

隔年結果の一因には、近年、糖度をあげるために行なわれているマルチ栽培がある。この栽培法では、果実の糖度をあげるのに、水を切ることによってチッソの吸収を抑える、という方法をとっている。ところが、ミカンの場合、収穫時期と花芽分化の時期とが重なるので、この方法でいくと、チッソを切ることで果実の糖度はあがっても、水とチッソの吸収が抑えられるので、花芽分化に必要な炭水化物やアミノ酸が十分つくられなくなってしまうのだ。

確かに炭水化物が相対的に高くなるために果実の糖度は高くなる。しかし、植物の生理からいえば、翌年の花芽づくりの大事な時期に、タンパク質の原料であるチッソが吸えないのでは、樹勢が弱くなってしまう。貯蔵養分の蓄積も少なくなるので、翌年の花芽が少なくなり、隔年結果をもたらすことになる。

マルチ栽培では、マルチをはずしたあとの降雨で樹は回復するといわれているものの、初冬の頃は雨も少なく気温も低い。チッソを吸って樹勢の立てなおしに使おうとしても、利用する時間が少なすぎて、結局、花芽形成に間にあわない、というのが現実だ。

●果実の糖度を高め、花芽を確保する施肥の考え方

では、どうしたらよいか。ミカン栽培も経済行為である以上、単価の高いものをたくさん収穫することが求められる。つまり収穫物の糖度を高めながら、同時に花芽も着かせることが必要になる。そのために有機栽培では、炭水化物量の多い、C／N比の高いアミノ酸肥料と苦土を中心としたミネラル肥料を礼肥として施している（早生で八月下旬から九月下旬、晩生で九月下旬から十月中旬）。夏から秋にかけて葉色を落として栄養状態を悪くしてしまうことが隔年結果を招いているのだから、葉色を落とさないように、葉緑素の構成養分である苦土とチッソを確実に供給する。このときチッソが多すぎては酸度が高くなるので、炭水化物の多い、C／N比の高いアミノ酸肥料を使うことがポイントになる。葉でつくる炭水化物と根から吸収されるアミノ酸の炭水化物部分が供給されることによって、樹全体の炭水化物量が増加し、果実の糖度を上げることが可能になる。しかも、チッソも十分に吸収されるので樹勢も維持でき、花芽も順調に形成される。

こうして、収穫物の糖度を上げながら、同時に花芽もしっかりつけることができる、隔年結果になりにくい施肥が可能となる。

●苦土と石灰でカリの効きを抑えながら引き締める

ミネラル肥料は基本的には礼肥のときに一〇〇％施すのだが、ここでのポイントはカリの扱いだ。

カリがチッソといっしょに多量に吸収されると、厚皮や浮き皮の原因になってしまう。そこで夏肥（実肥）の場合には、カリ肥料は施用せず、カリの効きを抑えるように他の肥料成分を施す。つまり、夏肥のチッソの前に、減少した石灰と苦土だけを追肥し、拮抗作用によってカリの効きを抑え、実を締めながら中身を育てていくようにするのだ。生育に必要なカリ分は、アミノ酸肥料の材料である有機質に含まれているカリで十分供給される。

写真６-６　栄養が十分なミカンでは、開花をしながら新梢の伸びもよい。秋の礼肥と冬の元肥をきちんとやることが基本（和歌山県金屋町）

石灰は秋に伸びる根の成分でもあるが、その他にも多様な働きをもっていて、カリの肥効を抑えることで浮き皮を防止する、石灰が収穫時期に吸われることで果皮のカルシウム濃度が高くなり、カビの発生を減らし、保存性をよくする、さらに、果実の酸味がカルシウムによって中和されることで味をまろやかにする、という効果がある。

苦土は光合成の中核を担っている物質なので、苦土の施用で葉緑素による光合成がしっかり行なわれ、炭水化物生産も盛んになる。その結果、果実に糖が乗り、花芽分化が促進される。

（2）温州ミカンの施肥の実際

●礼肥からスタートする

ミカンの生理と施肥については次のとおりだ。

施肥は礼肥からスタートする。八月の下旬くらいから施肥を始め、貯蔵養分をふやして花芽がしっかりできたところで収穫が始まる。翌年、枝に貯蔵養分が十分に貯わえられていれば花は順調に咲く。枝の貯蔵養分は開花後、幼果の形成で切れてしまう。春になると葉が水を上げ、花が咲き、根の周りの養分が吸われ始め、新梢が伸び、葉が展開する。

このような果樹の生理を考えると、根が養分を吸い始める前には、チッソやミネラルといった養分が根の周りに届いていなくてはいけない。この点は落葉果樹とまったく同じだ。八月に施肥している石灰、苦土、微量要素などのミネラルについては、春先には根の周りに届いている。いっぽうで、春先には十分なチッソも必要なので、チッソ肥料を休眠間際の十一月から十二月前後にまいておく必要がある。これが元肥になる。

元肥の成分を考えるときにポイントになるのが、カリだ。礼肥の場合は、カリを使うと、果実が浮き皮になったり、水っぽくなるなど果実の品質に悪影響が出やすい。しかし元肥のときには、春に樹が十分水を上げる作用が重要になるため、カリの役割が大きくなる。そのため、カリが不足している場合には、休眠前の元肥では、カリを施肥することがポイントになる。

そして、春になるとこれらの養分（礼肥と元肥）を使って花が咲き、新葉が出る。春肥が遅れて、しかも貯蔵養

図6-7　ミカン（早生）の生長と施肥・肥効

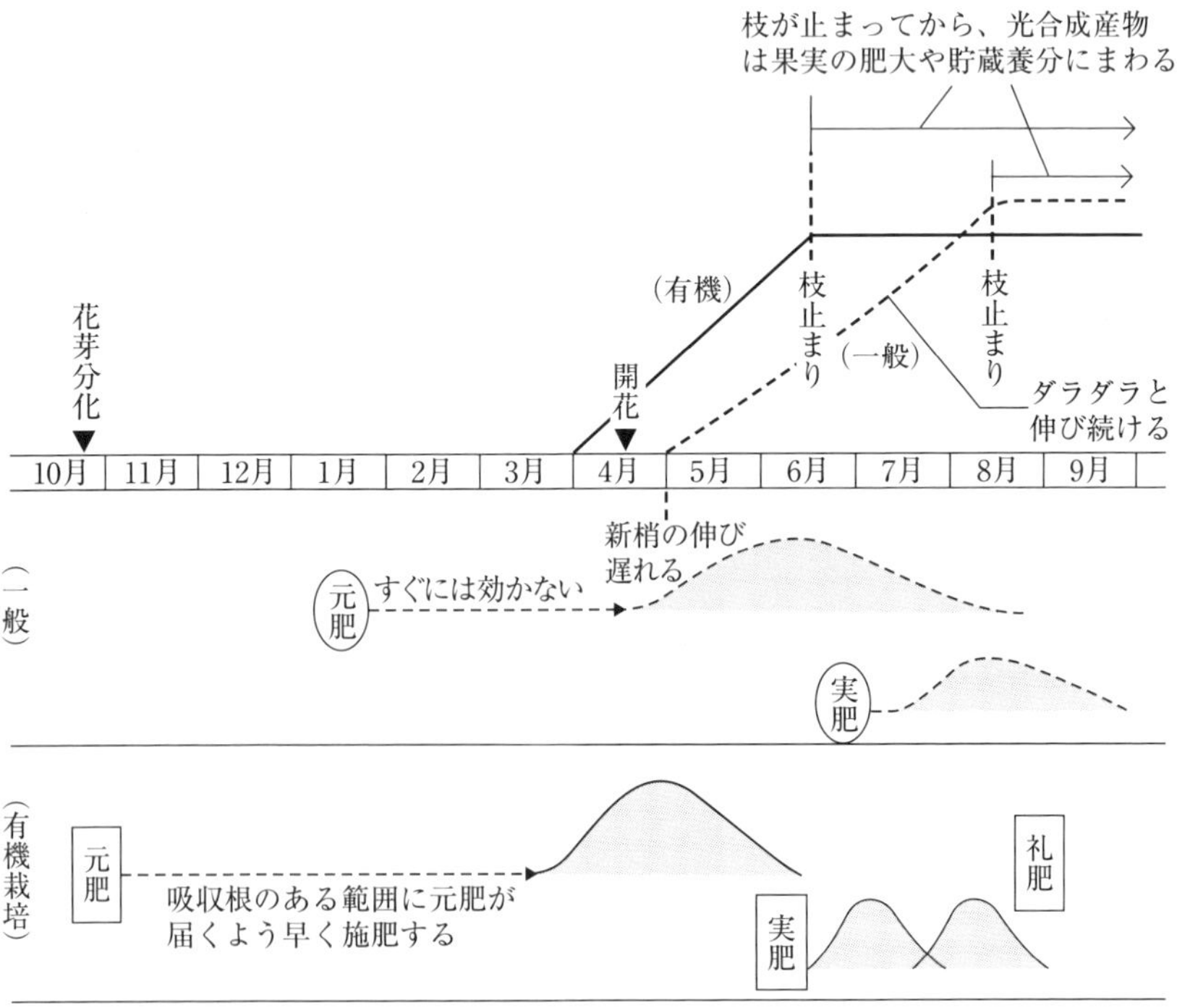

分が不足すると生理落果をおこすが、貯蔵養分が十分あれば生理落果が少なくなる。さらに、養分が順調に供給されると、葉の伸びが速く、緑化が早くなり、葉の上部と下部の葉の大きさが揃うようになる。芽の出る時期、長さも揃ってくる。ふつうは前年度によく陽のあたる上部の葉の伸びが早いのだが、貯蔵養分が豊富で、かつ根周りの養分供給がスムーズだと、樹の全体に養分が行き渡るので、全体が均等に揃ってくる。

元肥の施肥が遅れてしまうと、後効きしてしまい、上部だけ伸びが強くなって徒長し、結果母枝ができにくくなってしまう。だから貯蔵養分と元肥は継続して、途切れることなく効いていなくてはならない。

施肥（元肥）は年内中にすませることが大切で、とくに有機の場合は、分解の速度が遅いし、根の張っている領域である二〇～二五cmまでに均等に肥料が届くまでには、相当の月日がかかる。春先にきちんと効くように施肥時期に気をつけなければいけない。

●隔年結果も礼肥でなおす

ミカンの場合には、隔年結果をおこしている場合と、そうでない場合で、施肥設計が基本的に変わる。

隔年結果がおきてない園では、実肥（夏肥）を礼肥の代わりにしてよい。元肥と夏肥の二回でよい。新葉が止まって実の肥大が始まると、実肥を何回かに分けて施すことになる。この後半の実肥が秋の礼肥の代わりにすることができるからだ。

しかし、隔年結果がおきている園では、礼肥的な考え方で対応しないと、隔年結果をくり返すことになってしまう。隔年結果をおこしている園は、翌年が裏年の場合、つまり表年の礼肥から施肥改善をスタートさせる。というのも、表年の樹体の負担が大きいので、意識的に樹体内養分を高める手立てをとることが大切だ。礼肥の時期は八月下旬から九月下旬で、苦土や石灰のミネラル肥料をきちっと入れながらC／N比の高いアミノ酸肥料をやる。そうすると光合成でつくられた炭水化物に、根から吸われたアミノ酸肥料の炭水化物部分が加わるので、栄養状態がよくなり花芽分化ができるようになる。このように手当てすることで、翌年の裏年が少しずつ緩和されていく。

このような施肥を何回かやっていくうちに、裏年がなくなってくる。こうして隔年結果がなくなったら元肥と夏肥という方法に変えればよい。隔年結果をなおすには、だいたい三年くらいかかる。

表6-4　ミカンのチッソの施肥割合

	隔年結果園	正常園
礼肥（C/N比高い肥料）	15%	0
元肥（C/N比低い肥料）	55%	60%
実肥（夏肥）（C/N比は好みで）	30%	40%

＊なお、ミネラル肥料は礼肥で100%施す
＊礼肥の時期は早生で8月下旬〜9月下旬、晩生で9月下旬〜10月中旬。元肥は11月。実肥は6月以降2〜3回に分けて施す

●施肥の配分

ミカンの施肥は、隔年結果をおこしているかどうかで、分けて考える必要がある。年間のチッソ肥料の配分を示すと次のようになる。

隔年結果をおこしている樹の施肥では次のようになる。礼肥で一五%、これはC／N比の高いアミノ酸肥料で施す。時期は早生で八月下旬から九月下旬、晩生で九月下旬から十月中旬だ。元肥で五五%、C／N比の低いアミノ酸肥料を使う。時期は休眠前の十一月頃になる。実肥で三〇%、C／N比はどのような味のミカンをつくりたいかで変わる。コクを重視するなら、C／N比の低い魚粕などのアミノ酸肥料を施す。糖度を重視するなら、C／N比の高い植物系のアミノ酸肥料を施せばよい。

これが隔年結果をおこしていない樹では次のようになる。礼肥は〇%、元肥は六〇%、実肥は四〇%とし何回かに分施する。

どちらの場合でも、ミネラル肥料は石灰、苦土、微量要素を中心に、礼肥時に一〇〇%施すようにする。ただし、CECが一五以下の畑では、分施したほうがよい。

●晩柑の施肥の考え方

晩柑についても、基本的には温州ミカンと考え方は同じだ。注意する点は、チッソを多く必要とする品目が多いので、油断をするとすぐに葉色が落ちやすい。葉色を落とさないためにも、絶えずチッソを供給しなければいけないことを考えると、C／N比の高いアミノ酸肥料をうまく使うことがコツである。C／N比が低くチッソの高いアミノ酸肥料をやってしまうと、チッソが

表6-5　晩柑の施肥

	施肥割合	肥料の特性	施肥時期
礼肥	チッソ20〜30% ミネラル100%	C/N比高い	9月中旬〜下旬
元肥	チッソ30〜40%	C/N比低い	12月いっぱい
実肥	チッソ30〜40%	C/N比高い	枝止まり直後〜8月上旬

多いぶん、タンパク質を合成するためには葉の光合成能力が要求される。そのため、唯一チッソの高い肥料をやれるのは元肥になる。春先は日照が多く、チッソが高い肥料を元肥に使っても、光合成が盛んに行なわれ炭水化物生産が多いので、チッソが多くてもバランスがとれるからだ。

六月下旬頃には水溶性の苦土と石灰、C／N比の高いアミノ酸肥料を施肥する。これが実肥になる。アミノ酸肥料としては米ヌカをきちっと発酵させたもの、デンプン、糖質の多いものがよい。米ヌカをベースにした焼酎のエキスとか、ウイスキーのエキスとか、食品廃棄物を活用してもよい。

施肥の時期や施肥量などについては、表6―5を参照してほしい。

●幹近くには施肥しない

施肥のときに注意するのは、チッソの施肥位置。チッソ分を多く含んだ肥料は、株元から、樹冠半径の二割以内の距離にまいてはいけない。この部分は吸収根はないので施肥してもムダになる。それ以上に重要なことは、チッソの施肥で樹皮や根の表皮を溶かしてしまう。雑多な微生物が繁殖しやすく、有機物があるた

表6-6　作目別施肥基準一覧（果樹）　（関東、平場を基準）

果樹	チッソ施肥（施肥割合、10a当たりkg）			根の深さ（cm）	pH（水）	メモ
	礼肥	元肥	実肥			
リンゴ	0～15%	55～60%	30～40%	20～25	6～6.5	ミネラル類は周年、下限値を切らないようにする
ミカン	0～15%	55～60%	30～40%	15～20	6～6.5	必ず礼肥の前に土中のミネラル類を確認し、不足していれば施す
モモ	30%	70%	0%	25	6～6.5	春肥は核割れをおこしやすいので厳禁
ブドウ（巨峰）	20%	60%	20%	20		ブドウは苦土でつくる、マンガン欠（色が出ない）/ホウ素欠（脱粒）に注意
ナシ	総量で25～28kg 9月20～30%	11月、50%	枝が止まったら20～30%	25	6.5～7.0	水ナシの出やすいところは春に石灰／雨よけ栽培ではミネラル1割増し
カキ		11月、12kg	6月下、2～3kg	40	6.5～7.0	ミネラルは7月下旬までに
クリ		10月下旬、9kg	なし	25	6.5～7.0	
ブルーベリー		11月、4kg	なし		4.5～5.5	pHに気をつける、酸性にして根をいじめないと成りが悪くなる／ミネラルは硫酸苦土と若干の石灰

（数値は地域・品種により変動する）

図6-8　果樹では株元から樹冠半径の2割以内に施肥してはいけない

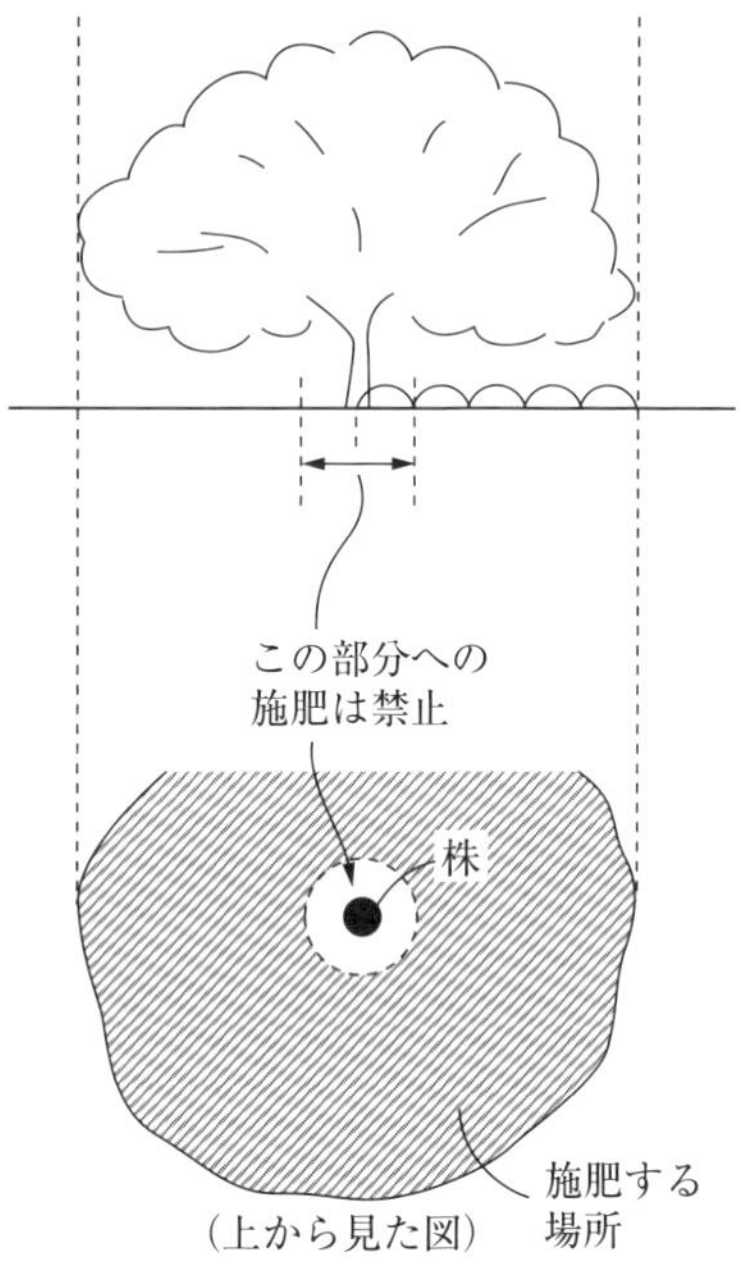

めに酸欠状態をおこす。こうなると根が腐るので、そこから病気が入ることになる。チッソの施肥は株元より外側にある吸収根の部分にきちっとやることが肝心である。このことは落葉果樹も同じ、果樹共通の注意事項である。

事例❺ カンキツ　隔年結果が改善され、味にみがきがかかってきた

（執筆）熊本県水俣市・新田九州男

ボカシ肥料は完全な肥料!?

私は熊本県水俣市で二・五haのカンキツ栽培を営んでいます。栽培歴は四四年になります。一九六〇年代の慣行栽培から七〇年代の減農薬の模索期を経て、八〇年代後半には無農薬栽培を実現することができました。さらに、九〇年代より無化学肥料栽培をめざし、ボカシ肥料を自分でつくりながら、九五年に韓国の趙漢珪《ちょうはんぎゅ》先生に出会い、現在は自然農業による栄養周期的な観点を取り入れた栽培方法を実践しています。

しかしこれまでは、私は土壌診断もしておらず、ごく常識的な施肥設計、管理をしていました。ボカシ肥料は完全な肥料だから、それを施していれば他に必要ない、苦土や石灰を施す必要はない、と考えていました。今思えばそのために隔年結果が課題として残っていたのかもしれません。

施肥改善の内容

私の施肥の考え方は、「朝（春肥）は軽く、昼（夏肥）はたっぷり、夜（秋肥）はおいしく」というものです。チッソの施肥量は温州ミカンで三五kgを

メドにしており、デコポンなどはもう少し多く施しています。チッソ量の割合は、春肥二〇%、夏肥五〇%、秋肥三〇%です。

肥料は、魚粉、蒸製骨粉、ナタネ粕、醤油粕、米ヌカなどを原料に土着微生物を活用した自家製ボカシ肥料です。施肥時期によってボカシの材料を変えるのではなく、ボカシ肥料の施肥量を変えることで対応しています。また天恵緑汁、コメ酢、魚より抽出したアミノ酸、海水等の葉面散布などで樹勢強化をはかっています。とくに天恵緑汁は、春先と果実肥大期、収穫前の三回、重点的に施して、品質向上につなげています。実際には次のようにしています。

新田九州男さん（右）と長男の慎一郎さん

①朝（春肥）はかるく

春肥の時期は、まだ地温の上昇がにぶく、急速な栄養の吸収は望めないので軽く寒肥として施します。カンキツの根は一八℃にならないと動き出さないので、そのときには肥料が根に届いているように、一月下旬頃に土に十分なじませておく（混和しておく）ようにします。以前は三月頃に施していましたが、それでは少し遅いようです。

そして四月中旬頃、夏肥の前にカルシウム（焼成貝化石）を施します。これは、カルシウムが細胞を丈夫にする働きをもっているので、果実の品質向上、腐敗防止につなげようというねらいです。

②昼（夏肥）はたっぷり

枝葉の生長、開花、結実、果実の肥大と食欲旺盛な時期ですから、養分をいちばん要求するときです。五月上・中旬頃にたっぷり施します。できれば六月にも一度分肥するとよい。

③夜（秋肥）はおいしく

貯蔵養分を高め、来期の花芽分化を促進する時期に入ります。もともと秋肥は収穫直前か収穫後に施肥するのが常識とされていますが、地温の低下とともに養分吸収がにぶくなりますので早く施肥するべきです。

九月上旬に苦土肥料の施肥をします。これは葉緑素の構成成分であり、花芽分化に重要な役割をもっていて、欠かせない肥料です。

そして九月中旬〜十月上旬に秋肥（お礼肥）を施肥します。この時期の施肥は、中晩柑では「九月肥」として少しはやっていましたが、温州ミカンではやったことはありませんでした。この時期のチッソ施肥は果実の品質低下、浮皮の原因にもなると思っていたからです。しかし、有機質肥料の場合、そのようなことはありません。夏から秋にかけて栄養状態を悪くしてしまうことが隔年結果を招く原因なので、葉の活力を落とさないように、苦土とチッソを施すことがポイントです。

隔年結果が減り、味に磨きがかかる

このように春肥を早くすること、礼肥を積極的に施すようになったこと、そして苦土や石灰、微量要素へ目を向けるようになったことが、施肥の変化ということになります。

この施肥改善によって、玉揃いに多少のぶれがあるものの、ミカンの成りがよくなってきました。味についてもさらに磨きがかかった感じで、甘いだけでない、食べてうまいミカンになってきたように思います。腐りも減ってきました。そして隔年結果が改善されてきていることが何よりの変化です。

今後は土壌分析を行ない、各養分の適正値内に収まるよう努力していきますが、状況に合わせた適量施肥のコツをつかみたいと思っています。一番の課題は河内晩柑の落果防止とデコポン（不知火）の貯蔵中のヘタ枯れです。これを解決していきたいと思っています。

チャ

(1) 施肥設計の前提と肥料

●チャ栽培の特殊性

チャはきわめて嗜好性が高く、しかも新芽を摘採するという特殊な作物だ。自生しているチャであれば、春に芽が伸びて終わりだが、チャの栽培ではチッソが効いていれば九月下旬から十月まで伸び続ける。

一番茶がもっとも単価が高く商品性も高いので、この新芽をどのように数をふやし充実して伸ばすか（収量）、どのように味をのせていくか（品質）、が課題になる。そのために、これまで玉露やかぶせ茶といった遮光栽培や施肥などのさまざまな技術が開発されてきた。

また、以前は旨みを出すためにチッソ成分で二〇〇kgを超すような過度の施肥も行なわれてきたが、最近は地下水の汚染問題などもあって、環境保全型の施肥改善が行なわれている。

●新芽を充実させ、味をのせる三段施肥

新芽を充実させ、味をのせるための施肥は、三段階に分けると考えやすい。

まず、礼肥によって貯蔵養分を茎や根に貯め、芽数を確保し、元肥で貯蔵養分を使いながら揃った新芽をいっせいに継続して伸ばしていく。そして芽出し肥で旨み成分を新葉に貯めこむのである。

ただし、果樹のように理詰めで施肥内容は決まらないところがある。チャの場合、旨み成分をため込んだおいしいチャをつくるには、アミノ酸が過剰供給されることが不可欠で、「不健康な栽培」も余儀なくされることがあるからだ。

●貯蔵養分の多い茎は赤く太い

チャは八月頃から根や茎に養分を貯めはじめる。チャは、この貯蔵養分を使って新芽を準備するのだが、貯蔵養分の多少で芽の数や大きさがちがってくる。そのためチャの収量を増やすのに、秋の手当てでこの貯蔵養分をどうふやしていくかが重要なポイントになる。そのための施肥が礼肥だ。

秋に十分な貯蔵養分が貯まると、茎がモモの枝のように赤く、太くなってくる。このような茎になれば、含糖率も高く、耐寒性も増している証拠だ。そして茎が太いので、多くの充実した芽が準備でき、その芽を動かすエネルギーも十分に蓄積されている。十分な貯蔵養分が貯まることで、翌春、勢いのよい新芽を数多く準備できるのだ。

●礼肥の効果を高める海草肥料

礼肥のうちミネラル肥料は八月いっぱいまでに施用しておく。九月に入ると秋根が伸び始めるので、その根から吸われるようにしたい。このとき苦土も施用するが、味や香りを高めるという理由から、イオウを含んだ苦土である硫マグと、水マグを混ぜて使うようにする。

このときに施用しておきたい資材が海草肥料だ。海草に含まれているサイトカイニンなどのホルモンによって、芽数が多くなるからだ。この種のホルモンは、光合成の能力を高め、さらに気孔の開閉をふやすように働く。その結果、水の循環がよくなり、水の吸引力が高まる。肥料や水をたくさん吸収することになるので、炭水化物生産が上がり、貯蔵養分をふやすことにつな

がるのだ。

表6-7　チャの施肥の内容とそのねらい

	礼肥	元肥	芽だし肥
	8〜9月	11月	3月
施肥するアミノ酸肥料の特徴	C/N比高いもの	C/N比低いもの	水に溶けやすいこと（コク…C/N比低い 甘み香り…C/N比高い）
施肥するミネラル肥料	石灰、苦土、イオウ、マンガン、ホウ素など	（カリを入れる場合がある）	苦土が必要なときがある カリの効きを抑える 石灰は施用しない
ねらい	貯蔵養分を貯める 芽数をふやし、スタートを揃える	芽を継続的に伸ばす	味をのせる

●C／N比の高いアミノ酸肥料で貯蔵養分をふやす

アミノ酸肥料はミネラル肥料施用後の九月に施用して、茎や根に貯蔵養分を貯める。そのため、チッソが少なく炭水化物含量の多い、C／N比の高いアミノ酸肥料が適している。

もっとも、C／N比の高い堆肥を三tほど施用している場合には、C／N比の低いアミノ酸肥料でもバランスをとることができる。アミノ酸肥料のチッソが多少多くても、この季節はまだ日照もあり、気温も高いので、光合成による炭水化物生産も旺盛だからだ。施肥チッソによって葉緑素を維持できるので、炭水化物の生産量もふやすことができ、貯蔵養分を高めることになる。

礼肥のアミノ酸肥料は、チッソ成分で八％くらいのものを、成分量で一〇kgほどを目安に施肥する。一度に全量を施肥すると芽が伸び出すので、チッソの少ないC／N比の高い肥料とはいえ、何度かに分けて入れるようにしたい。

●元肥で新芽を継続して伸ばす

十一月に施用する元肥は、礼肥によって芽の数が増え、スタートが揃うように準備の整った新芽を、継続して長く伸ばすための肥料だ。晩秋から初冬にかけて施肥し、春、根が動き出す前に根の張っている範囲に届くようにする。そうして、一気に新芽を伸ばす。押し上げるような肥効をねらうため、チッソの多いC／N比の低いアミノ酸肥料を使うのが基本となる。

ただし、あまりチッソ分が多いと、冬もチャの樹が休まないために耐寒性が落ちてしまうので、注意が必要だ。地域やチャ園の条件などを考えて施肥量を決めたい。

●芽出し肥は水溶性アミノ酸肥料で味をのせる

芽出し肥は新芽が伸びる一カ月ほど前（三月上中旬頃）に施して、伸び出した新芽に、味をのせるための肥料だ。寒肥とか春肥と呼ぶ地域もある。

この芽出し肥が品質（味）を左右するもっとも重要な肥料で、新芽が動く前に施肥することがポイントだ。肥料は、水に溶けやすいアミノ酸肥料を使いたい。根から吸収したアミノ酸がそのまま新芽に移行して、チャに味をのせたいからだ。

チャにコクを出したければ、魚液を酵母などで発酵させたC／N比の低いアミノ酸肥料を使い、甘みや香りを増したければ、大豆粕やナタネ油粕と米ヌカで発酵させたC／N比の高いアミノ酸肥料を使う、というように、目指すチャの品質にあわせて使い分ける。

この芽出し肥は、二番茶の芽吹きをよくする肥料でもある。二番茶の前に行なう施肥は三番茶の芽の充実に使われる。チャの芽出し肥は、直後のチャ期に効くのではなく、一つ先のチャ期に効いてくるのだ。

施肥量は、二番茶まで採るとしてチッソで一〇kgほどを施す。

(2) 旨み・甘みをさらに引き出すには

●アミノ酸や炭水化物の遊離物が旨み・甘みとなる

チャの場合、一番茶が伸び始める時期に、アミノ酸などのチッソ化合物が遊離物として豊富にあることが重要で、これが多いことがチャの旨みにつながる。また、水溶性の炭水化物が多ければ、甘みの多いチャ葉となる。

春に伸びる新芽は、アミノ酸などのチッソ化合物や糖などの炭水化物から

写真6-7　アミノ酸肥料を施したチャ。葉のつやがよい（静岡県静岡市）

つくられる。新芽の細胞をつくる材料としては、貯蔵養分が使われたり、春になって根が伸び出して吸収した養分が使われる。これらの養分が豊富にあればあるほど、新芽形成に使われた残りが多くなる。その残った養分が遊離物として新芽にたくわえられ、旨みや

甘みとなる。

●日照量の多少で苦み成分や渋み成分ができる

チャの旨み成分であるテアニンはグルタミン酸の誘導体だから、テアニンをふやすにはグルタミン酸をたくさんつくることが必要だ。チャはもともとアンモニアイオンを直接吸収利用できる作物で、吸収されたアンモニアはグルタミン酸に変換される。

化成栽培では、芽出し肥としてアンモニアを含んだ硫安を多めに使うことで、旨みを増やすことができる。しかし、アンモニア態チッソを過剰に吸収した場合には、旨みと同時に、苦みも感じられることがある。とくに日照量が少ないときに多いようだ。反対に、日照量が多いと、苦みはなくなるものの、今度はせっかくつくった旨み成分であるテアニンがカテキンという渋み成分に変わってしまう。だからよしずなどで遮光する、てんチャ（玉露）のような栽培法が生まれたのだろう。

●有機栽培では苦み・渋みが少なくなる

有機栽培では、礼肥によって十分な貯蔵養分をつくり、さらに芽出し肥のアミノ酸肥料を吸わせることで、チャに旨みと甘みをのせることができる。貯蔵養分中には炭水化物やアミノ酸が含まれているし、アミノ酸肥料には発酵によってさまざまな種類のアミノ酸が含まれている。そしてその量は化成栽培よりも多い。それらの豊富な養分を旨み成分や甘み成分に変換して、新芽に送り込み、旨みと甘みの両立したチャに仕上げるのだ。

アミノ酸肥料は吸われると直接に頂芽部分にあがって、液体の旨み成分としてとどまる。春先は温度がまだ低いので、アミノ酸があがってきても細胞分裂の材料として使い切れず、残ってしまう。それがチャの旨み成分となるのだ。

また、日照量の少ないときは貯蔵養分やアミノ酸肥料の炭水化物部分を使って光合成産物の代替として使うことができるので、苦みの増加を抑えることができる。そして、日照量の多いときには、化成栽培のようにテアニンがカテキンに変わることが少ないようなのだ。この理由はまだ推論の段階なのだが、光合成によって葉でつくられた炭水化物ではカテキンの生成が多いのに対して、根から吸収した炭水化物ではカテキンの生成が少ないのではないかと考えている。

(3) チャ園の施肥のコツ

●ミネラル肥料の施用上の留意点

チャへのミネラル肥料施用上の留意点について以下に述べておく。

苦土は葉緑素を維持するうえでもっとも重要なミネラルだが、前年の礼肥として施しておいた苦土が、一番茶の頃には吸われてしまっていることがある。下葉が落ちる気配があるとか、下葉に椿の葉のようなつやがなくなったときは苦土不足と判断して、一番茶の芽出し肥のときにアミノ酸肥料といっしょに水溶性の苦土の補給をしておく。このときの苦土肥料は水溶性の硫酸苦土（硫マグ）がよい。即効性で早く効くし、イオウ成分を含んでいるので、チャの香りと味をよくするからだ。

石灰も重要なミネラルだが、春先はあまりやらないほうがよい。石灰との拮抗作用によってカリの効きが悪くなり、春の水あげが悪くなるからだ。これは収量・品質に直結するので注意したい。

春先は枝葉がぐんぐん伸びていく時期だから、石灰よりもカリを効かせたいのだ。春になると上根が上がってきて、そのときにカリを吸い、水をどんどん吸収する。カリが水を動かしているので、それに乗って土の中にしみ込んだ石灰もいっしょに吸われていくというかたちにしたい。それが、春に石灰を施肥したのでは、同じ場所でカリと石灰が出会うことになって、拮抗作用によってカリの効きが非常に鈍くなってしまうのだ。

●うね間の有機物対策に粘土

チャの施肥を考えるときに、他の作物と大きくちがうのが、うね間に多量の未分解の有機物が存在しているということだ。

チャは仕立ての関係で、うね間にせん定した枝や葉が多量に入ってしまう。何年か経過すると、うね間にはかなりの量の腐植が貯まってくる。そこへ多量のチッソ肥料を施すと、腐植・有機物の分解が急激に始まり、チャの根までいっしょに腐ってしまうのだ。このため、多くのチャ園では、うね間に根が伸び出せない状況になっている。養分を過不足なく入れたとしても根が伸びていなければ吸うことはできない。

チャでは近年、経済寿命が短くなっているといわれているが、その原因の一端はこのうね間の大量の有機物にあるといえる。

このような急激な分解を防ぐための一つの方法として粘土資材の施用がある。時期は三番茶の時期の前に施用し、三番茶を採らないようにする。うね間には多量の有機物が入っているから、粘土鉱物を入れることで養分を吸着して急激な分解を抑えてくれるのだ。粘土資材は鉄分の多いものを選ぶとよい。鉄は根の呼吸作用を助けるからだ。

　またホウ素不足にも注意したい。ホウ素が不足すると、根がもろく、折れやすくなる。ホウ素の手当ても三番茶前にやる。

●センイ分解菌でうね間の有機物を活用したい

　うね間の有機物対策としていちばんよいのは、馬ふん由来の微生物によって発酵を進めた堆肥を使うことだ。馬の体内に常在している強力なセンイ分解菌によって、うね間にある大量の有機物を分解して、水溶性の炭水化物（糖類など）として利用したい。好気的な発酵で有機物を二酸化炭素として空気中に放出するのではなく、施用したチッソといっしょに分解してアミノ酸をつくり、それをチャに吸わせていく。そうすればうね間の有機物は宝となり、吸収したアミノ酸を使ってチャは旨みの多い充実した新芽を伸ばすことができる。

花き

　花きは野菜以上に種類が豊富で、こういうつくり方がいいと単純にいうことはできない。ここでは、切り花を中心に花き栽培の基本的な考え方について紹介する。

(1) 施肥設計の前提と肥料

●花は切られると子孫を残そうとする

　花は切られるとまず、体内の貯蔵養分（おもに茎に貯蔵されているタンパク質や炭水化物、導管中のアミノ酸など）と吸い上げた水を使って子孫を残そうとする。これは生命の本能といえる働きだ。

　茎に貯蔵されているタンパク質は、吸い上げられた水によって加水分解され、水溶性のアミノ酸になって体内を移動していく。そして、この水溶性のアミノ酸は切り花の葉でつくられた炭水化物といっしょになってタンパク質や脂質として合成され、タネに貯め込まれる。

　タンパク質以外の養分、たとえば糖などの炭水化物や導管中のアミノ酸などもタネに吸引され、加工されて、タネの成熟・充実のために使われる。

このように、切られた花は枯れてしまう前にタネを充実させて、自身の子孫を残そうとする。花瓶から水をあげ、貯蔵養分を効率よく使って、できるだけ長く花を咲かせ、養水分を花に吸引して、次代に充実したタネを残そうとするのだ。そのような能力の高い花が、人間にとっては水あげのよい、日持ちのする花、商品価値の高い花ということになる。

●水あげのよい花、日持ちのよい花と貯蔵炭水化物

切り花だけでなく花一般にも当てはまることなのだが、花（花弁）は葉緑素をもっていないので光合成は行なわず、呼吸しか行なわない。また気孔ももっていないので、葉で行なわれているような蒸散によって水をあげることはできない。では、タネを充実させるために行なう養水分の吸引は、どのように行なっているのだろうか。

養水分をタネに運び込むという仕事をするには、運搬のためのエネルギーが必要になる。花は、そのエネルギーを炭水化物を酸化して取り出す。切り花の茎に貯蔵されている炭水化物と、気孔から取り入れた酸素を使って、呼吸を行なう。その際に、炭水化物は酸素と結びついて有機酸がつくられ、その濃度差（浸透圧の差）を利用して養水分を器官としての花にまで吸引するのである。これが花の水あげということだ。

だから、水あげのよい、日持ちのよい花をつくるには、貯蔵炭水化物量を多くするような栽培がポイントになる。

●花色は炭水化物とミネラルでつくられる

花の価値は水あげ・日持ちだけではない。花色も重要な要素だ。

花の色は炭水化物とミネラルに関係する。花は子孫を残すために養水分を吸引するのだが、吸引された糖やアミノ酸は呼吸によって、さまざまな有機酸につくりかえられることは先に述べた。これらの有機酸とミネラルが結合することによって、さまざまな色が発色するのだ。

炭水化物が有機酸につくりかえられることで浸透圧を生み出すだして養水分を花に吸引するだけでなく、その有機酸がミネラルと一緒になって花の色を演出する。切り花の場合、この有機酸とその有機酸の原料である炭水化物の役割は非常に大きいのだ。

●花の品質を決める炭水化物

このように考えてくると、花の品質を決める水あげや日持ち、花色をよくするには、十分な貯蔵炭水化物と有機酸、ミネラルが必要だということがわ

図6-9　水上げのよい，日持ちのよい花は貯蔵炭水化物量が多い

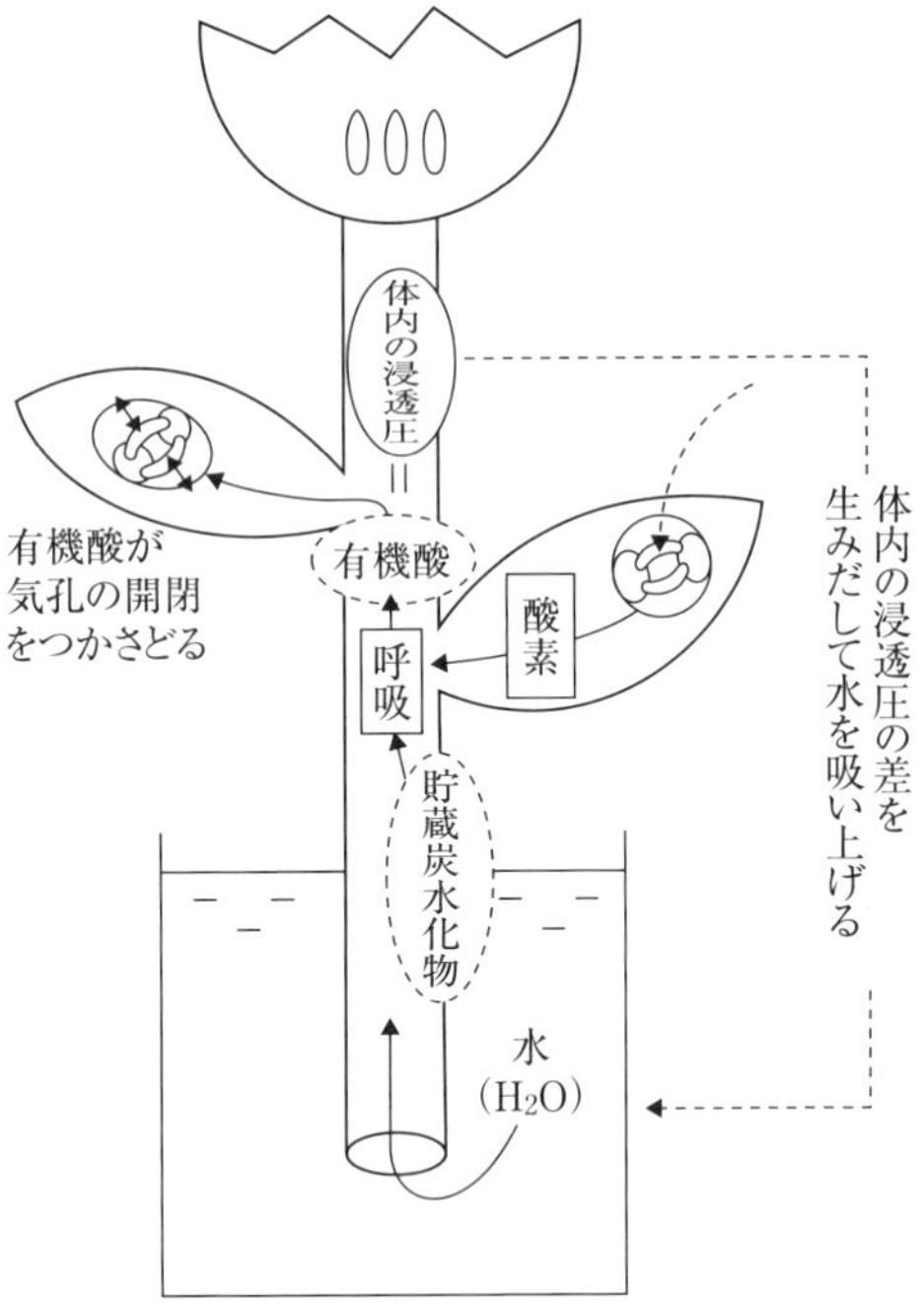

＊吸い上げた水によって貯蔵タンパク質が加水分解されてアミノ酸になり、タネをつくる材料となる
花としては、貯蔵してあるタンパク質と炭水化物が多いほど水上げがよく、十分な日数をかけて充実したタネを残すことができる。結果として日持ちのよい花となる

かる。そしてこれらのうちで、基本になるのが炭水化物だ。

炭水化物が作物体内に十分あってはじめて、十分な量の有機酸が生成できる。そうして水をあげ、ミネラルと結びつくことで花の色を鮮やかにできる。

炭水化物をたくさん生産できるような栽培と、十分な量のミネラルが花づくりには欠かせないということになる。

そしてこのことは、品質だけでなく、収量を上げるためにも重要なことである。

そして有機栽培ならアミノ酸肥料の炭水化物部分を使って、炭水化物を多くすることが容易に実現できる。花では、たとえばキクのようにボリュームのある花と草丈が要求されるようなものでは、葉の枚数を多くしないと立派な花が着かないし、丈も大きくならない。

葉の枚数を多くするには、光合成による炭水化物生産量を多くしなければならない。しかし、生育初期はとくに、小さい葉でつくられる炭水化物だけでは、その後の葉を大きく充実したものにするには十分とはいえない。そこで根から炭水化物を吸収できる、アミノ酸肥料として吸収できる有機栽培が有利になるのだ。

●多肥になっている理由

花では、他の作目に比べてチッソを多く必要とするものは少ない。花は生殖生長部分ではあるものの、果菜類のように果実を何tもつけるわけではないから、本来、チッソは少なくてよい作目なのだ。しかし、丈が伸びないからと、追肥をするクセが多くの農家に見受けられる。チッソの吸収量が少な

い作目なのに施肥量が多いために、土壌分析をしてみると、ＥＣが驚くほど高い圃場がある。ＥＣの値で二を超えることは当たり前となっている作目もある。

このように多肥になっているのは、それなりの理由がある。花の栽培は、寒い時期の苗つくり、作付けになることが多い。地温が低く、まだ根量も少ないので、肥料の吸収は少なく、花の苗の反応も鈍い。そのため、チッソで育てようという考えが強くなって、どうしても施肥量が多くなりがちなのだ。

そしてだんだん暖かくなってきて、水も十分にやれるようになってくると、根も伸び出してくる。初期に吸われなかったチッソが急速に吸われはじめ、生育は一転、今度は徒長気味になる。これでは花が着かなくなるからと、水を絞る。すると元肥のチッソ量が多いものだから、肥料濃度が高くなり、根傷みをおこす。十分な肥料養分が吸えないために、伸びが悪くなる。するとチッソの追肥でもちなおそうとするが、うまくいかない。

元肥、追肥での施用で、チッソは過剰状態となり、ＥＣは高くなる。病虫害も受けやすく、茎も徒長気味になるために花も十分な大きさにならない。農薬が多くなり、それでも収量・品質が伴わないことが多い。

⑵　施肥の実際

●葉を大きくして、初期から光合成を行なえる体勢に

水あげ・日持ちがよく、色もよくするためには、炭水化物の総量が多くなければならないことは先に見たとおりだ。さらに、花を大きくするためには、台座となる茎が太くなければならない。そのためには、地温が低くても、初期の葉を大きく、根をできるだけ伸ばしておくことが大切なのだ。そのような初期生育を実現するには、タンパク質合成の材料である炭水化物が必要になる。

●炭水化物総量が多くなることのメリット

有機栽培では、良質堆肥とアミノ酸肥料の施用で、花は根からも炭水化物を取り込むことができる。このことによって、初期から葉を大きく、根を伸ばすことが可能になり、葉の光合成能力を高く維持しながら初期生育を進めることができる。根からの炭水化物と、葉が大きいことによる光合成能力の増大によって、生育初期から炭水化物の総量を多く維持することができる。

こうして炭水化物総量が多くなるために、茎も太くなり、ボリュームのある花をつくることができるようになる。

有機酸も生成され、吸収されたミネラルと結びついて、品種固有のあざやかな花色となる。さらに、炭水化物の一部は太い茎に貯蔵される。そして、この貯蔵炭水化物が、切り花にしたときの水あげや日持ちをよくすることに使われていくのだ。

●良質堆肥とC／N比の高いアミノ酸肥料で出発

以上のように考えてくると、切り花での基本的な栽培パターンが見えてくる。

花づくりのポイントは、生育初期の葉を大きくし、根量をどう確保するかにある。そのためには、葉でつくる炭水化物だけでは不十分で、初期、低温でも吸収利用されやすい、水溶性の炭水化物を十分供給したい。そのために、水溶性炭水化物の多い良質堆肥とC／N比の高いアミノ酸肥料を組み合わせる。必要としている炭水化物は堆肥のもっている水溶性炭水化物で、初期の肥効はアミノ酸肥料でまかなうようにする。肥効も堆肥とアミノ酸肥料の組みあわせで、じっくり長く効くようになる。

そしてミネラルはきちんとバランスよく施用する。カリ過剰による石灰欠・苦土欠がよく見られる。茎が弱くて、途中で折れてしまう「茎折れ」が見られる圃場では、注意が必要だ。基本的にはこれまでも紹介してきた施肥設計ソフトを利用するが、花は種類も多く、多種多様であるから、作目・品種にあった養分バランスを見つけていただきたい。

飼料作物

(1) 施肥設計の前提と肥料

●苦土欠からおきる硝酸塩中毒

飼料作物で多いのは、苦土欠、カリ過剰である。家畜ふん尿が循環しているために、カリが蓄積して、石灰や苦土が効きづらくなって、飼料としての品質が低下している。一番怖いのは、苦土が吸われないことによって炭水化物が減り、そこに土壌の乾燥が加わると、硝酸態チッソがふえてくる。乾燥によって有機態チッソも硝酸態チッソになる。しかもカリの拮抗作用によって苦土があっても吸われない、あるいは苦土が施肥されていないと、飼料中の硝酸態チッソが高くなり、動物にとって危険な飼料になってしまう。人間でいう「ブルーベビー」、硝酸塩中毒が家畜におきてしまうのだ。

牛の場合、放牧しているときにはふん尿をしたところの青々とした葉は食べない。このことから考えれば、ふん尿だけを散布して牧草をつくることは牛の本能に反することになる。しかし、青々とした葉も枯れかかると食べる。ということは、枯れかかるまでの間に、炭水化物が蓄積されて、食べられるようになったということ。しかし、苦土欠ではそれもできない。またいろいろなミネラルはエサに添加されているが、体に吸収さて、ふん尿中に排出される量は意外と少ない。そのため、鉄などの微量要素欠乏もひどい。

●苦土が効くことで生育が変わる

対策としては、基本的には飼料作物といえども、土壌分析を行なって、きちっと施肥設計をする。とくにふん尿が投入されている飼料畑では、畜舎に近いほど投入量が多く、遠く離れているほど投入量が少なくなりがちである。飼料畑ごとに土壌分析結果が大きく異なることが多いので、飼料畑ごとに土壌分析、施肥設計を心がけたい。

分析結果にもとづいて石灰と苦土などをきちっと施用する。このようにすると、牛の食い込みもまるっきりよくなり、病気も減ってくる。

苦土が効いてくると、油を引いたように葉がてかてか光ってくる。硝酸が多いと、光を吸い込んでしまうような、くすんだ濃い色になる。

苦土が効いた飼料を食べると健康になり、繁殖率が変わってくる。毛が油を引いたようにつやが出てくる。飼養管理にしても繁殖率が高まり、頭数が取れるようになるので、出費はふえてもそれによる見返りは十分ある。さらに肉質についてもアミノ酸量がふえて、旨みのある肉になる。また硝酸態チッソが少ないために、肉色の劣化が遅くなる。

トウモロコシも、まったく同じ。外国から飼料を輸入するよりは、増えつつある遊休地を利用して、きちっと設計した粗飼料をつくることが必要だ。外国からの飼料の輸入はチッソの輸入であり、循環型の農業を目指さなければならないこれからの農業の姿とは相容れないものである。また、食品の安全を考えた場合、人間の摂取する栄養価を考えた作物の設計だけではなく、動物にもきちっとしたものを食べさせ、健康な畜産から良質の畜産物を生産することが必要だ。

過剰障害に対する処方箋

(1) 養分の過剰はどこでもおこり得る

●有機でも養分過剰障害!?

化成栽培では、ハウスをはじめとして、養分の過剰施肥、過剰蓄積が問題となっているが、有機栽培でも同じような問題がおきはじめている。土壌の保肥力以上に肥料成分が入りすぎている田畑が少なからずある。とくに有機栽培の場合、養分過剰を招く要因は次の三つだ。

一つは、自分の使っている資材の成分を知らずに使っていること。

二つは、カリの多い堆肥を多投していること。堆肥を入れて土は軟らかくなったのだが、カリも過剰になってしまったということがよくある。

三つは、「有機に過剰症はない」という思い込みから養分過剰を招いてしまうこと。たとえば米ヌカを使ったボカシ肥なら過剰症はないだろう考えて施用するのだが、土にリン酸が多いような場合だと、リン酸過剰になるのに時間はかからない。

●堆肥と米ヌカによる養分過剰

有機栽培で過剰を招いている資材の筆頭は、堆肥と米ヌカだろう。

堆肥をまけば、田畑には微生物や肥料成分、腐植などが入ることになる。しかし、腐植の部分はよくても、肥料成分のカリも入る。牛ふんなどの堆肥では、尿由来のカリも多く、過剰になることもある。

さらに米ヌカは、自分の使っている資材の成分を知らないものの代表ともいえる。とくに微生物農法をやっている方は米ヌカの使用率が高い。そのためにリン酸の過剰障害はよく見られる。とくに根菜類、ニンジンやゴボウの腐り、ハクサイやキャベツの内部腐敗、根腐れなどの病気もリン酸過剰がその要因なのである。これでは有機だから安全だとはいえなくなってしまう。入手しやすく、低コストだからといって多く使っても大丈夫だとはいえない。適度に使うことが肝要なのだ。

その他、入れすぎて過剰になっている資材に、ゼオライト系の粘土がある。吸肥力が強すぎて肥効が極端に落ちてしまう。施肥してもその反応が全然ない。粒度が細かくて、水はけを悪くしていることも多い。

●根酸量不足による残留

ハウス土壌などで、苦土の不足から葉緑素の活力が低下し、炭水化物量が減ってその結果、根酸の分泌が衰えるために、リン酸などのミネラルが吸収されずに土の中に残ることがある。つまり、苦土を入れないために、過剰害を招くこともあるのだ。これは土壌分析で確実に出てくる。苦土の追肥で根酸量をふやすことができれば、残留していたミネラルも溶け出して作物に吸収され、その結果、過剰害が解消されることもある。

(2) カリ過剰

●カリ過剰になると…

作物のカリ過剰は、カリがぜいたく吸収されることで石灰や苦土の吸収が阻害されることでおきてくる。カリが吸われることによる拮抗作用だ。そのため、カリ過剰は石灰欠、苦土欠というかたちで現われてくる。

石灰欠になると、作物の内部褐変や葉菜のチップバーン、リンゴのツル割れなどがおきる。苦土欠になると葉が薄くなり、葉の病気がおきやすくなる。また葉の枯れ上がりや早期落葉もよく見られる。

●カリ過剰には石灰・苦土の追肥

カリ過剰がおきるのは一般的には堆肥の入れすぎが原因だ。カリ過剰のときは、カリは施肥しないで、カリと拮抗作用のある石灰と苦土を上手に使う。水溶性の石灰と苦土を追肥のかたちで補っていくことが唯一の対策になる。

濃い濃度の石灰と苦土を追肥して作物に優先的に吸わせ、カリの吸収を抑える。最初に石灰と苦土を吸わせて、光合成がしっかり行なわれるようになれば多少のカリ過剰は緩和できる。

石灰、苦土によってカリの吸収を抑えるという方法は、「追肥で行なう」ということがポイントだ。追肥ではなく元肥で対応したのでは、他の養分も過剰になってしまうからだ。石灰・苦土・カリの五：二：一というミネラルバランスを元肥でとった場合、カリ過剰の土では、石灰も苦土も入れすぎになる。pHが上がりすぎたり、または過剰障害を招くことになる。

なお、水溶性の苦土というと硫酸苦土を使うことになるが、これは多すぎては根を傷める場合があるので、注意が必要である。

(3) 石灰の過剰

●石灰過剰の症状

石灰が過剰になると、葉色が黄色くなって、生育不良になり伸びが悪くなる。pHが上がることで鉄や亜鉛、銅、マンガンなどの微量要素の吸収が悪くなる。

●対策は水溶性苦土

石灰過剰への対策は、水溶性の苦土を補うことになる。カリ過剰と考え方は同じでよい。水溶性の苦土を優先的に吸わせ、強引にバランスさせて、炭水化物生産を高め、根酸量をふやし、カルシウムの吸収を促すのだ。

とくにハウス栽培の場合には、石灰・苦土・カリ比を石灰を基準に五：二：一に強引に揃えてしまう方法もある。土壌溶液中に溶け出す量を、水を制限することで調節してしまうというハウスならではの裏技だ。この方法が使えるのは、メロン、トマトといった、水を絞っての栽培で、収量が少なくても高糖度なら経営がやっていける作物に限られる。石灰過剰の土に対して、石灰を基準に五：二：一に揃えるのだから、他の苦土やカリを過剰施肥することになり、ＣＥＣを確実にオーバーした施肥量となるが、水を絞って肥料の溶け出しを制限できるので栽培上の問題はあまり生じない。病気は極端に減り、葉カビとか地上部の病害も出なくなる。ただし、収穫物が独特な味に変わることもある。

(4) リン酸過剰

●今後問題になるリン酸過剰

いま、よく目にするのはリン酸過剰だ。リン酸の過剰によって根の病虫害がふえる。根こぶ病や根腐れ、病原性の糸状菌による病気やセンチュウなどは、リン酸過剰が引き金になっているように感じられる。

リン酸の過剰によって植物体内の養分移動が滞ってしまったり、土壌中の病原菌が増加したりして、根のある部分が根傷みし、そこから病気や害虫が作物をおかすようになる。

また、リン酸が微量要素などのいろいろな物質を吸着してしまい、生長ホルモンの原材料であるミネラル類が吸着されて、吸収されなくなる。その結果、生育が悪くなってしまうこともある。

●苦土を施用、微量要素欠乏に注意

リン酸過剰は苦土さえきちっとやっていれば、そんなに問題にならない。ただ、苦土の効果によって微量要素の消耗が激しくなる。その年に欠乏症状が出てくることは経験上あまりないが、二、三作後には微量要素欠乏が顕著に出始めるようになるので注意が必要だ。

顕著に減るのは鉄とマンガン。鉄が欠乏すると、生長点が異常になるのと、直根の減少によって深いところまで根が伸びなくなる。そして葉緑素の抜け

が出る。マンガンは、葉の色むらが出、葉緑素の色がちょっとくすんだようになる。これらはあっという間に出るので、土壌分析をして、微量要素、とくに鉄とマンガンの消長をしっかり把握して、不足していれば施用しなければならない。

(5) 硝酸態チッソの過剰

●硝酸態チッソの過剰問題

硝酸態チッソの問題は、古くから酪農では、粗飼料中にふん尿由来の硝酸態チッソが高濃度に蓄積し、その粗飼料を食べた乳牛が硝酸塩中毒をおこすことが問題になっていた。最近では、人間の食べる食品中の硝酸塩が問題にされはじめており、すでにヨーロッパでは規制が進んでいる。高濃度の硝酸塩を含んだ食品は、赤血球の酸素運搬能力を低下させ、さらには発がん物質が生み出されることなどが問題視されている。そんなことから、日本でも注目されており、硝酸の含有量を規制している流通団体も出てきている。

いっぽうで、硝酸態チッソの過剰は作物も不健康にする。光合成能力の低下や病虫害の呼び水ともなっており、収量・品質の低下を招いている。

有機栽培は、作物を健康にし、食べると健康になるような農産物の生産を目指さなければならない。硝酸態チッソの過剰は、堆肥を施用している有機栽培では避けて通れない課題となってきている。

●過剰になっている原因

硝酸態チッソが過剰となっている要因をいくつかの側面からみると、次のようになる。

土の側からいうと、堆肥の過剰施用と土の乾燥。とくに堆肥の多投が要因としては大きい。畑作の場合、土が乾燥すると硝酸化成菌などの微生物によって、有機態のチッソも硝酸に変化していく。過剰な施肥を行なっていれば、この傾向はなお強くなる。堆肥の場合、その質に関係なく、硝酸になる確率は高い。発酵の進んだ良質堆肥では、発酵生成物であるアミノ酸よりさらに分解が進み、硝酸に変化しやすいのだ。堆肥の多投された畑で、干ばつの後に大雨が降ったような場合は要注意で、作物に硝酸態チッソが吸われやすい。有機栽培だから大丈夫とはとてもいえない。

作物側でいうと、光合成でつくられる炭水化物不足。炭水化物が不足しているためにアミノ酸やタンパク質への同化がスムーズに進行せず、硝酸態チッソが余ってしまう。光合成による炭水化物生産が不足してしまうのは、日照不足と、苦土・マンガン・鉄などの不足による葉緑素の不完全の二つを要因として上げることができる。

●過剰施肥の改善策

硝酸態チッソの過剰をどう改善していったらいいのか。

まず過剰施肥に対する改善策としては、自分の使っている資材の成分をきちんと調べておくことで、かなり解決がつく。

たとえば、堆肥のチッソ成分が一%だとして、三t入れば、三〇kgのチッソ量になる。このうち半分が有効に利用されたとしても一五kgのチッソが吸収される。この堆肥量でホウレンソウをつくれば、乾燥したら確実に硝酸態チッソが多くなる。雨が多ければ、過剰チッソによるべと病などさまざまな病気がふえて、収量・品質が低迷してしまう。食品としても不可、経営としても不可ということになる。

この例のように、堆肥のチッソ成分といった資材の内容と、作物の必要量を知っておくことが大切で、そのことが過剰施肥改善の第一歩なのだ。

●葉緑素の機能マヒでチッソが蓄積する

葉緑素はどのようにつくられるか、ミネラルとの関係で簡単にみておこう。

まず貯めていた炭水化物で苦土の入る骨格をつくる。骨格をつくるエネルギーを取り出すために必要になるのが鉄だ。骨格ができたところで、苦土が組み込まれて葉緑素が完成する。そして完成した葉緑素によって行なわれる光合成では、二酸化炭素と水とを原料として炭水化物をつくるわけだが、二酸化炭素を吸って炭水化物をつくる際にマンガンが必要になる。

葉緑素に関連しては、鉄、苦土、マンガンが、この順で必要になる。だから、これらのミネラルが不足しては、炭水化物の生産が滞ることになる。

タンパク質を合成するためには、チッソと炭水化物をくっつけなければならない。その炭水化物生産が滞ってしまうということは、吸われた硝酸が余ってしまうということだ。

作物体内に硝酸態チッソがたまると、光合成の原料である水のECの値が増加して、葉緑素は十分な活動ができなくなってしまう。葉緑素が濃度障害をおこして、機能がマヒする。こうなると光合成の炭水化物生産能力がさらに低下して、チッソ同化がますます進まなくなってしまう。悪循環に陥って、作物の硝酸態チッソはさらに蓄積されてしまうことになる。

●葉水による改善策

このように、ミネラル不足が引き金になって、葉緑素が機能不全に陥ると、

図6-10　硝酸態チッソ過剰の要因

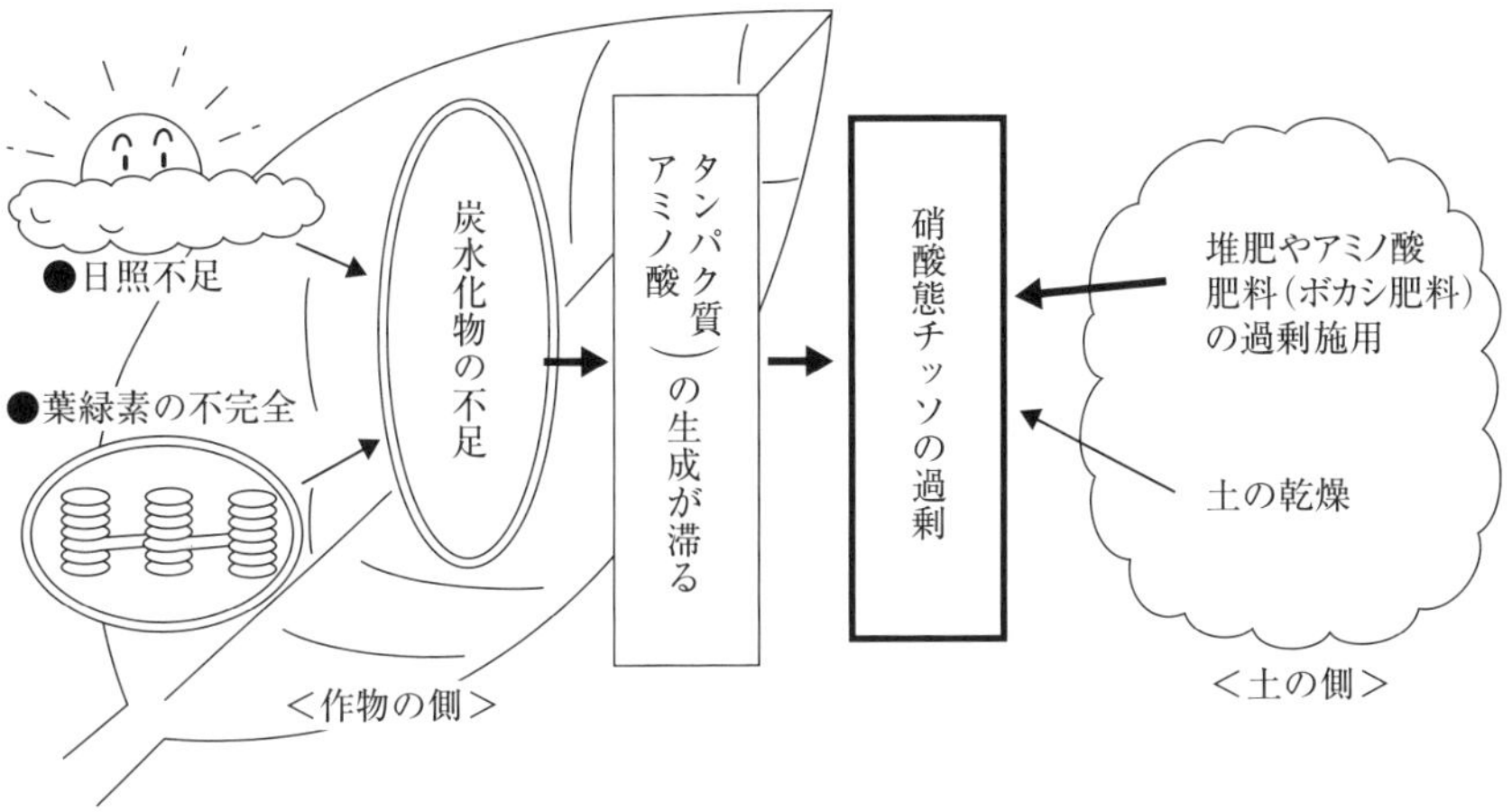

硝酸態チッソの過剰蓄積がおきる。このばあいの対策としては、葉緑素の働きを整えるための鉄、苦土、マンガンをきちっとやること。そして、硝酸化成菌の活動を弱めるために、土を湿らせておくことだ。

硝酸態チッソの過剰蓄積はハウスに多い。人為的に雨不足にし、土の乾燥を進めてしまっているからだ

硝酸態チッソの過剰蓄積を緩和する方法として、酢とか水を葉にかける方法がある。酢は炭水化物なので、過剰チッソとくっついてアミノ酸合成を進めることができる。また葉水の場合は、硝酸による濃度障害を葉水によって薄めてやり、作物の炭水化物生産能力の回復をはかることで、硝酸態チッソをアミノ酸に組み込むことができるようになる。

具体的には、葉水をやってから、土にたっぷりかん水する。葉水で光合成を再開させて炭水化物をまずつくり、その後で、かん水によって土中のチッソを吸えるようにして、タンパク合成を進めるのだ。まちがっても、はじめにかん水してはならない。かん水によって土壌中のチッソが吸収されると、葉中の硝酸態チッソの濃度を薄めることにならないからだ。

この方法は水を大量に使うので、高うね栽培なら安心だ。また、葉水で潤して光合成を動き出すようにするためには、朝の九時、十時頃に霧のようにかけてやる。天気のよい朝に行なうことで、光合成による炭水化物生産がスムーズに行なわれ、タンパク合成が進む。こうしてはじめて硝酸態チッソの濃度が薄まっていく。

有機栽培と病虫害対策

無農薬での栽培が基本である有機栽培のばあい、病気や害虫の防除は大きな課題だ。各地でさまざまな工夫がなされているが、ここでは、有機栽培での病虫害防除の考え方を中心に、耕種的な防除、とくに施肥に絡む方法について紹介する。

病気や害虫が発生して、農作物に被害をもたらすのは、基本的には、農作物が病虫害に好まれる状態にある、病虫害を招く要因をもっている、ということだ。だから、その病虫害に好まれる状態を改善し、病虫害を招く要因を取り除く、あるいは少なくすることで、病虫害の被害を少なくすることができるはずだ。

そのためにはまず、病虫害を招く要因について知っておく必要がある。

(1) 病虫害を招いてしまう要因

●害虫が寄ってくる理由

作物が害虫の被害を受けるのは、作物が害虫をよび寄せる条件を備えているからだ。

害虫が作物に被害をもたらすのは、そのほとんどが作物の葉や茎、果実などを食害したり、樹液を吸汁することによってだ。つまり、エサとしてその作物が価値あるものだから、害虫は寄ってきて、食害によって作物の細胞や樹液などを体内に取り込み、消化吸収して、自身の子孫の繁栄に役立てようとする。

害虫だけでなく虫たちは、一般に生きている期間（寿命）が短い。その短い間に、卵からふ化し、幼虫、成虫と成長し、さらに産卵して、子孫をふやそうとする。たとえばナミハダニなどは一〇日で卵から成虫になり、一〇〇～一五〇個の卵を産むといわれている。短期間のうちにこれだけの仕事をするわけだから、栄養として摂取する食物は、卵の成分でもあるタンパク質が豊富であるほうが、害虫の繁栄にとって好都合だ。

つまり害虫にとっては、食品である農作物は高タンパクであるほどよいということになる。そのような作物というのは、C／N比の低い、チッソの多い作物だ。

逆にC／N比の高い、センイ質の多い物質ではエサになりにくい。そのような物質では、体づくり、何より卵をつくるためのチッソ分が少なく、子孫を繁栄させるための効率がよくないからだ（セルロースを食べる害虫の場合でも、同じ作目であればC／N比の低いほうを選ぶ傾向はあるようだ）。

●病原菌が寄ってくる理由

病原菌のほうはどうだろうか。

害虫と比べると病原菌の増殖速度はさらに大きい。自身を細胞分裂によって分裂させてふやしたり、胞子を飛ばしたりして増殖するのだが、その本質は害虫と変わらない。つまり、タンパク質の再生産によって自身の子孫を残す、ということだ。

病原菌は作物にとりついて、細胞の中に菌糸を伸ばして養分を取り込み、自身の栄養とする。このときの病原菌の戦略としては、とりついた細胞が自身の増殖に適した栄養状態であれば、より増殖がスムーズにいくことになる。つまり病勢が拡大することになる。病原菌が増殖するのに適した栄養状態というのは、タンパク質の再生産を担えるC／N比の低い、チッソの多い栄養状態ということだ。

●アミドが病害虫を呼び寄せる

作物の細胞をつくっているタンパク質の原料はアミノ酸だ。このアミノ酸は、化成栽培では、根から吸収された硝酸が、亜硝酸、アンモニアと形を変え、光合成でつくられた炭水化物と一緒になってつくられる。つくられたアミノ酸は生長点や細胞などに送られ組み合わされて、より大きな物質であるタンパク質、さらに細胞となっていく。

ところが、条件によっては正常なアミノ酸にならない場合がある。たとえば、施肥量が多くてチッソが過剰になったとき、日照不足で炭水化物の量が減ってしまったときだ。そんなときは、一般にアミドと呼ばれているチッソの多い化合物になる。

このアミドというチッソ化合物は不安定で、十分な炭水化物と一緒にならないと安定な物質（アミノ酸など）にならない。作物体内では細胞の液胞などにたまっており、作物に傷がつくともれだしたり、葉面から染み出したりする。アミドには特有のにおいがあり、このにおいに虫たちが呼び寄せられる。

ということは、C／N比の低い、チッソの多い栄養状態の作物に害虫は呼び寄せられるということであり、このような条件は、害虫だけでなく病原菌もまた好むのだ。つまり、相対的にチッソが多く炭水化物が少ない条件というのは、アミドなどが多く生成され、ため込まれることによって、害虫を誘引し、病原菌をふやすことになりやすい、ということだ。

(2) 有機栽培での病虫害対策

●炭水化物の量とバランスしたチッソ施肥

病虫害に好まれる作物の栄養条件は、C／N比の低い、チッソの多い状態であるということを考えると、病虫害対策の基本は、まず適切なチッソ分の供給を行ない、光合成によってつくられる炭水化物との適当なバランスを維持することだ。

チッソの適切な施肥量を守ることは作物栽培の基本だ。チッソの過剰は枝葉を繁らせるばかりで光の利用、呼吸の増大などロスが多い。さらにチッソに対して炭水化物が不足している状態なので、セルロースなどのセンイ質も十分つくることができない。表皮も薄くなってしまい、作物を軟弱にして病気や害虫に対する抵抗力を低下させてしまう。さらに、表皮が薄くなるということは、導管や師管までの距離が短くなることを意味しており、病原菌の侵入も容易にしてしまう。根も肥焼けのような状態になれば、土壌病原菌の侵入を許してしまいやすいことになる。

もちろんチッソ不足では、光合成を行なっている葉緑素を維持できない。作物の生育、土の状態に見あったチッソ施肥が必要になる。

●光合成をしっかり行なえる条件づくり

次に考えなければならないことは、光合成による炭水化物生産が順調に行なわれるようにすることだ。炭水化物が多ければ、それだけC／N比を高くできることになり、病害虫にとっては居心地の悪い環境をつくり出すことができるからだ。つまり、光合成がしっかり行なわれるような条件づくりということになる。

そのためには、苦土を中心に光合成にかかわるさまざまなミネラル分を過不足なく供給しなければならない。苦土は葉緑素の中核ミネラルであり、もっとも重要な物質だ。また、第2章で紹介したように、光合成には苦土の他に銅やマンガン、鉄といった微量要素が必要になる。これら微量要素も含めたミネラルのバランスと量も光合成をしっかり行なうための重要なポイントになる。

●タンパク合成をスムーズに進める

さらに、アミノ酸からタンパク質への合成をスムーズに手早く進める必要がある。ここでも、さまざまな微量要素がかかわってくる。

タンパク質合成の段階で、微量要素欠乏をおこすと、アミドなどが生成され、病気と害虫を呼んでしまう。アミドがつくられても、すぐに炭水化物やアミノ酸と結びつけてタンパク質につくり換えることができれば、その誘引効果は長続きしないことになる。つまり、タンパク合成までを手際よく進めることが病虫害対策になるのだ。

タンパク合成にかかわる微量要素としては、とくに銅が重要な役割を果たしている。硫酸銅が成分であるボルドーは殺菌剤だが、実は銅によって順調にタンパク合成が進むので、細胞壁、表皮がしっかりすることによる効果もあるのである。銅は、アミノ酸をタンパク質に変えるときに触媒の働きをする。銅がないと、生長点に運ばれたアミノ酸はたまったままの状態で、いっこうにタンパク質として合成されないのだ。

●炭水化物総量が多い有機栽培の長所を生かす

作物栽培はいろいろな自然条件に制約される。だから、病虫害対策として前述した、チッソの適正施肥や不足している微量要素の補給をしたとしても、たとえば硝酸からアミノ酸、タンパク質と合成がスムーズに進まないでアミドのような物質ができてしまうことがある。

たとえば天候が悪化したような場合は、吸収したチッソ分に見あう炭水化物が生産できないので、アミドのようなC／N比の低い物質もできやすくなる。曇雨天が続けば、作物に限らず、病害が多くなるのは、このような作物体内の栄養状態も大きく関係している。

このような条件のなかでも、有機栽培ではアミノ酸肥料のもっている炭水化物部分や良質堆肥の水溶性炭水化物を、光合成の代替物として使うことができる。作物の総炭水化物量は多くなるので、チッソとのバランスもとりやすく、アミドなどの生成も少ない。また、たとえアミドがつくられても、豊富な炭水化物を用いることで作物は、アミノ酸やタンパク質などへの同化をすばやく進めることができる。そのため、害虫が集まる前に、病原菌が増殖する前に、アミドがタンパクなどに同化されてしまう。炭水化物が多いために、タンパク質への同化のスピードが速く、病虫害に取り付く島を与えないのだ。

さらに、豊富な炭水化物はセルロースなどのセンイをつくり、表皮を硬くする。そのため、害虫は歯が立たなくなり、病原菌の侵入を防ぐことにつながる。

病虫害防除でも基本は炭水化物なのだ。炭水化物がたくさんなければ、すべては起動しないということになる。

図6-11　病虫害発生の要因と総合的な防除

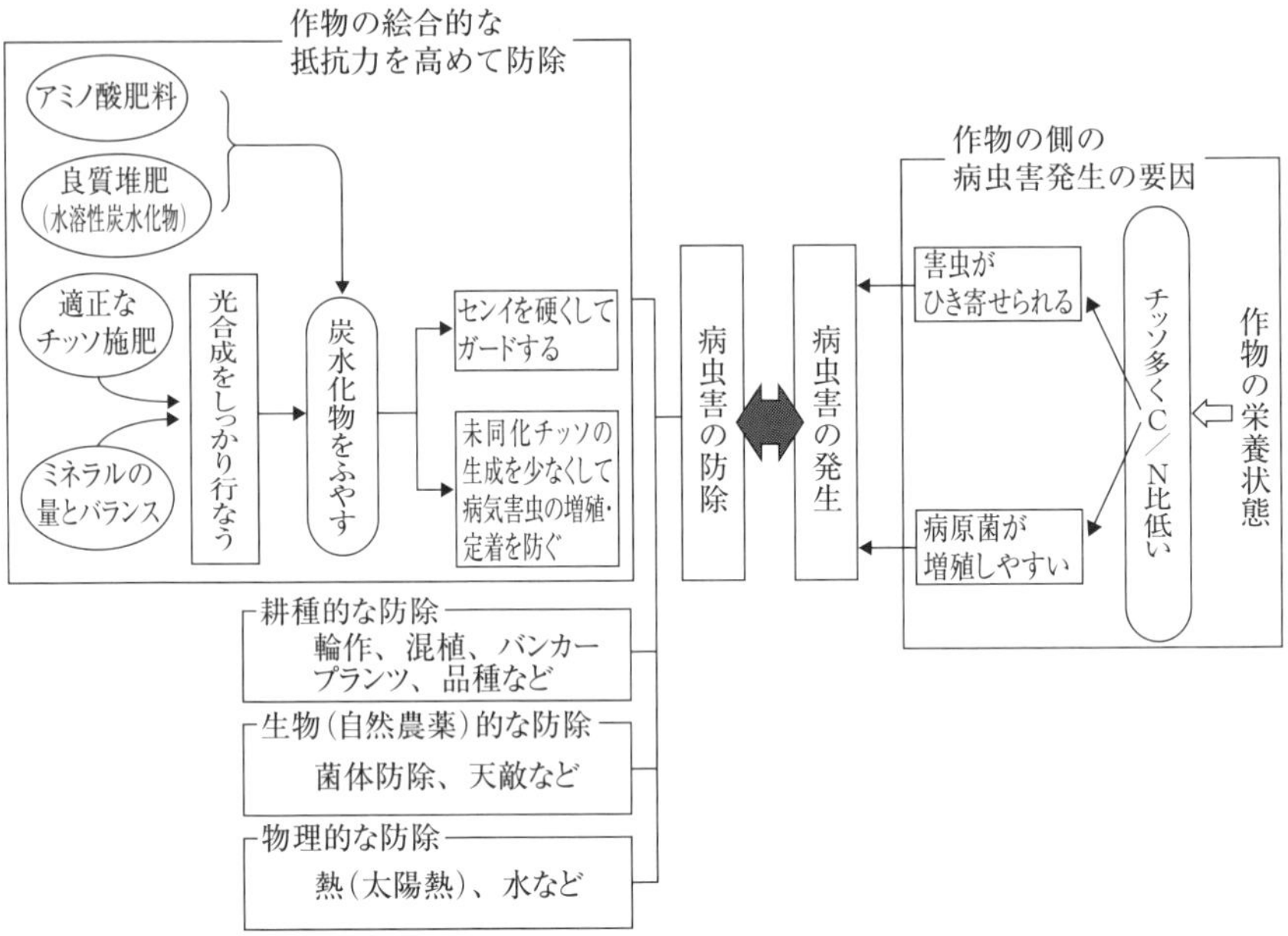

●表皮に病害抵抗力をつける石灰の効用

病原菌を防ぐのに、表皮を厚く、強くするという物理的な障壁を設ける方法がある。炭水化物を原料につくられたセルロースを生かす方法の他に、石灰を効かせる方法もある。石灰を効かせることで、細胞壁、表皮を強くして病原菌の侵入を防ぐことも可能だ。さらに石灰には、ポリガラクチオナーゼという細胞壁溶解酵素をもっている菌の活性を止めてしまうという化学的な働きがある。

もっとも、炭水化物生産が少なくては石灰を吸うための根酸量も少なくなるので、細胞壁を溶かす病原菌に対する抵抗力が発揮できなくなる。石灰などのミネラル吸収の場面でも、炭水化物が重要な役割を担っているのだ。

●エチレン効果を引き出す炭水化物

さらに、炭水化物量がふえてくると、アミノ酸の一種のメチオニンのエチレン合成能が高くなることが知られている。

エチレンは殺菌作用があって、そのエチレンをつくり出すためには炭水化物がたくさん必要になる。さらにイオウも関わってくる。メチオニンの合成にはイオウが必要だからだ。

炭水化物が豊富にあることは、いろいろな病虫害抵抗力を誘導することができるということなのだ。

その他、注意を喚起しておきたいものに苦土がある。まだハッキリはわからないが、どうも苦土を多用していくと、虫があまり寄らなくなるという現象が見られる。ハモグリバエやイネミズゾウムシの被害がなくなったという事例が見られ、苦土には害虫忌避効果があるのかもしれないと考えている。苦土は「苦い土」と書くので、虫を寄せ付けないのかもしれない。

●炭水化物を生かした総合的な防除

作物の栄養状態と病害虫の関連を述べてきたが、もちろん紹介した以外にもいろいろな対策がある。天敵やバンカープランツといった害虫防除の方法や、微生物の力を生かした菌体防除、熱や水の力を利用した物理的な防除法など、実にさまざまである。これらの詳細については、月刊誌の『現代農業』などで紹介されているので、参照していただきたい。

病虫害を招かないための基本は、まず光合成がしっかり行なわれるように条件を整えること、チッソの過剰施肥をしないこと、ミネラルのバランス・量を整えることだ。このようにすることで、センイを硬くして病虫害の侵入を防ぎ、アミドのような未同化のチッソ化合物の生成を少なくして病気や害虫の定着・増殖を防ぐことができる。これら対策は煎じ詰めれば、作物の炭水化物総量をどうやってふやしていくかということでもある。

以上の手立ては、施肥設計の基本でもあるのだが、同時に病虫害に対する作物の総合的な抵抗力を高めることでもある。このような基本の上にさらに、さまざまな耕種的な防除法を組み合わせることで、病虫害の被害を最小限に抑えることが可能になる。

有機栽培は根から炭水化物を供給することができるという特徴を生かすことで、作物の無農薬栽培を実現できるもっとも近い位置にある栽培方法なのである。

第7章

堆肥・アミノ酸肥料（ボカシ肥料）のつくり方

堆肥の効用、アミノ酸肥料の効用

(1) C／N比からみた堆肥とアミノ酸肥料

●堆肥とアミノ酸肥料をC／N比で分類すると

本章で紹介する堆肥とアミノ酸肥料は、基本的なつくり方に大きな違いはない。しかし、有機物の素材や発酵の仕方によって、チッソが多くて肥料的な効果の高いものと、チッソは少ないものの腐植が多く土の団粒構造を発達させる効果の高いものとができる。便宜上、肥料的な効果の高いものを「アミノ酸肥料」または「ボカシ肥料」とよび、団粒構造を発達させる効果の高いものを「堆肥」と呼ぶことにする。

C／N比で分けると、おおよそC／N比一三以下のものをアミノ酸肥料（ボカシ肥料）、おおよそ一五～二五のものを堆肥とする。二五以上だと、有機物が分解するときに作物が利用するはずの土壌中のチッソを奪い、作物の生育を妨げてしまうことがある。一般に「チッソ飢餓」と呼ばれている現象で、このような有機物は堆肥とは呼べない。

●C／N比の大小によって効用がちがってくる

図7―1はC／N比のちがいによって、有機物施用の効用がどのように変わるかをみたものだ。

チッソ供給力、つまりチッソ肥料的

図7-1　C/N比のちがいによる有機物施用の効果（イメージ図）

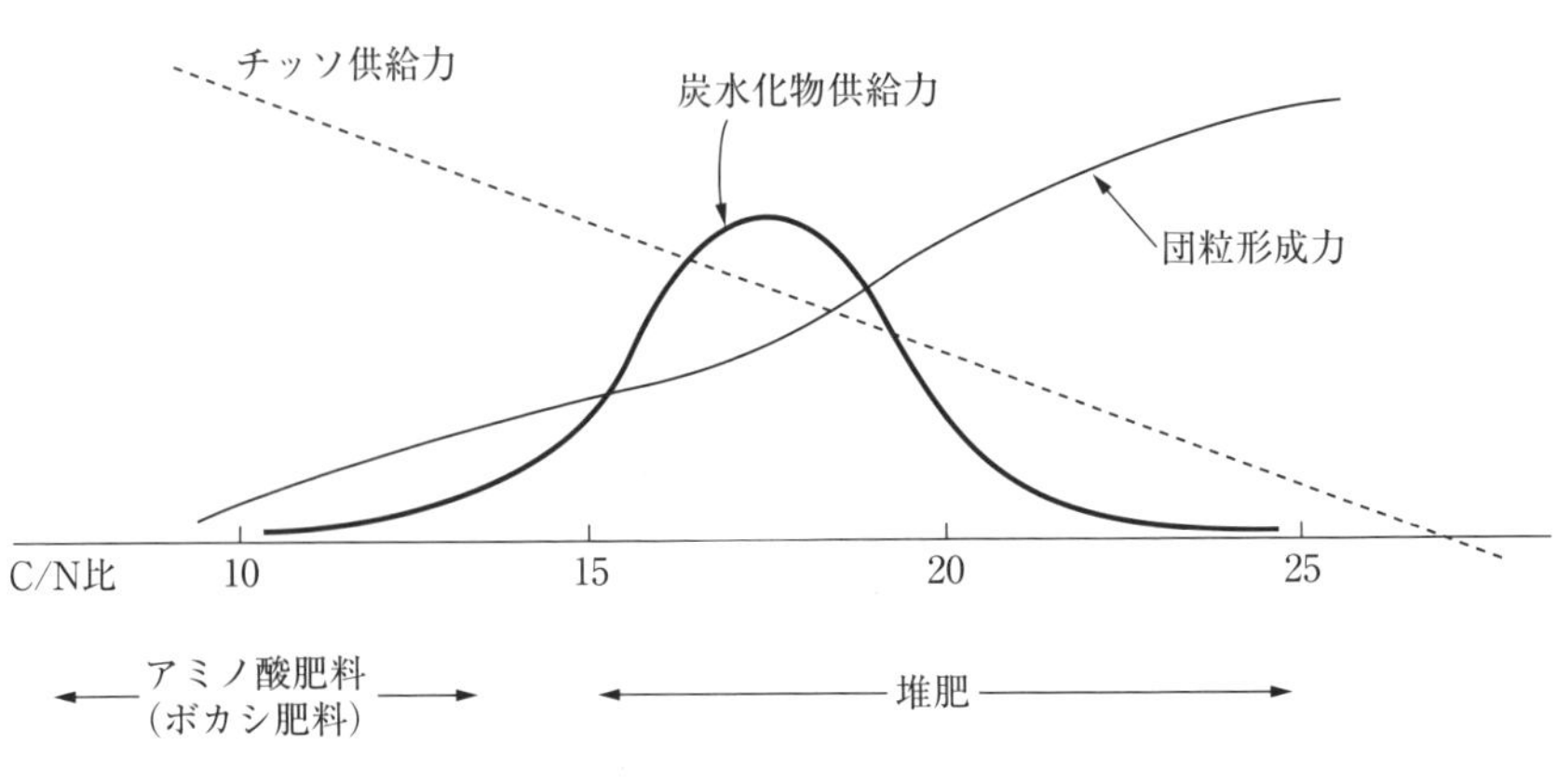

な効果はC／N比が低いものほど高い。C／N比の高い堆肥より、C／N比の低いアミノ酸肥料のほうがチッソ肥料的な効用は大きいということになる。逆に、土壌団粒をつくる力（団粒形成力）はC／N比が高いほど高くなる。つまり、アミノ酸肥料より堆肥のほうが土つくりの効果が大きいということだ。

(2) 堆肥・アミノ酸肥料のもっている付加価値

●堆肥のもつ炭水化物供給力

　この図で注目してほしいのが、炭水化物の供給力だ。C／N比が一五〜二〇の付近にその効用のピークがある。これは、堆肥中のセンイなどが微生物によって分解されてできる、作物が吸収しやすい水溶性の炭水化物（糖や有機酸、低分子の炭水化物）の供給力を表している。

　このような堆肥は、ワラなどのセンイ質を十分発酵させてつくられるのだが、低温・冷害などの気象条件下では光合成産物の補完物質として作物に取り込まれて作物の生長を助け、気象災害を軽減する力をもっている。「冷害のときに、堆肥を入れた圃場が平年に近い収量をあげた」といった事例などは、このような堆肥の炭水化物供給力によるものだ。

　堆肥のもっている、この炭水化物供給力は冬に重要な働きをする。有機栽培の場合は、とくに冬場につくる作物への養分供給が課題になる。温度が低いために微生物の活動が鈍くなり、作物への養分供給が滞りがちになるからだ。そこで、C／N比一五〜二〇に調製された堆肥を施用することで、水に溶けやすい炭水化物様物質が吸収されることになり、作物はバランスよく生育することができるようになるのだ。

　このような炭水化物供給力からみると、アミノ酸肥料はC／N比が低いためにそのような効果は少なく（もちろん、化成肥料に比べれば段ちがいに多い）、作物には通常の天候下で、自ら光合成によって炭水化物をつくる力が要

写真7-1　生育の順調な有機栽培のニンジン（千葉県富里町）

求されるということだ。またC／N比が二〇以上の堆肥では、やはり炭水化物供給力は小さく、そのぶん、腐植として残って、それが団粒を形成する大きな力となるわけだ。ただし、チッソは腐植に取り込まれるかたちになってしまうので、チッソとしての肥効は小さくなる。

●アミノ酸肥料は機能性をもった肥料

いっぽうアミノ酸肥料は有機栽培のチッソ肥料としてなくてはならないものだが、材料やつくり方によってC／N比のちがうものをできれば準備しておきたい。第4章でも紹介したように、季節や地域、ねらいによってC／N比のちがうアミノ酸肥料を使い分けたいからだ。また、後述するように、材料や微生物の種類によって機能性を付加することもできる。

堆肥素材の選び方

(1) 堆肥による土の改善

●土の物理性の改善

堆肥の効果としては、堆肥を施用することによって団粒を発達させ、土の物理性を改善することがもっとも重要だ。

堆肥のもっている腐植や微生物の働きで、土壌団粒がつくられる。その結果、通気性がよくなり、さらに排水がよくなると同時に保水力も向上する。作物の根は肥料養分を吸収する重要な器官だが、養分吸収という仕事を行なうには酸素を使って炭水化物からその仕事のためのエネルギーを取り出さなければならない。そのためには、根周りに酸素が潤沢に供給されるような環境が必要になる。その環境が土の団粒構造なのだ（第3章参照）。

●土の生物性の改善

堆肥は土の生物性も改善する。堆肥はその製造の工程でさまざまな微生物がかかわってつくられたものだ。良質堆肥は有効微生物群のかたまりであり、それら微生物の力によって土壌病原菌を抑制することができる。

土壌病原菌を抑制する微生物は、土壌病原菌を直接攻撃するものもあれば、エサを奪ってしまうもの、棲みかを占有してしまうものなど、実に多彩だ。多彩な微生物群が、さまざまなやり方で土壌病害虫の増殖を抑え込んでくれるのだ（第3章参照）。

●土の化学性の改善

堆肥は、さらに、土の化学性も改善する。堆肥はその腐植のもっているCECによって、土の胃袋を大きくし、土の保肥力を高めてくれる。CECが低ければ追肥を何度もすればよいのだが、CECが高ければ一回の施肥で長い期間、安定した肥効を維持することができる。

また、肥料養分のバランスは堆肥材料にもよるが、堆肥はチッソ・リン酸・カリをもった有効な肥料としての一面ももっている。

以上のように堆肥には土の物理性・生物性・化学性を改善する力がある。さらに、先に述べた炭水化物供給力も備えており、作物にとって、土にとって、非常に大切な役割を果たしているのだ。以下では、具体的な堆肥づくりについて紹介する。

(2) 素材の選び方

●堆肥材料のC／N比

堆肥の素材の選び方としては、簡単に入手可能なもの、牛ふんや豚ぷんなどの家畜ふん、米ヌカやモミガラ、ワラあるいはオカラのような加工所、食品工場からの食品廃棄物といったものを主体にせざるを得ない。しかし、入手可能な有機物をただ単に混ぜ合わせるだけで簡単に堆肥ができるかというとそうではない。

堆肥は微生物のかたまりであり、微生物の力で有機物を発酵・分解させたものである。そのため、微生物のエサとして適当なチッソと炭素が含まれていなければならない。その指標となるのが有機物のC／N比だ。堆肥の材料はそれぞれ異なったC／N比をもっているが、材料全体として微生物が好むC／N比でなければ、発酵はうまく進まない。当然、よい堆肥ができないことになる。

●原材料全体のC／N比の調製

堆肥をつくるときには、材料全体を一つの有機物と考えて、適当なC／N比に調製しなければならない。どのようにするかというと、堆肥の原材料のC／N比を、目標とする堆肥のC／N比の二〇～三〇％増しで調製するのだ。堆肥のC／N比が一五～二五だから、堆肥の原材料のC／N比は一八～三〇程度ということになる。

このようにC／N比を高くして出発するのは、堆肥製造の工程で微生物によって原材料は分解され、徐々にC／N比を下げていくからだ。本書で紹介する中温発酵堆肥づくりの工程は、相対的に炭素が減り、チッソがふえていく。微生物が行なう発酵という仕事によって、堆肥材料のタンパク質や炭水化物をより小さい分子に分解していく。

図7-2　C/N比の変化からみた堆肥づくりの過程（中温発酵堆肥）

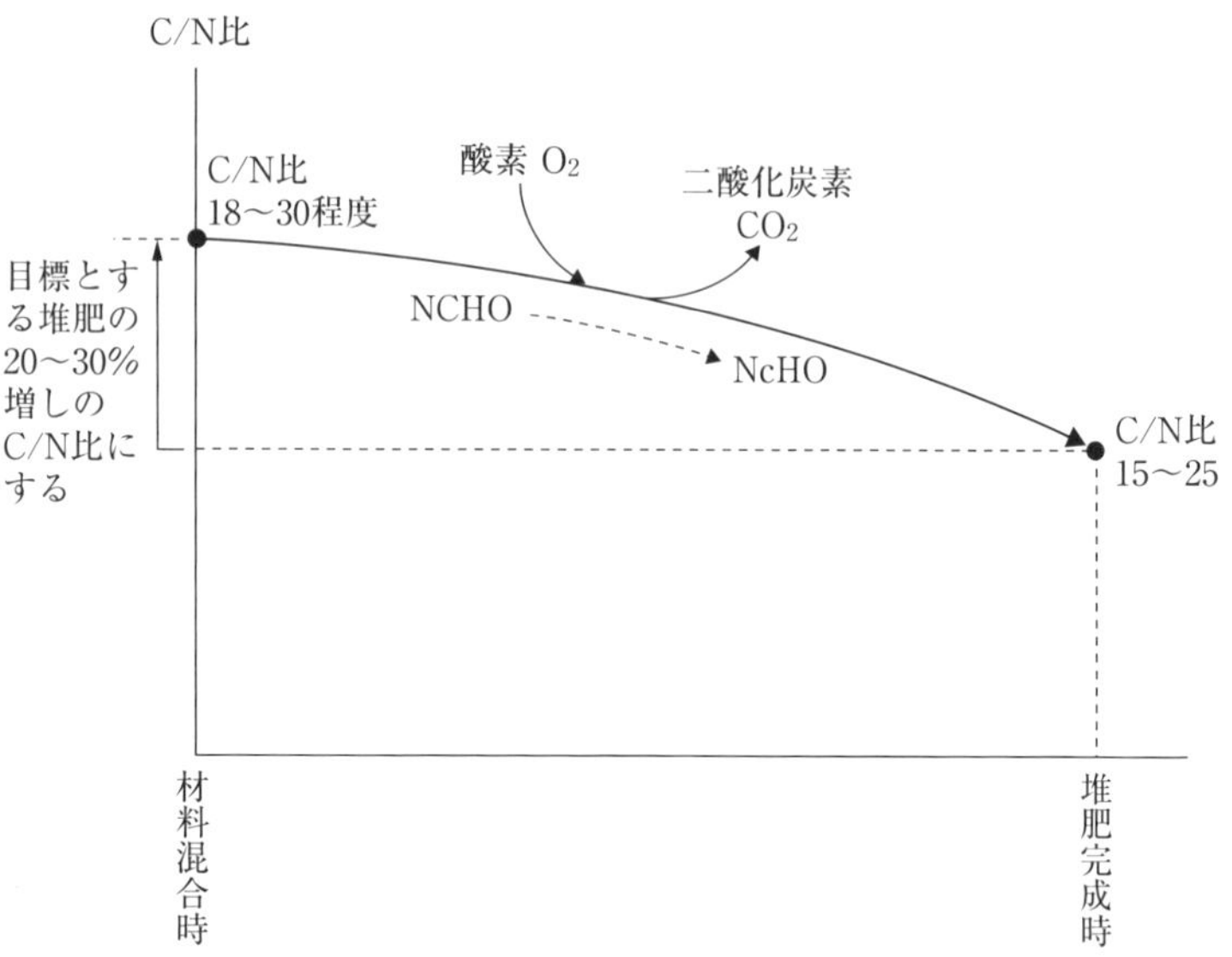

・タンパク質などの物質（NCHO）が堆肥づくりの過程で、C/N比のより小さい低分子の物質（CNcHO）に変化していく。同時に水素（H）に対する炭素（C）の比率も低下し水溶化しやすくなる
・微生物は空気中の酸素（CO_2）を使ってエネルギーを取り出し、タンパク質を分解して、タンパク質中の炭素（C）を二酸化炭素（CO_2）にして大気中に放出する

その過程で炭素が炭酸ガスとなって空気中に放出され、チッソが微生物に菌体として取り込まれたり、分泌物として蓄積していく。こうして堆肥全体として、炭素が減って、チッソが残ることになるから、C／N比が小さくなっていくのだ。

だから、材料全体のC／N比は目標とする堆肥のC／N比より高くして出発しなければならない。

しかし、初期から七〇℃以上にもなる高温発酵堆肥の場合は、C／N比の低い材料がまず発酵・分解して高温になり、チッソを含んだ有機物がアンモニアなどになって揮発してしまい、C／N比の高いセンイだけが分解の進まない状態で残ることになる。その結果、C／N比の高い堆肥になってしまう。

●素材の水分を計算に入れる

C／N比が調製できたら、混合して堆積することになるが、このとき水を加えることがある。堆肥全体の水分は五〇～六〇％に調製して出発するのが堆肥づくりのポイントだ。

水分の調整で気をつけなければいけないことは、堆肥材料に含まれている水分をきちんと計算に入れて、全体の水分量を求めておくということと、材料がどの程度の水を吸収するかということだ。

水分五〇～六〇％というのは、材料の水分と、混合のときに補給する水の量の合計が、堆肥材料全体に対してどのくらいの割合かということだ。堆肥材料に水分がどのくらい含まれているかを知らないと、発酵がうまく進まず、よい堆肥にならない。使う素材の水分量がどのくらいか、知っておく必要がある。また、同じ素材でも入手先や保管状態によって水分も大きくちがうばあいもあるので、この点は気をつけなければいけない。

堆肥材料の入手先でその材料の水分がわかればよいが、いつもわかるとは限らない。また、身近な材料の水分についてもわからないことが結構多い。そんなときは、普及センターなどへもち込んで調べてもらうことも可能だろうが、自分で調べることもできる。

とくにふんなど水分の多いものは、その性状と水分との関係を把握しておかないと、水分の過不足が生じやすい。しかも、その過不足が堆肥づくりを左右しかねない。

具体的な測定法は、生ふんであれば、ステンレスのザルに生ふんを採って重さを測り、そのあと、電熱照明を当てて水分を飛ばす。重量の変化がなくなるまで水分を飛ばしたあとの重さを測る。生ふんのときの重さと水分を飛ばしたあとの重さの差が飛んだ水の量ということになる。たとえば、生ふん一kgを重さ二〇〇gのステンレスのザルに採って、電熱照明を当てて水分を飛ばして再び重さを測ったら三〇〇gだった。生ふん一kgが一〇〇gになったのだから、飛んだ水分は九〇〇gということになる。するとこの生ふんの水分は九〇％ということになる。

●素材の吸水特性を知っておく

さらに堆肥材料の性状も考慮しなければいけない。とくにその吸水特性を知っておくことは大切なことだ。

たとえば、生のモミガラを使う場合があるが、生のモミガラは水を吸収しにくく、はじいてしまう特徴がある。そのため、水を加えて水分を五〇～六〇％に調整したつもりでも、モミガラには吸収されないで、結局、堆肥材料を堆積した底の部分から水がしみ出してしまうことがある。堆積した上の部分は水分不足、下の部分は水分過多、ということになる。モミガラを使う場合には、長期間野積みされて水分吸収のよくなったものとか、破砕したモミガラを使うようにしたい。

同じようなことはオガクズ類でもある。ノコクズのように細かいものから、チップのような小さなかたまり状のもの、カンナクズのように薄べったい紙状のもの、プレナクズのようなかたまり状のものまである。水分の吸収の特性もいろいろなので、この点も素材選びの際に気をつけなければならない。

堆肥づくりのポイント

(1) 堆肥づくりと微生物の遷移

●最高温度は五五〜六〇℃

一般に堆肥というと、発酵温度が高いほうが良質になると思われがちだが、必ずしもそうとは限らない。発酵温度が七〇℃を超えるような場合、積算温度（発酵温度×時間）は高いとは限らない。むしろ最高温度が六〇℃程度の中温発酵のほうが、積算温度が高いばあいが多く、放線菌や酵母菌をはじめ多様な有効微生物群や腐植物質が多くなる。

温度管理でいちばん留意しなければいけないことは、発酵に携わっている菌はタンパク質でできているということだ。発酵温度が高すぎると、菌が卵の黄身や白身のように熱変成をおこしてしまい、死滅しやすくなる。死滅しなくても、微生物の出す分解酵素（タンパク質でできている）の大部分が機能しなくなり、多様な有機物の発酵・分解ができなくなってしまう。

糖分・デンプン・タンパク質など分解しやすいものだけが分解され、オガクズやバークなどの難分解性の物質はほとんど分解せずに終わってしまう。堆肥の一番のねらいである土壌の団粒化の促進に役立つはずの難分解性のセンイ質などが分解されないことになってしまう。

そこで温度管理は、タンパク変性をおこさない温度、最高温度五五〜六〇℃くらいがいちばんいいということになる。いわゆる中温発酵堆肥である。

なお本書では、発酵温度で堆肥を分けるときには、最高温度七〇℃以上のものを高温発酵堆肥、四八〜六二℃程度のものを中温発酵堆肥、三五〜四五℃程度のものを低温発酵堆肥とよぶことにする。

●中温発酵で病気を減らす堆肥づくり

堆肥の発酵の経過は、一次発酵、二次発酵、養生発酵と分けて考える。それぞれの特徴を簡単に紹介すると次のようになる。

一次発酵は易分解性の物質（ふんやデンプンなど）を分解して糖分をつくりだす発酵で、活躍する微生物は糸状菌（カビ類）の仲間である。これらの菌は好気性の菌なので、過不足ないかたちで酸素を与えてやると、デンプンなどの炭水化物を分解して糖をつくってくれる。糖分は利用しやすい成分で、さまざまな菌がこれを利用して、活動が始まる。これが二次発酵で、いわば糸状菌がつくりだした糖分をエサとして多様な菌が活動し、さまざまな物質を分解、生成する。一次発酵での糸状菌がつくりだす糖分は、

図7-3　堆肥の発酵温度と難分解性物質の分解（イメージ図）

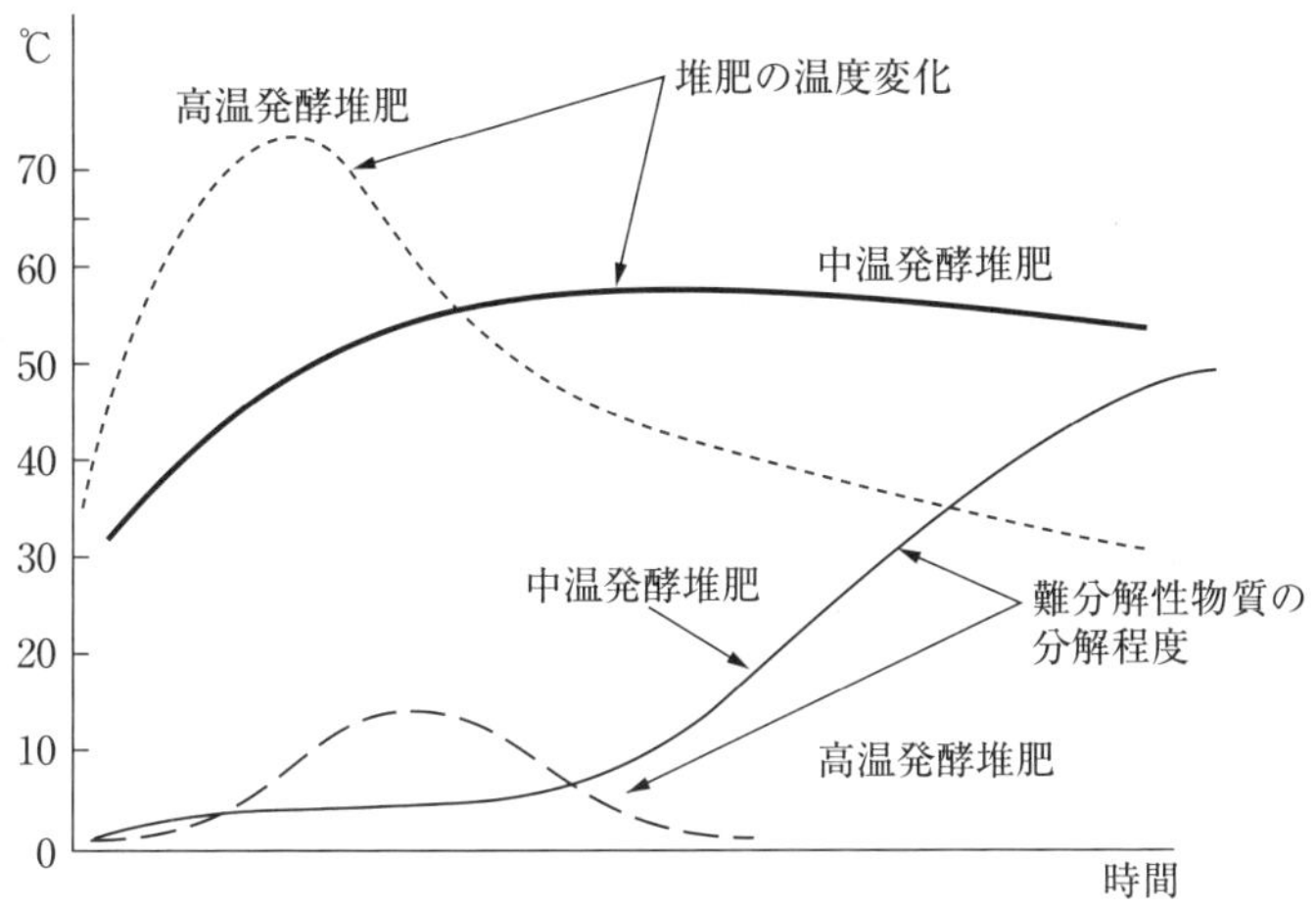

・堆肥のよくある発酵のパターンをみたもの
・高温発酵では難分解性物質の分解は進まず、堆肥完成時にその多くが未分解のまま残ることが多い。微生物相も単純になりすい
・中温発酵では初期の発酵温度に高温発酵ほど高くはならないが、長続きする。難分解性物質の分解もしだいに進むようになる。さまざまな有用微生物が増殖している

写真７-２　発酵中の堆肥

さまざまな微生物を活発にする起爆剤となる。この糖分を利用して、さまざまな有用微生物（第3章の3―2の一覧表を参照）を堆肥中に取り込むことができる。養生発酵では、だんだん空気を切りながら微生物を休眠状態にもっていく。なお、養生発酵の前で、まだ比較的水分があるときに、エアーレーションを強くして、温度を七〇℃以上に上げてやることで、雑草の種子を死滅させることができる。

　このように中温発酵した堆肥には、中温菌（耐病性放線菌・酵母菌・その他の細菌）と高温菌（耐病性バチルス）が高密度に共存している。その結果、セルロース型病原菌（根こぶ病・エキ病菌など）とキチン型病原菌（半身萎凋病・フザリウム・菌核病菌など）の両方を抑える働きをもった画期的な堆肥に仕上がる。

　中温発酵で適切なC／N比に原材料を調製してあれば、季節や材料にもよるが、四五～五〇日ほどで発酵堆肥が完成する。各発酵の目安は、一次発酵が七～一〇日、二次発酵は三〇～二〇日で全期間の三分の二くらいにあたる。そして、残りの一〇～一四日が養生発酵である。

(2)「戻し堆肥」で失敗しない堆肥づくり

●戻し堆肥なら、よい菌を大量に接種できる

　以上が堆肥つくりの方法論だが、誰もが成功するやり方として勧めたいのが、いわゆる「戻し堆肥」である。完成した堆肥を堆肥づくりの材料として使う方法で、堆肥づくりの最初の工程である材料の混合のときに、完成した堆肥を「戻し」て使う方法ということで、この名がある。

　この方法は、二つの大きな利点がある。

　一つは、目標とする微生物群を混合の時点で大量に接種することができることだ。堆肥づくりは農業生産に有効な微生物群を拡大培養することだが、混合の最初からその微生物群が戻し堆肥として大量に混合されるので、きまった方向に発酵が進み、微生物の拡大培養を容易に進めることができる。いってみれば、戻し堆肥を混合した時点で、堆肥完成までの工程の半分、ゴールまでの折り返し地点を過ぎたことになり、堆肥づくりのコースをまちがいなく、ラクに進めることができるということなのだ。

●完成した堆肥を水分調整材として使える

　二つには、完成した堆肥を水分調整材として使うことができるということ

だ。堆肥づくりはふつう、高水分・低C／N比の生ふんに、低水分・高C／N比のオガクズなどの木質素材などを混ぜて、水分五〇～六〇％、C／N比一五～二五前後にする。ところが、材料の混合の前処理に難渋することが多いのだ。C／N比を適正に調整すると、オガクズの量が少なすぎて水分過多になる。水分を適正に調整すれば、今度はオガクズの量が多すぎてC／N比が高くなりすぎて、発酵が進まない。そこで、水分二〇～二五％前後でC／N比一五～二五前後の完成堆肥（戻し堆肥）を使うことで、水分、C／N比どちらも適正に調整しやすくなる。当然、初期の発酵もスムーズに進み、良質堆肥づくりへ向けて幸先のよいスタートが切れることになる。

●タネ堆肥づくりの実際

戻し堆肥を行なうには、完成している良質堆肥があれば、その堆肥と堆肥原料を一対一に混合して発酵を進めればよい。具体的な堆肥づくりのノウハウは後述する。

もし、使える良質堆肥がなければ、戻し堆肥のタネ堆肥づくりから始めることになる。

はじめのタネ堆肥は、米ヌカから始めればよい。たとえば、水分一二％程度の米ヌカに、水分八〇～九〇％の牛ふんを混ぜて、水分を五〇～六〇％に調製する。C／N比を二〇以下に調製し、簡単なエアーレーションあるいは切り返しをしながら、発酵温度が六〇℃を超えないように発酵を促す。一次発酵が終わったら、できたもの（米ヌカボカシみたいなもので水分は三〇％程度になったもの）と同量の牛ふんを入れて、再び発酵させる。それが完全に発酵したら、同量より少し少なめの牛ふんを混ぜて発酵させる。このように次々と作業を連続していき、だんだん堆肥を増量していく。この増量したタネ堆肥を本番の堆肥材料として使えばよい。

最初の米ヌカのスタートのときに注意することは水の量。だいたい五〇～六〇％くらい。手で固まりにして崩れない程度の水分量に調整する。水分は少なめが無難で、実践的には五〇％くらいが失敗しない。

(3) 堆肥づくり四つのポイント

堆肥をつくる際に大切なのは、材料全体のC／N比と水分、エアーレーション（切返し）、形状の四つだ。

●材料全体のC／N比の調製

堆肥材料全体のC／N比を調製しておかないとスムーズに発酵しない。堆肥の材料（有機物）それぞれには個別にC／N比があるが、堆肥材料全体としてどのくらいのC／N比かを計算する。C／N比は表7―1のような一覧表を利用して計算する。筆算でも可能だが、堆肥材料が三つ、四つとふえてくると非常に煩雑になる。そこで、私はエクセルを用いて「堆肥設計ソフト」をつくったので、利用してもらえば簡単である。これには代表的な有機物のC／N比、水分などがデータとして入っており、使用する堆肥材料がどのくらいのC／N比なのか、あとどのようなものを加えたらよいのか、というようなことが計算できるようになっている。

たとえば、牛ふん（C／N比一九、水分八〇%）七〇%とオガクズ（C／N比三三八、水分一〇%）三〇%を混ぜたばあい、水分は五九%で適正値におさまるが、C／N比は五〇・九三になる。これではC／N比が高すぎるので、オガクズを二〇%に減らし、チッソ分を補給するために乾燥鶏ふん（C／N比六・八、水分一五%）を一〇%入れてみる。すると堆肥の原材料の総合的なC／N比は二一・一七（水分五九・五%）となって、適正値になる。これで発酵をスタートさせることができる。こんなことがわかるソフトだ。（前に紹介した「施肥設計ソフト」とともに、希望される方にはお分けしている。巻末付録を参照して下さい）

主要な堆肥材料としては、家畜の生ふんとオガクズやモミガラなどの組み合わせが多い。しかしこの組み合わせはなかなか厄介な面をもっている。それは、生ふんは高水分、低C／N比であるのに対して、水分調整の役割を期待されているオガクズなどは低水分であるために、水分を五〇～六〇%に収めようとすると、水分調整役のオガクズが多くなり、そのぶん、C／N比が高くなる。C／N比を適正範囲に下げ

表7-1　さまざまな有機物のC/N比と水分

種類	C/N比	水分（%）
牛ふん	15～20	80
豚ふん	10～15	70
鶏ふん	6～10	65
ムギワラ	60～70	10
イナワラ	50～60	10
モミガラ	70～80	10
米ヌカ	20～25	15
菜種油かす	7～10	10
大豆油かす	6～8	10
海草	20～30	75
茶かす類	10～15	—
オカラ	10～12	75
魚かす	6～8	10
カニ甲ら	6～8	5
野菜の茎葉	8～15	70～90
野草	10～30	85～90
ムギ類（稈）	85～110	—
樹木の葉	15～60	50～70
樹皮	300～1300	30
オガクズ	300～1000	10

詳しくは「堆肥設計ソフト」を参照

るためにはチッソ分（C／N比の低い材料）を加えないといけないのだ。しかし、水分は多くできない。ということで、低水分でC／N比の低い乾燥鶏ふんといった資材が注目されることになる。比較的、低コストで入手できることもプラス材料だ。

「堆肥づくりの失敗」でも紹介するが、生ふん＋オガクズという組み合わせでは、水分を適正範囲に収めても、C／N比が高くなりすぎてしまうことが多い。そんなときは、C／N比の低い材料（乾燥鶏ふん、発酵鶏ふんなど）を使うとよい。

●水分

堆肥材料の前処理の段階で、水分は全体で五〇～六〇％に調整しておく。施設でエアーレーションが使えるのであれば、約七〇％までなら対応できる。

この水分五〇～六〇％というのは、ボカシ肥料などでは、材料をつかんでかたまりにして指で小突いて崩れる程度、とかいろいろに表現されている。ボカシ肥料のように混ぜ合わせる材料が同じ程度の大きさに揃っていて、水分の吸収も似たような場合なら適用できる。堆肥材料の場合、オガクズやワラ、落ち葉などと、材料の形状が多様だ。握ってかたまりにならないものもある。基本は、水分条件を計算し、それをもとにして、自身の堆肥施設での自分なりの基準をつかんでほしい。

水分六〇～七〇％の原料であれば、適度なエアーレーションによって発酵させると水分の蒸散がおこり、人為的な乾燥を行なわなくても最終的に二

表7-2　中温発酵堆肥の発酵過程と特徴

	一次発酵	二次発酵	養生発酵
期間（日）	7～10	20～30	10～14
温度（℃）	55～60	65以下	40～45
水分（％）	50～60	40～45	20～25
送風量（％）	2～3	2	1
微生物の役割	微生物のエサである糖とアミノ酸をつくる。 易分解性有機物を分解	センイ質（難分解性有機物）の分解開始	センイ質を分解して水溶性の炭水化物をつくる

＊送風量とはエアレーションをするときの目安で、堆肥1m³に1分間にどのくらい空気を送るかという数値。２％とは1分間に20ℓの空気を送るということ

○%前後に落ち着いて仕上がる。

●形状

とくに水分調整材として木質のものを混合することが多いが、木片のような固まりでは、木質部の発酵は進まない。指の大きさほどもあるチップを使って堆肥をつくっていた例に出会ったことがあるが、これでは堆肥づくりはできない。堆積当初は空気の流通もよいので、チップのまわりのふんだけ発酵して温度も上がるが、持続しない。チップを割ってみると中は木そのもので、分解はまったく進んでいなかった。

木質の材料は、粉砕機などを通すなどして、オガクズ程度の大きさにすることが最低の条件だ。木質材料は難分解性のセルロースやリグニンのかたまりだ。その分解を進めるには、形状を小さくして表面積をできるだけ大きくして、チッソ分（ふん）と接触する面積をふやし、分解の主役である微生物ができるだけたくさんとりつきやすくしていくしかない。

また、材料が混ざりやすく、同じ程度の大きさに揃えることも大切な要件だ。

木質材料としてもっとも適しているのは、キノコの廃菌床だろう。キノコによってセンイの分解が進んでいるので、堆肥化しやすい。軟らかいので、粉砕機にかけるのもラクでよい。身近に入手できる条件のある方はぜひ使ってみてほしい。

●エアーレーションの考え方

エアーレーションは、堆積場の床に敷設された空気穴の開いたパイプから空気を送り出して、堆肥の発酵を進める仕組みだ。切返しをシステム化したもので、送風時間や送風量を調節することで、質のよい堆肥を短期間でつくることができる。

そのエアーレーション（切返し）の目的は、堆肥の原料中に空気を送り込むことで、発酵微生物に十分な酸素を供給しその活動を高め、品質のよい堆肥を速やかにつくることだ。

微生物が酸素を使えるということは、原材料である有機物・炭水化物から大量にエネルギーを取り出すことができるということだ。そのエネルギーにより微生物の増殖力が高まり、結果的にそれらの微生物が出す分解酵素がふえて、有機物を分解する量が多くなる。つまり、酸素を利用することで、大きな有機物をより小さな有機物に速やかに分解することができる。これが有機物の堆肥化ということだ。

そのいい例が納豆菌だ。納豆菌は好気性タイプの微生物だが、蒸煮した大豆に接種すると、一週間もかからずに大豆のタンパク質を分解して納豆にしてしまう。ところがこれを嫌気性タイプの微生物、たとえば酵母菌のようなタイプで発酵を行なうと、味噌や醤油のような状態にするのに何ヵ月もかかる。

納豆菌は好気性で、酸素を使ってダイズを速やかにアミノ酸に分解してくれる。それだけ酸素を使った発酵はスピードが速いのである。しかし酵母菌のように酸素をそれほど必要としない微生物の場合は、発酵の進み方がゆっくりで、じっくりとアミノ酸に分解してくれるのである。

では、空気を大量に送り込めばよいかということ、そうではない。送り込む空気をふやせばふやすほど、好気性微生物によって有機物の分解は早まるのだが、残ってほしいセンイ類や炭水化物などのカロリーをもった炭素化合物や腐植が減ってしまう。有機物中の炭素が空気中の酸素と結びついて二酸化炭素になって逃げてしまうからである。だから、送風量を調節して、有機物の分解を抑え気味に進めながら、同時に、腐植量も多くなるようにするのが堆肥づくりの技術ということになる。

良質堆肥づくりの実際

(1) 品温の管理

●堆積方法による品温管理

堆肥材料の量を、適切なC／N比と適切な水分をもとに決めたら、それらを均一に混合して、堆積することになる。堆肥づくりで重要な温度管理は、堆積方法とエアーレーションを組み合わせて行なう。

堆肥の温度は菌の出す発酵熱であり、それが蓄熱されるのだが、堆積の仕方で温度が変わってくる。堆肥の総量（体積）に対して放熱する表面積が大きいと冷めやすくなり、表面積が少ないと温度が高くなる。つまり、堆肥の品温を冷ましたいときは堆積した山を崩して広げるようにする。反対に、品温を高めたいときは山を高くして、表面積を小さくすることになる。

堆積の高さは一・二m程度を目安にする。もちろん、堆積する材料や地域の条件によってもちがってくるのだが、高く堆積するほど、下の部分が自重でつぶれるような形になり、密度が高くなって、空気の通りが悪くなってしまう。つまり、部分的に嫌気的な発酵に移行してしまい、目標とする堆肥の品質が実現できなくなる。

反対に、堆積密度が低いほど空気が通り過ぎて、品温が高くなりすぎることがある。

●エアーレーションによる品温管理

品温管理の方法でもっとも有効なのがエアーレーション（切返し）だ。基本的には、エアー量（送風量、切返しの回数）が多いと発酵を促進するので温度が高くなり、弱いと低くなる。

ふつうは、堆積方法とエアーレーションを組み合わせて、堆肥の品温管理を行なうことになるが、堆積方法を変えるのはタイヤショベルなどの重機を使うことになるので、できればエアーレーションを調節して温度管理を行なうほうが省力ではある。

堆肥の品温を適当な温度帯で維持するためには、堆積の高さとエアー量（切返しの回数）の組み合わせを堆肥施設ごとに、発酵槽ごとに探し出すことになる。

(2) エアーレーションの実際

●堆肥化の工程とエアー量

適切なエアー量は条件によって変わってくるので、あくまで目安だが、次のように堆肥化の工程で、だんだん少なくしていくことが基本だ。なお、切返しによって堆肥づくりを進めるばあいは、以下の各発酵段階の発酵温度・品温を目安に切返しの回数・強度を探ることになる。また、「エアー量」を「切返し回数・強度」というように読みかえていただきたい。

一次発酵では、易分解性有機物が分解して、糖が生成し多様な微生物のエサとなる。この時期、発酵温度は急速に上昇するが、多様な微生物に活躍してもらうためには最高温度が五五〜六〇℃を超えないようにする。そのための目安となるエアー量は二〜三％程度。堆肥一m³に対して一分間に二〇〜三〇lの空気を送る。

二次発酵では、一次発酵によってつくられた糖分をエサに多様な微生物が増えてきて、センイなどの難分解性有機物を分解してくれる。品温は一次発酵のときより下げて、だいたい四五〜五五℃くらいになるようにする。エアー量は二％程度に落とす。ここで一次発酵のときと同じくらいエアー量を送り続けると、易分解性有機物を分解する微生物が多く増殖し過ぎて、エサの取り合いになり、難分解性有機物（センイ類）を分解する微生物が増えにくくなってしまう。つまり、難分解性有機物が分解せずに残ってしまう。難分解性有機物はもともと構造が強固なため、簡単には分解しないからだ。それが分解するのは、水溶性のタンパク質やアミノ酸が木質センイ組織に浸透して、そこに分解微生物がいっしょに浸透していってはじめて分解が進む。エアー量を抑えることで一次発酵で活躍した微生物の活性をある程度抑えてやることが二次発酵では重要なのだ。

養生発酵では、生成された低分子のタンパク質やアミノ酸、水溶性の炭水化物、さまざま生長促進物質などを維持しながら、水分を飛ばすことで、微生物の活動を抑えてゆっくり休眠にもっていく。そのためにエアー量は一％程度に抑えて、最終的に水分二〇～二五％程度の製品に仕上げる。

●季節によるエアー量の調整

季節によってエアー量は調整しなければならない。エアー量は基本的には堆肥の品温によって調整する。夏と冬では気温がちがうので品温の上がり方もちがってくる。気温がちがうということは、送り込むエアーの温度がちがうということだ。

夏はエアーの温度が高くなるので、エアー量を絞らないと、品温がすぐに高くなりやすい。冬はどうかというと、エアーの温度が低く、冷風を送ることになるので、エアー量が多すぎると品温を下げてしまい、発酵が順調に進まなくなってしまう。そこで、エアー量を絞ったり、時間を決めて送風するような対応が必要になる。

つまり、春秋に比べて夏と冬はエアー量を絞ることになる。

(3) 堆肥施設の装備

●パイプの配管

エアーレーションは、発酵槽の床に穴の開いたパイプを配管して行なう。パイプどうしの間隔については地域の条件や堆肥材料によってもちがってくる。これまでの経験からいうと、六〇cm程度というところが無難だろう。

パイプの穴の間隔は二五cm程度が基本だが、堆肥材料によって変える。つまりやすい材料ほど、穴の間隔を短くしたほうがよい。また、パイプの穴は必ず下に向けることだ。上向きのほうが空気の流れがよいように思うかもしれないが、上向きだとパイプの中に水がたまったり、穴が詰まることがある。

●チャンバーの設置

エアーレーションは一つの堆肥施設のなかでも、各発酵槽ごとに管理できないといけない。堆肥施設はだいたい一週間ごとに発酵槽を移動させながら堆肥化を進めていることが多いが、同じ一次発酵や二次発酵でも発酵槽が変わると、同じエアー量でも品温がちがってくることがある。そこで、品温の変化とエアー量の関係を、季節ごとに把握しておかなければならない。

エアー量をきちんと送り込むために必要な装備としてチャンバーがある。

図7-4　堆肥施設のエアレーションの例

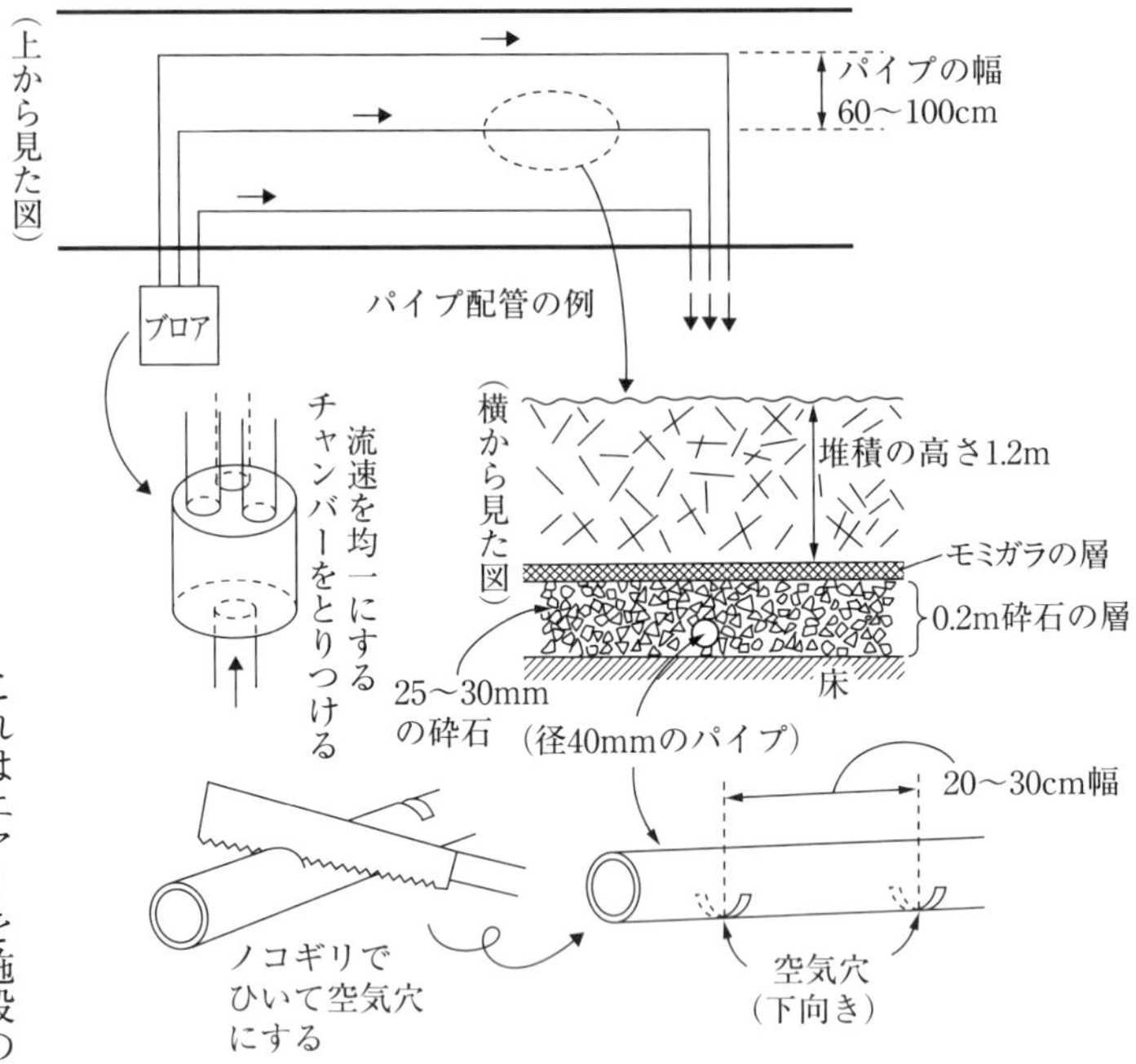

（ポイント）
1. ブロア部分にチャンバーを取りつけて流速・送風量を各パイプ同じにする
2. パイプどうしの幅は60～100cmに。条件によって変える
3. パイプの空気穴は20～30cm幅で必ず下向きにする。穴の間隔は堆肥材料によって変える
4. 堆積のしかたは、空気がよく通るように、パイプの上には砕石層とモミガラの層を設けている

これはエアーを施設の床に敷設したパイプに送る前に、いったんタンクに空気を貯め込んで、各パイプに送り込む流速を均一にする機械だ。ブロアー部から各発酵槽に敷設してあるパイプまでの長さがちがうと、送り込むエアー量に差が生じる。すると発酵槽のなかでエアー量に差が生じ、発酵の進み方にムラが生じてしまうことになる。そこで、チャンバーを取り付けて各パイプへの流速を均一にしてやるのだ。

●インバーターでエアー量の管理

また、インバーターも取りつけたい。各条件ごとのエアー量を決めたとしても、そのエアー量をバルブの開け閉めの調整で行なうのは困難だ。そこでインバーターを取りつけて、何m^3の空気が送り込まれているのかわかるようにしておくのだ。

バルブの開閉の方式では、絞ったときに圧が上がってモーターが焼けるようなこともおきる。その点、インバーター方式なら安心してエアー量の管理ができる。

●切返しについて

エアーレーション設備があるところでの切返しは、三日に一度くらいで十分である。

新鮮な堆肥原料を何度か入れるという場合は、多くて一日二回くらい、混合を目的に切返しを行なう。切返しが多いと空気が入りすぎて、温度が高くなり、堆肥が焼けてしまう。堆肥材料中の易分解性有機物だけが分解してしまい、肝心のセンイ類は分解せずに残ってしまうことになる。温度が上がれば水分も減るので、水分の補給も考えなくてはならなくなり、作業も多くなってしまう。

バケットによる切返しは発酵のムラが出やすく、堆肥完成までに時間がかかる。また、切返しが十分でないと酸欠部分が生じて嫌気的な発酵になることもあるし、生の原料が残っていることも多い。生の原料は病原菌のエサにもなるので、堆肥を入れたことで土壌病原菌を増やすことにもなりかねない。

切返しによる堆肥づくりでは以上の点を十分考慮して、原料全体が均一に発酵するようにする。切返しの回数や強度は、表7―2を参考に品温によって決めるようにする。

(4) 品質のチェック

●仕上がり前のチェック法

堆肥化が順調に進んでいるかどうかは、温度とにおいでチェックする。

堆肥化が順調に進まないで異常発酵をおこすことがある。材料の不均一な混合・ムラ、水分の過剰、エアー量（切返し）の過不足など原因はいろいろあるが、異常発酵をおこすとすさまじい悪臭が発生する。

堆肥材料に微生物が取りついてさまざまな物質に分解していく。その分解物質が微生物に菌体として取り込まれるなら、悪臭にはならない。つまり、悪臭がするということは微生物の体にはならない物質が生成されているということになる。空気量が多くて微生物の活性が高くなりすぎると、易分解性の有機物が分解し、炭素分が二酸化炭素として大気中にどんどん放出されるようになる。すると、残ったチッソ分がアンモニアとなって放出される。だから、熱が上がりすぎた場合はアンモニアが発生することが多い。

発酵温度が四五℃いくかどうかという低温の場合は、アンモニアとはちがう、ふんのにおいや独特の悪臭が発生する。水分が多くて還元が進めば、硫化水素やメチルブタンといったものが出てくる。とくに原材料に油脂分が多い堆肥では、魚の腐ったようなすごい悪臭になることがある。

熱が上がりすぎた場合は、堆積している材料の山を広げるとか、エアーを絞るとかして対応するが、低温での異常発酵の場合は空気を送るしかない。空気の流れにのって一時的にはすさまじいにおいがすることになる。このようなときは、木酢液を噴霧することで悪臭を緩和することができる。

●堆肥の品質を外観からチェック

堆肥が完成したらその品質を見きわめなければならない。C／N比と水分が調整されて中温発酵を経た堆肥なら、水分は二〇～二五％と乾燥し、腐葉土のにおいに、ちょっと醬油のようなアミノ酸のにおいが混じるようになる。ここで、堆肥の品質をみる方法をいくつか紹介しておこう。

外観で堆肥の質をみるには、いくつかの簡単な方法がある。

一つは、堆肥が乾燥しているかどうか。品質のよいものなら、完成時には発酵熱によって水分が減り、乾燥している。ベタベタでは話にならないが、しっとりした感じで乾燥していることが必要だ。水分は二〇～二五％程度だ。

二つには、水を含ませてにおいをかぐという方法がある。発酵の程度にムラがあっても、十分な発酵熱があれば乾燥する。そこで、水を含ませることにより、十分発酵が進んでいない部分はふんのにおいがするようになる。ふんのにおいでなくても、異臭がするようであれば、堆肥の品質として多少問題あり、ということだ。

三つには、堆肥のなかの木質センイを指でつぶしてみるという方法。センイまで分解しているかどうかは、団粒を形成するために非常に重要なポイントで、堆肥の品質を決める大きな要素だ。堆肥のセンイをつぶしてみて、ボロボロにつぶれるようなら問題ない。よく乾燥している堆肥でも、木片のようなものが残っていて、つぶしてみると生の木の状態ということも少なくない。

●発芽試験

外観でのチェック方法の他にもいくつか品質をみる方法がある。

発芽試験は試験場などでよく行なわれるものだが、堆肥の現物を容器に採り、そこに野菜のタネをまいて、ちゃんと発芽するかどうかをみる方法だ。よく使われるのがコマツナだが、他の野菜でももちろんかまわない。

伸びかけた芽や根が茶色くなってしまった、というのではいけないが、発芽試験はあくまでも、「発芽に関して害がない」ということを示しているだけで、実際の堆肥の施用効果とは開きがある場合がある。本来なら、畑に堆肥をまいて、成果を見てから使うかどうかを決めるのがよい。発芽試験はよい堆肥を見分ける、というより、悪い堆肥をチェックする方法なのだ。

●水に溶かして堆肥の質をみる

堆肥の質をみるには、堆肥を水に溶かして様子を見る方法もある。これは堆肥の完成度合いをみる方法でもあるのだが、堆積時のもの、一次発酵時のもの、そして完成時のもの、と同じ分量を同じ量の水に溶かしてみる。すると、堆積時から発酵が進むにつれて、堆肥を溶かした水の色がだんだん濃くなってくる。完成時が一番色が濃くなればよい。

有機栽培では堆肥のつくり込みを十分に行ない、有機物を水溶性の炭水化物やアミノ酸にまで分解を進めたい。堆肥はその発酵過程でだんだん水溶性の成分がふえてくる。水に溶かすことで、水溶性の物質がどの程度ふえてきているかが確認できることになる。堆肥は、水に溶かして醤油のようになるものがよいのである。

アミノ酸肥料

(1) アミノ酸肥料づくりの考え方

●高タンパク素材分解の手順

堆肥の本来の目的は、腐植をつくって、土壌団粒をつくるというのがおもなねらいである。それに対して、ボカシ肥はチッソ肥料的な効果を目指すので、C／N比の低い、チッソの多い高タンパク素材を使うことになる。

とはいっても、ボカシ肥つくりも基本的には堆肥つくりと変わらない。ただ、ボカシ肥の場合には、魚粕やナタネかすといった高タンパクの原料を使うので、分解の手順をきちっと踏まえることが大切だ。

その手順とは、まず、米ヌカやフスマ、糖蜜など炭水化物を多く含んだ材料を、デンプン分解酵素であるアミラーゼをもった糸状菌（麹菌の仲間）などに分解してもらい、糖分をつくる。できた糖分はさまざまな微生物のエサになるので、タンパク質を分解する微生物、たとえば納豆菌や酵母菌（分解力は小さい）、放線菌（タンパク質のほかに脂肪も分解する）といった微生物が増殖してくる。その増殖した微生物群のところに、魚粕やナタネ粕、肉粉などの高タンパク素材を入れる。これらの材料が発酵・分解して、アミノ酸などの有機態チッソやいろいろな生長促進物質を生みだしてくれる。これがアミノ酸肥料である。

●乳酸菌を発酵の安定に生かす

もちろん、このような生化学的な反応は、一律に進むわけではない。チッソの多い素材が分解すればアミノ酸だけでなくアミン類など、作物にとって害になるような物質も生まれる。タンパク質の異常分解である。このようなことが必ず一部で起き、全体に影響することもあるから、チッソの多い素材は発酵させるのが難しいのだ。

このような事態が生じても、酵母菌や乳酸菌が糖分をエネルギーに増殖していると、分泌物であるアルコールや有機酸（乳酸など）がアミン類と結びついて、別の有益な物質（アミノ酸などのチッソ化合物）につくりかえてくれる。とくに乳酸菌は、乳酸を分泌してpHを低くするので、pHが高いと起きやすい異常発酵を防いでくれる。乳酸菌は、発酵の方向をただしてくれる力をもっている。

しかし、分泌された乳酸は、タンパク質を分解してアミノ酸などの有益な物質をつくってくれる微生物にとっても厄介なものになる。そこで、乳酸があるような環境下でも働けるような微生物を選び出さなければならない。その選抜法の一つが次に紹介する酢飯を使った方法なのだ。

図7-5　アミノ酸肥料づくりの基本手順

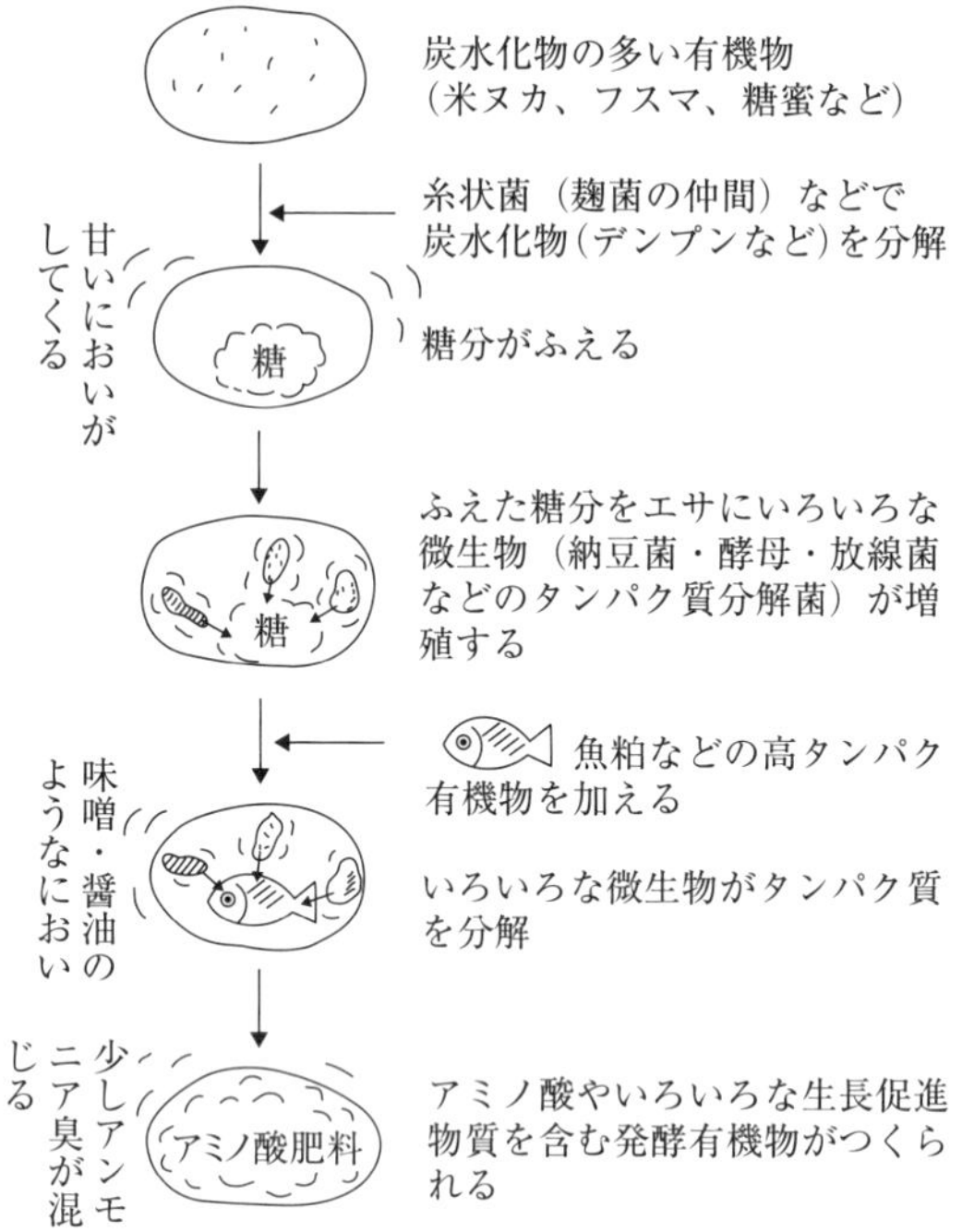

炭水化物の多い有機物
（米ヌカ、フスマ、糖蜜など）
糸状菌（麹菌の仲間）などで
炭水化物(デンプンなど)を分解
甘いにおいがしてくる
糖
糖分がふえる
ふえた糖分をエサにいろいろな微生物（納豆菌・酵母・放線菌などのタンパク質分解菌）が増殖する
糖
魚粕などの高タンパク有機物を加える
味噌・醤油のようなにおい
いろいろな微生物がタンパク質を分解
少しアンモニア臭が混じる
アミノ酸肥料
アミノ酸やいろいろな生長促進物質を含む発酵有機物がつくられる

ポイントは　1. 糖分をふやす
2. 糖分をエサにいろいろな微生物が増殖したのを待って
3. 高タンパク有機物を加える
という順番を守ること

(2) タネ菌の採取法と培養法

●タネ菌の採取方法

酢飯に取りついて増殖できるような微生物であれば、乳酸が存在する環境下でもしっかり働いてくれる。そこで、酢飯を使って、アミノ酸肥料のタネ菌を選抜し、そのタネ菌を拡大培養する。

酢飯はだいたいpHを三・五～四くらいに調製したい。人間が食べている酢飯はpH二前後で、微生物にとっては酸性が強いので、その一〇～五〇倍に薄めた酢で酢飯をつくる。この酢飯を屋外の、雨にあたらないところに置いて、微生物を取り込む。クマザサの密生している端やブナの樹冠下など腐葉土のあるところが適している。微生物が増殖する頃には酢は少しずつ揮発して、結局、pH四前後になってちょうどよい塩梅になる。

こうして、酢飯に増殖した、おもにカビなど糸状菌の仲間をタネ菌として使う。酢飯に生える菌だから、いってみれば「酢飯菌」だ。この酢飯菌をタネ菌として拡大培養する。もしこのように屋外で採取するのが不安なら、酒屋さんに行って麹を購入して使ってもよい。

●タネ菌の拡大培養

タネ菌の培養には米ヌカを使えばよい。米ヌカには白米部分（デンプン）も含まれており、酢飯菌を培養するのに適している。おにぎり一個分ほのど酢飯菌を一〇kg程度の米ヌカに培養する。水分調整は五〇％程度と、少なめにするほうがうまくいきやすい。そしてムシロをかけて保温・保湿をする。甘いにおいがしてきたら、酢飯菌が増殖してデンプンを糖に変えてきた証拠だ。さらに米ヌカを足しながら、拡大培養をくり返していく。

温度はだいたい五〇℃くらいまでを目安にして、高くなりそうなら広げて放熱する。逆に温度が上がらないようなら、お湯を入れたペットボトルを湯たんぽがわりに使うなどして、下がり過ぎないように注意する。ここでも堆肥と同様、中温発酵でいくのがよい。

タネ菌は甘いにおいがしたらそこで放熱して、乾燥させる。太陽の光に当てないようにして、紙袋（米袋など）なりに入れて、冷暗所で保管しておく。

(3) アミノ酸肥料づくりの実際

●オーソドックスなアミノ酸肥料

まず、もっともオーソドックスな好気性発酵によるアミノ酸肥料のつくり方を紹介する。

使う材料は、米ヌカと魚粕、これらを二対一くらいの分量で用意する。タンパク質の多い資材を少なめにしたほうが失敗しにくい。もちろん、魚粕を等量くらいにしてもアミノ酸肥料はつくれる。しかし、魚粕が多いと微生物の活動エネルギーが不足してしまいがちになる。米ヌカのもっているエネルギーを、はじめに糖という形に変えて取り出し、その糖分をエサ（エネルギー）に、タンパク質を分解する微生物をはじめとした多様な微生物をふやして、アミノ酸肥料をつくるのだ。

手順はまず、米ヌカにタネ菌を加えて、水分五〇％ほどに調製して発酵させる。米ヌカや空気中の微生物を取り込む方法でもアミノ酸肥料はできるが、失敗なく行なうためには、先の方法で採取したタネ菌を使えばよい。タネ菌は米ヌカの五〇分の一～一〇〇分の一程度あれば十分に発酵する。

温度は五〇℃程度になるようにコモなどをかけて保温する。発酵が始まると、米ヌカのデンプンが微生物によって糖に変わる。これが堆肥でいう一次発酵にあたる。だいたい三日もすれば糖分が増えてくるので、さまざまな微生物が増殖しやすい栄養状態になってくる。甘いかおりがしてくることでわかる。

このようになってから、チッソ分の多い魚粕を加えて混合、だいたい四〇～五〇℃程度を目安に発酵を進める。これが二次発酵だ。温度が高くなりすぎると、堆肥づくりと同様、アンモニアが発生するようになるので注意する。二～三週間もすると味噌や醤油に似たにおいがしてくるようになる。さらにアンモニア臭もほんの少し混じるくらいに発酵を進ませたほうがアミノ酸も豊富になり、水に溶けやすいアミノ酸肥料になる。このようなにおいがでてくれば、材料のタンパク質が微生物によってアミノ酸にまで分解された証拠だ。このようになったら、アミノ酸肥料を広げて熱を下げ、乾燥させておく。これで、アミノ酸肥料のできあがりだ。

なお、アミノ酸肥料のチッソ量は、原材料全体のチッソ量とみておけばよい。

●チッソ分が多いときの留意点

アミノ酸肥料は第4章・第6章で紹介したように、作目やステージ、気候の変化などに対応して、C／N比の高いもの、低いもの、両方を用意しておきたい。C／N比の高いものは米ヌカの多いつくり方になるので、それほどむずかしくはない。問題は、C／N比の低い、チッソの多い、つまりタンパク質の多い有機質を使ったアミノ酸肥料のつくり方だ。

タンパク質の多い有機質、たとえば魚粕を材料に多く使うと、微生物の活動エネルギーが多く必要になる。米ヌカが十分発酵して、糖分が十分にないと、微生物はタンパク質からエネルギーをはずして活動を続けることになる。すると、タンパク質からエネルギー物質である炭水化物部分がはずされるため、残ったチッソがアンモニアのかたちで逃げやすくなり、チッソ分が減少してしまう。悪臭を発生させながら、しかも、チッソ肥料としての価値が低下してしまうことになるのだ。

　こんなときは米ヌカを足して、水分調整をしてやれば、また発酵し始める。ただし、気温の高い時期は要注意で、雑菌が増殖して腐敗型の分解になりやすい。だから、できればC／N比の低いアミノ酸肥料は涼しいときに仕込むようにしたい。

　しかし、C／N比の低いアミノ酸肥料は温度の高い時期にこそ使いたい。そこで、涼しいときに仕込んで、よく放熱・乾燥を行ない、冷暗所に保管しておくのがよい。

　タンパク質の多い有機質を発酵させるときには、必ず米ヌカから発酵を開始し、水分五〇％程度を目安にして、できるだけ多くの糖分が生成されるようにする。その糖分でタンパク質分解菌の活力を高め、大いに増殖させてから、魚粕を加え、魚粕のタンパク質を分解するようにすることが大切なのだ。

図7-6　米ヌカと魚粕でつくるアミノ酸肥料

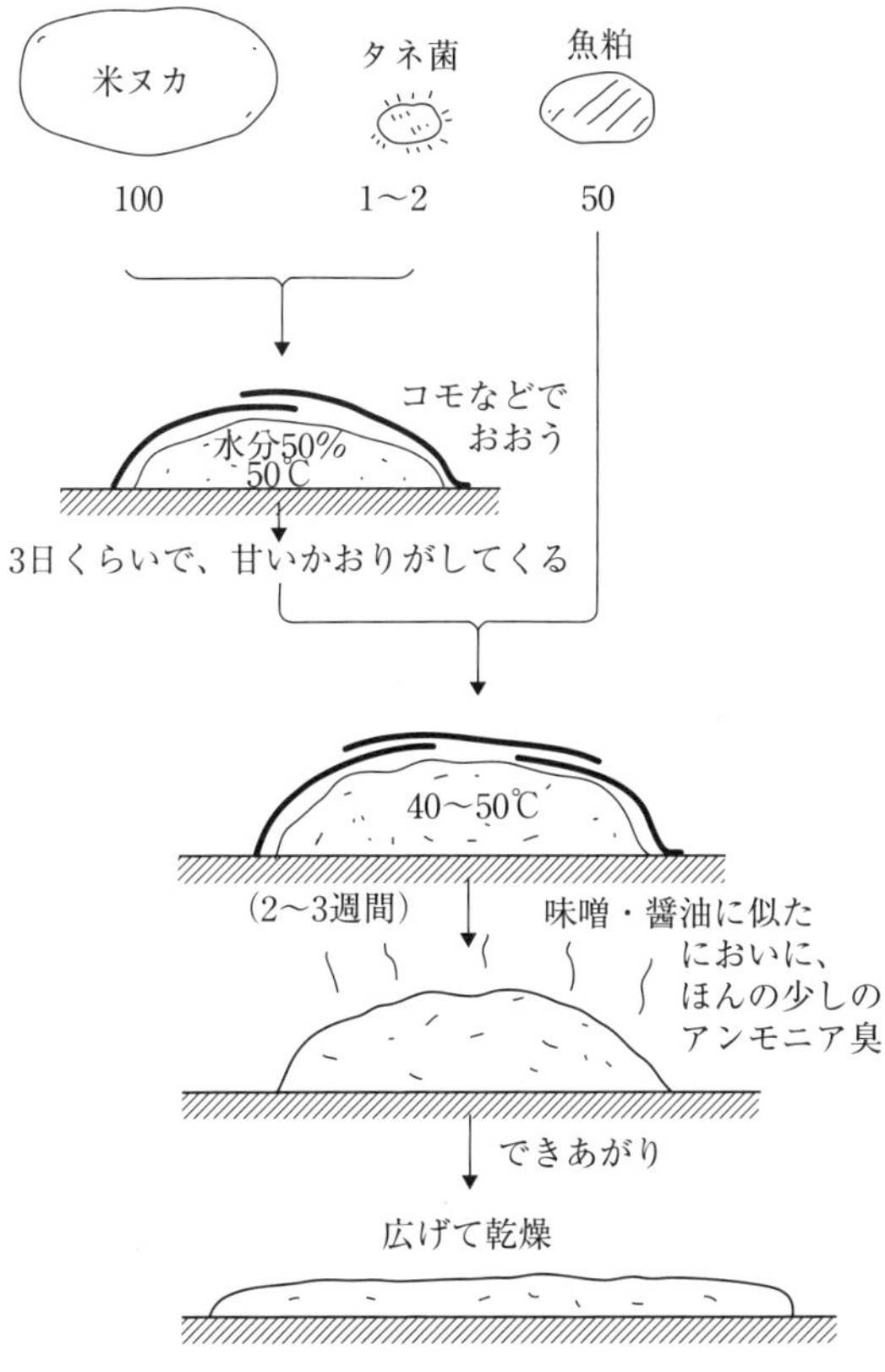

●大豆の煮汁を利用したイネ専用流し込み肥料

　第6章でもみたように、イナ作は水を張った水田でイネを育てるため、畑

写真７-３　大豆の煮汁でつくったアミノ酸肥料の水田への流し込み（長野県駒ヶ根市、中坪氏）

作で使う好気性の発酵肥料ではうまくいかないことも多い。できれば水田では嫌気的な条件でも利用できるアミノ酸肥料を使いたい。そこで考え出されたのが、大豆の煮汁を生かした嫌気性発酵によるアミノ酸肥料だ。

　味噌や納豆の加工工場からはたくさんの大豆の煮汁が食品廃棄物として出てくる。その一部を利用してつくったのが、イネ専用の流し込みアミノ酸肥料だ。

図7-7　イネ専用流し込みアミノ酸肥料のつくり方

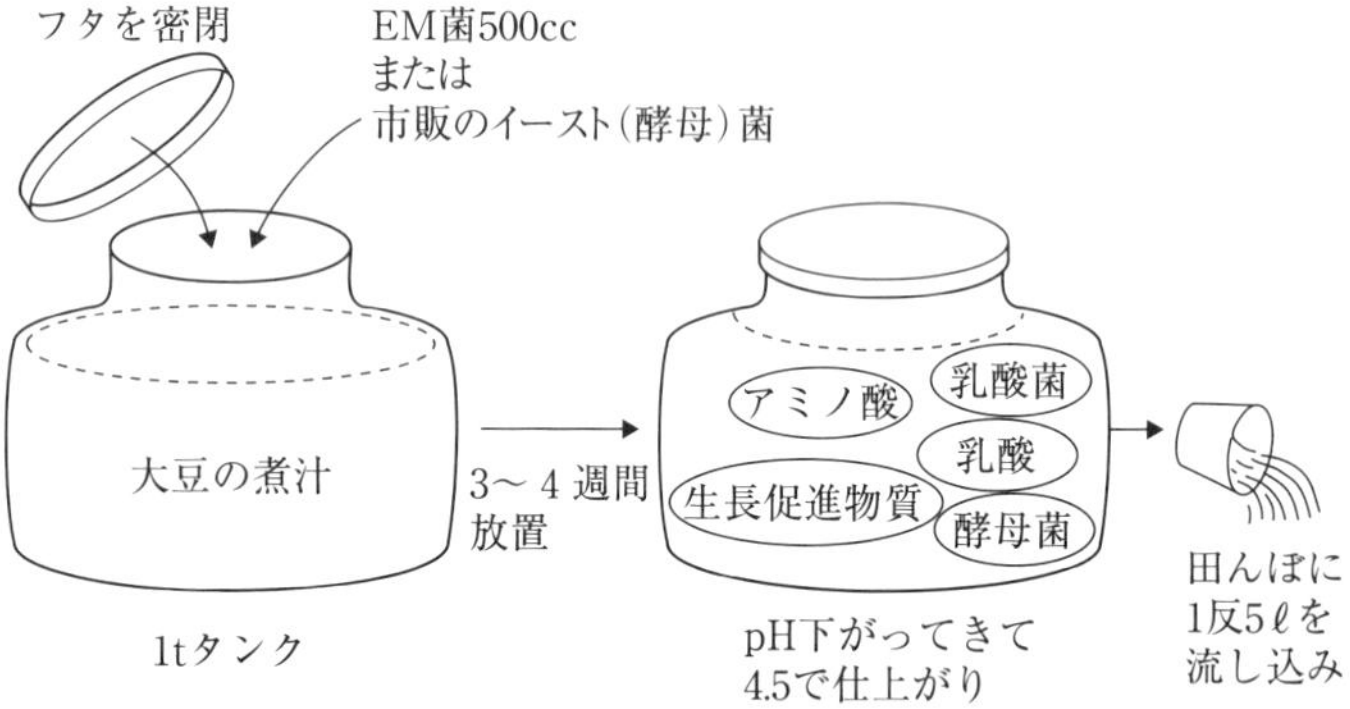

　つくり方は至って簡単だ。大豆の煮汁をそのまま一ｔタンクに入れ、そこにＥＭ菌を五〇〇ccほど加え、密閉して三〜四週間ほど放置すればよい。ＥＭ菌の中の乳酸菌と酵母菌が主体となって増殖し、大豆の煮汁中の有機物を分解してアミノ酸に変えてくれる。ＥＭ菌でなくても酵母菌を加えてもよい。市販の乳酸菌やイーストでもかまわない。量が多ければ早く仕上がるし、少なくても多少よけいに時間がかかるだけだ。

　この液体のアミノ酸肥料はイナ作にピタリの肥料で、これを穂肥のときに一反に五ｌほどを水口から、田んぼ全体にまわるように流し込んでやる。このように少量での施用だから、チッソ肥料としての効果を期待しているわけではない。穂肥の時期は気温も上がり、暖かくなっている。そのような状況で、好気性発酵のアミノ酸肥料を穂肥として嫌気的な環境である水田に施用したのでは、微生物相が急変することで有機物の分解のし方が変わり、イネの害になるような物質を生成することがある。そこで、大豆の煮汁でつくったこのアミノ酸肥料を流し込んでやると、穂肥として施された好気的なアミノ酸肥料が、嫌気的な酵母菌主体のアミノ酸肥料にスムーズに移行できるのだ。つまり、田んぼに施された穂肥のアミノ酸肥料が、おかしな分解のコースに進まないよう、露払い的に施用するのがこの大豆の煮汁を発酵させたアミノ酸肥料なのだ。

●アミノ酸ミネラル肥料

ミネラル肥料は有機栽培の肥料の二本柱のうちの一つだ。これをアミノ酸肥料として発酵させてつくるのが、アミノ酸ミネラル肥料だ。

材料として、麦飯石を使えばケイ酸の多いアミノ酸肥料に、蛇紋岩を使えば苦土の多いアミノ酸肥料になる。その他、カキガラや過リン酸石灰、消石灰といったミネラル資材を発酵させて、水溶性ミネラルの非常に多いアミノ酸ミネラル肥料をつくることができる。

方法はそうむずかしくはない。材料は米ヌカを好気性発酵させ、そこにミネラル資材を投入する。米ヌカとミネラル資材の分量はおおよそ、米ヌカ一〇〇に対してミネラル資材一〇～一五といったところを目安にすればよい。

米ヌカはタネ菌を加えて、水分五〇%程度に調整、コモなどで覆って発

図7-8　アミノ酸ミネラル肥料のつくり方

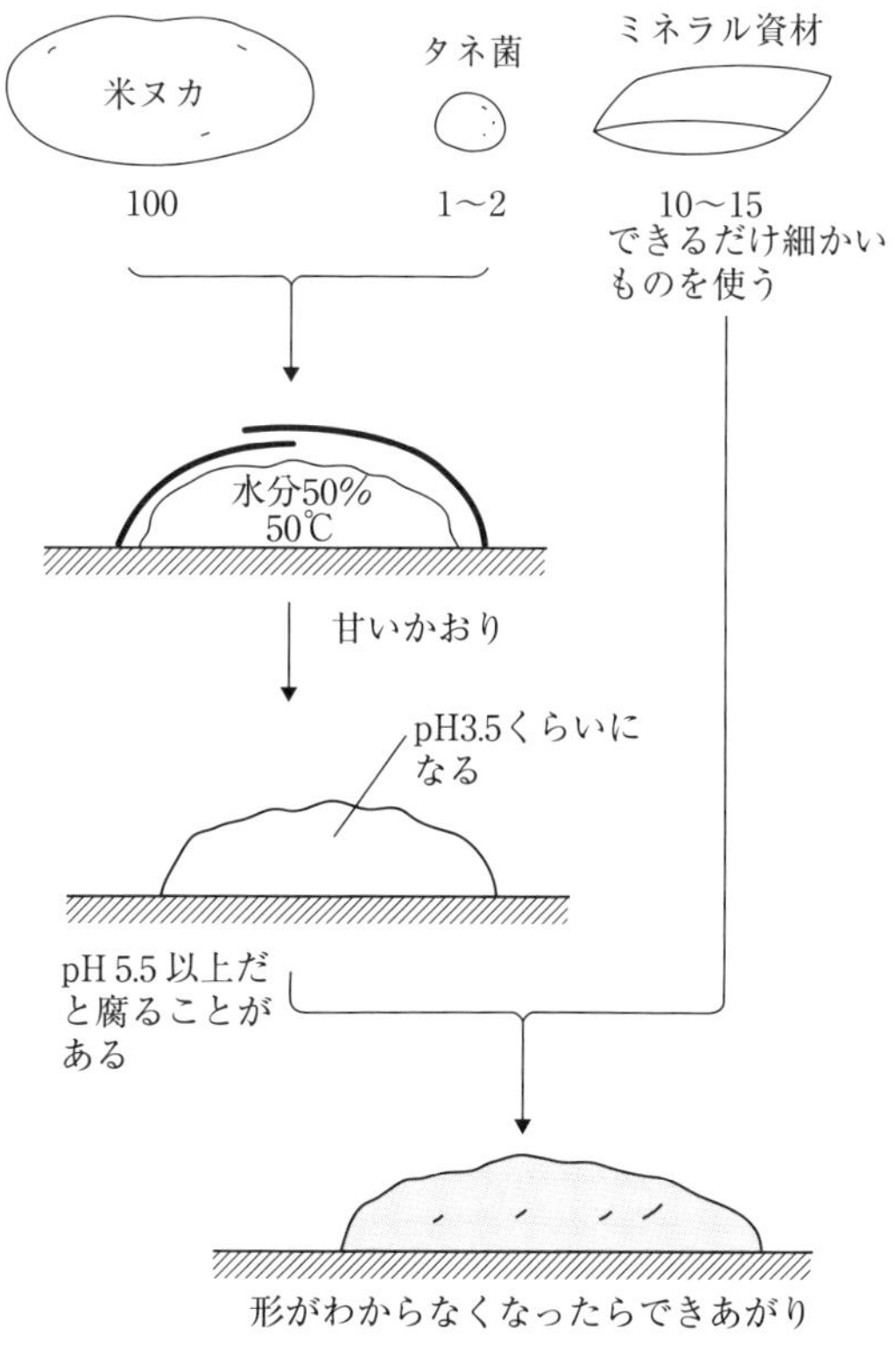

酵を進める。一次発酵で糖分が生成され、その後の二次発酵で酵母菌や乳酸菌が増殖する。すると、酵母菌や乳酸菌がつくる有機酸や乳酸によってpHが下がってくる。pHが三・五程度になったらミネラル資材を投入して、さらに発酵を進めるのだ。pHの低い有機酸や乳酸によってミネラルが溶かされて、水に溶けやすい形になる。いってみればアミノ酸肥料と有機酸ミネラル肥料の合体物で、「アミノ酸ミネラル肥料」と呼ぶこともできる。

注意する点は、米ヌカが十分発酵して、有機酸や乳酸が多くつくられてからミネラル資材を投入すること。というのは、pHが五・五以上に傾くと、腐敗菌が増殖して、米ヌカが腐りやすくなるからだ。

このようにしてできたアミノ酸ミネラル肥料は、夏肥のときのミネラル肥料として使うと、非常に早く効いてくれる。さらに、この肥料を水につけて、その上澄み液を葉面散布に生かして、味をよくすることもできる。カルシウムが含まれていれば、腐れなども少なくできる。ぜひ、農業資材として用意したい肥料だ。

なお、生石灰と草木灰はアルカリ度が高いために化学反応を起こしてしまうので混合しない。

失敗の原因と解決法

(1) チッソ不足による失敗と改善法

●こんな状態はチッソ不足による失敗

堆肥づくりの注意点は先にも述べておいたが、失敗で多いのが材料調製時のチッソ不足だ。

「発酵熱が四〇度程度しか上がらない」「温度が上がってもすぐに下がってしまう、温度の下がりが早い」といったことが、典型的なチッソ不足の「症状」だ。品温が上がらないから、いつまでもべたべたして、乾燥するまでに時間もかかる。

堆肥づくりの過程では、チッソを必要としていたのに、そのチッソがなかった。そんな発酵途上の堆肥を圃場に入れると、土中にある作物のためのチッソを横取りしてしまう。作物の生長が悪くなり、根も傷む。一般的にいわれる「チッソ飢餓」の現象がおきることになる。

●チッソ不足を招く意識

家畜ふんとオガクズで堆肥をつくるときなど、水分調整に気は配っても、チッソが不足しているとは考えない。家畜ふんは大量にあるし、さらにチッソを加えることなどチッソ過剰を招くのではないか、とふつうは考えてしまう。

しかし、家畜ふんは水分が九〇％もある代物だ。たとえ家畜ふんを二ｔ用意したとしても、その乾物は二〇〇kg程度に過ぎない。そのうちのチッソはさらに少なく四～二〇kgくらいと大きな幅がある。チッソ源としての家畜ふんは二ｔという大きな数字ではなく、わずか四～二〇kgなのだという認識が大事なのだ。

また、家畜ふんの水分は尿由来のものだ。多くの方が、「尿も発酵する」と考えていることも、チッソ不足を招いている原因の一つだ。しかし、尿そのものはもともと肥料成分は多くはない。豚の生尿でチッソ分は〇・三～〇・八％程度、牛の生尿で〇・五～一％程度にすぎない。この程度では、オガクズの炭素量に見あった発酵を進めることはかなわないのだ。

●チッソ不足になってしまう理由

チッソ不足になるのは、要するにC／N比を調整していないということだ。C／N比が高すぎることが圧倒的に多い。これは多くの堆肥場で広汎に見られるもので、入手できる原料を集めてきて、それを混合・撹拌すればいいというやり方だ。安易な堆肥づくりだ。

原料の家畜ふんの水分が多くて、その水分調整にオガクズを使う。ところがオガクズはC／N比が高いのに、家畜ふんは水分ばかり多くて意外にチッソ量が少ない。チッソ不足になっていることが多い。

こうなると微生物を増やすチッソ、タンパク質が少ないために、発熱が最初だけですぐに終わってしまう。一番大事なことは、中温発酵によって、無駄なカロリー消費をせずに長い時間発酵熱を保つことなのだが、C／N比が高いとそうならない。チッソを補ってやることが必要だ。

●改善法

C／N比が高いので、チッソを加える必要がある。それも水分が少なくて（乾燥した）、C／N比の低いものを調達することが肝心だ。堆肥づくりにはC／N比と水分の調製が同時に実現されないといけないからだ。

調整するものとしては乾燥鶏ふんなどがいい。その他、産業廃棄物のなかでチッソの高いものなども利用できる。また、良質な発酵堆肥を購入するなどして、戻し堆肥として使う方法もある。ポイントは、チッソ原料が新鮮であること。原料がすでに腐ってたら、腐敗菌を加えることになり、よい堆肥はできない。

(2) 水分過多による失敗と改善法

●こんな状態は水分過多による失敗

水分が多いことによる失敗もあいかわらず多い。

水分が多いと、まず堆積した有機物が水分を保持できずに、堆積した床に水分がしみ出してくる。嫌気的な発酵に進みやすく、温度も上がらない。そのため、水分の蒸発も少ないから、いつまでも水分過多状況を脱することができない。

水分が多いと嫌気的な発酵になりやすく、異常発酵をおこすことになる。インドールとかブタンみたいなガスが出て、すさまじい悪臭を発生させることになる。堆積物を動かさない間はまだいいのだが、動かして空気に触れた途端、悪臭が放出される。

温度も上がらず、発酵も進まない、くさい堆肥になってしまう。

当然、こんな堆肥を圃場に入れたのでは、チッソが多くても少なくても作物の生長を害することになる。

●改善法

いちばんよい方法は、乾燥した良質な堆肥を戻し堆肥として十分な量加えることだ。戻し堆肥は水分調整剤の役目もするし、何よりよい微生物のかたまりであるので、発酵をよい方向に誘導してくれる。混合のときは木酢を噴霧するなどして悪臭の発生をやわらげてやると近隣への迷惑が少なくなる。

表7-3　堆肥・アミノ酸肥料の効果のまとめ

		物理性	生物性	化学性	水溶性炭水化物の供給
堆肥	C/N比高い（15〜25）	◎	◎	△	◎
	C/N比低い（10〜15）	○	◎	○	○
アミノ酸肥料（ボカシ肥料）		△	○	◎	△

■付録
施肥設計ソフト及び堆肥設計ソフトの入手法とご利用にあたっての注意事項

1　「施肥設計ソフト」及び「堆肥製造ソフト」（以下、本ソフトという）入手希望の方は、左下のメールアドレスあてお申し込みください。

その際、「ソフト希望」と件名を明記してください。また、使用される方のお名前、住所、連絡先、メールアドレス、経営の概況、ソフト使用のねらい、本書を読んでの簡単な感想をお知らせください。折り返し、本ソフトをメールでお送りします。容量は、両方で約一五〇キロバイトです。必要事項の記載がない場合は、ソフトの送付をお断りすることがあります。

2　本ソフトはマイクロソフト社のWindows95以降のＯＳと、Windows版Excelを使用します。各ＯＳとExcelの各バージョンとの組み合わせによる動作確認は一応していますが、すべての環境での使用を保証するものではありません。また本ソフトを使用した結果生じた損害について、著者は保証の義務はないものとします。

3　本ソフトの使用に制限はありませんが、著作権は小祝政明に帰属します。本ソフトは著作権法及び国際著作権条約をはじめ、その他の無体財産権に関する法律ならびにその条約によって保護されていますので、著者に許可なく本ソフトを改変したり、販売・再配布することはできません。

4　なお、本ソフトの利用にともなうご質問は著者の業務にかかわる場合もあり、すべてにお答えできないことがあります。必要に応じてコンサルタント料を申し受けることとなりますので、あらかじめご了承ください。

また、電話によるお問い合わせはお受けしておりません。ご質問は封書（返信用切手同封）かメールでお願いしておりますが、返信までにしばらく時間がかかることがあります。

（連絡先）　〒３９６—０１１１
長野県伊那市美すず１１１２　㈱ジャパンバイオファーム
メールアドレス　home@japanbiofarm.com

5　本ソフトの使用方法については、次ページ以下をご覧下さい。

施肥設計ソフトの提供は２０１８年３月現在、中止しています。入手をご希望の方は小会刊『有機栽培の施肥設計』（小祝政明著）をご購入ください。

Ⅰ施肥設計ソフトの使い方

〈ねらい〉

有機栽培で成果をあげるためには、作物が必要とする肥料を適切に施すことが大切です。そのためには、①田畑の土の中にどのくらい肥料養分があるかを知る土壌分析をし、②その土壌分析データを元にして施す肥料（どんな肥料をどのくらい）を決めていく施肥設計が不可欠です。

しかしながら、いつも同じ施肥設計ですませている人も少なくありません。

「土壌分析をしても数値の読み方がわからない」「出された処方箋でこれまであまりうまくいった試しがない」「作柄がよかったときの施肥設計がいちばん確か」といったような理由から、毎回同じ施肥設計を続けている人も多いのではないでしょうか。あるいは、自分のカンを駆使して、「今回はいつもより石灰を多くしよう」ということも多いかもしれません。

しかし、有機栽培で成果をあげ続けるためには、きちんと土壌分析をして、施肥設計を立てることがどうしても必要です。

というのも、有機栽培を行なうと、作物の根は活性化して、より多くの養分を吸収する力を持つようになります。そのため、土壌中の養分の減り方も早く、追肥をしないでいると肥料不足で減収することも少なくないからです。また、同じ作物をつくっていても、作付ける土壌中の養分の量やバランスは毎作ちがいます。カンに頼った施肥では、肥料養分に偏りが出て、収量・品質をよくすることはできません。また、養分の過剰蓄積などを招いて作物栽培にとって厄介な土になってしまわないとも限らないのです。

そこで、本書で述べてきた理論と、多くの試行錯誤から、有機栽培でとくに影響の大きい石灰・苦土・カリなどの肥料をどのように施したらよいのかが簡単にわかるソフトをつくりました。

〈特徴〉

このソフトで肝心な点は、土壌分析データからＣＥＣを求めることができ、そのＣＥＣに基づいて石灰・苦土・カリという土壌の化学性を形づくっている肥料養分の適正な施用範囲（上限値と下限値）が自動的に計算されることです。

本書でも紹介したように、土のＣＥＣの値は個々の畑によってちがうものです。また何をどのくらい施すかによって、ＣＥＣの値は変わってきます。同じ施肥量であっても土のＣＥＣによっては、作物にとっては養分が過剰になったり、不足になったりするのです。だから、ＣＥＣの数値のない分析データでは的確な施肥設計はできません。

しかしながら、ＣＥＣまで分析している土壌分析はそれほど多くないのもまた事実です。そこで、本書で紹介した方法による土壌分析データからＣＥＣを計算し、そのＣＥＣをもとに、より的確な施肥設計ができるようにならないか、という要望からつくったのが「施肥設計ソフト」です。

この数値の算出には土壌学の理論を応用していますが、適切な施肥量の範囲などは経験値を入れ込んで算出しています。そのため、ソフトで得られたデータは近似値であることは否めません。しかし、実際の試行錯誤の成果を反映させたデータを踏まえているので、品質のよい作物を多く収穫するための「より的確なデータ」であると考えています。実際、各地で有機栽培を実践している仲間は、このソフトを元によい成果を上げつづけています。

以上のような経緯で施肥ソフトをつくった関係もあって、このソフトにも限界があります。

泥炭地のような腐植がとても多いところでは、ソフトで求めた施肥量では不足しがちです。このような畑では、実際にＣＥＣを測り、そのデータをソフトに入力して設計をするようにしてください。

また、イネとトマトでは施肥がちがいますが、そのちがいの多くはチッソ施肥のちがいです。このソフトは、作目ごとのチッソ肥料のやり方（元肥や追肥の量）の目安をこのソフトから得ることはできません。

しかしながら、おおかたの作物であれば、生育が安定して作柄もよくなり、収量・品質の向上が望めるだろうという石灰・苦土・カリの肥料養分量（土壌の化学性の数値）を求めることができます。このソフトから導いた施肥設計を「施肥の土台」として、そのうえに第6章の「作目別施肥基準一覧」の表などをふまえて、作目ごとのチッソを含めた施肥設計を行なっていただきたいと思います。

なお、私の所属する㈱ジャパンバイオファームでは、このような一般ソフトのほかに、各作目ごとのソフトも用意しており、順次公開する予定です。

〈構成と注意〉

このソフトはエクセルというマイクロソフト社製の表計算ソフトでつくったもので、施肥設計と堆肥設計ができます。施肥設計では文字通り、土壌分析データを入力することで、その圃場の状態が把握できます。

施肥設計ソフトの使い方を紹介する前に、ワークシートの内容を簡単に紹介しておきます。

この施肥設計ソフトのファイルを開いてみてわかるのは、ワークシートが三つあることです。「設計シート」「原盤」「堆肥配合」の三つです。このうち、設計に必要なのは「設計シート」、堆肥の配合設計に必要なのは「堆肥配合」です。「原盤」は参照するデータや計算式が入っていて部分的に、保護されています。そのため、その部分は変更することはできませんし、変更しないでください。

施肥設計に使うワークシート「設計シート」をご覧ください。このソフトはもともと㈱ジャパンバイオファームの業務用のソフトだった関係で、シートの上部には有機肥料やミネラルなどの商品名が一覧になり、その成分などが表示されています。

行番号２３より下の部分にはいくつかの表がありますが、この中で施肥設計上重要なのは、「＝施肥前の分析値＝」の下の表の「診断項目」「測定値」「下限値」「上限値」の各欄と「＝施肥後の補正値＝」の下の「耕耘深度」の欄、そして「＝ミネラル指標＝」という下の表の「ミネラル飽和度」「適正領域」「ミネラル比率」という欄です。そのほか、空欄のところにもいろいろな計算数値を埋め込んでありますので、操作には注意してください。

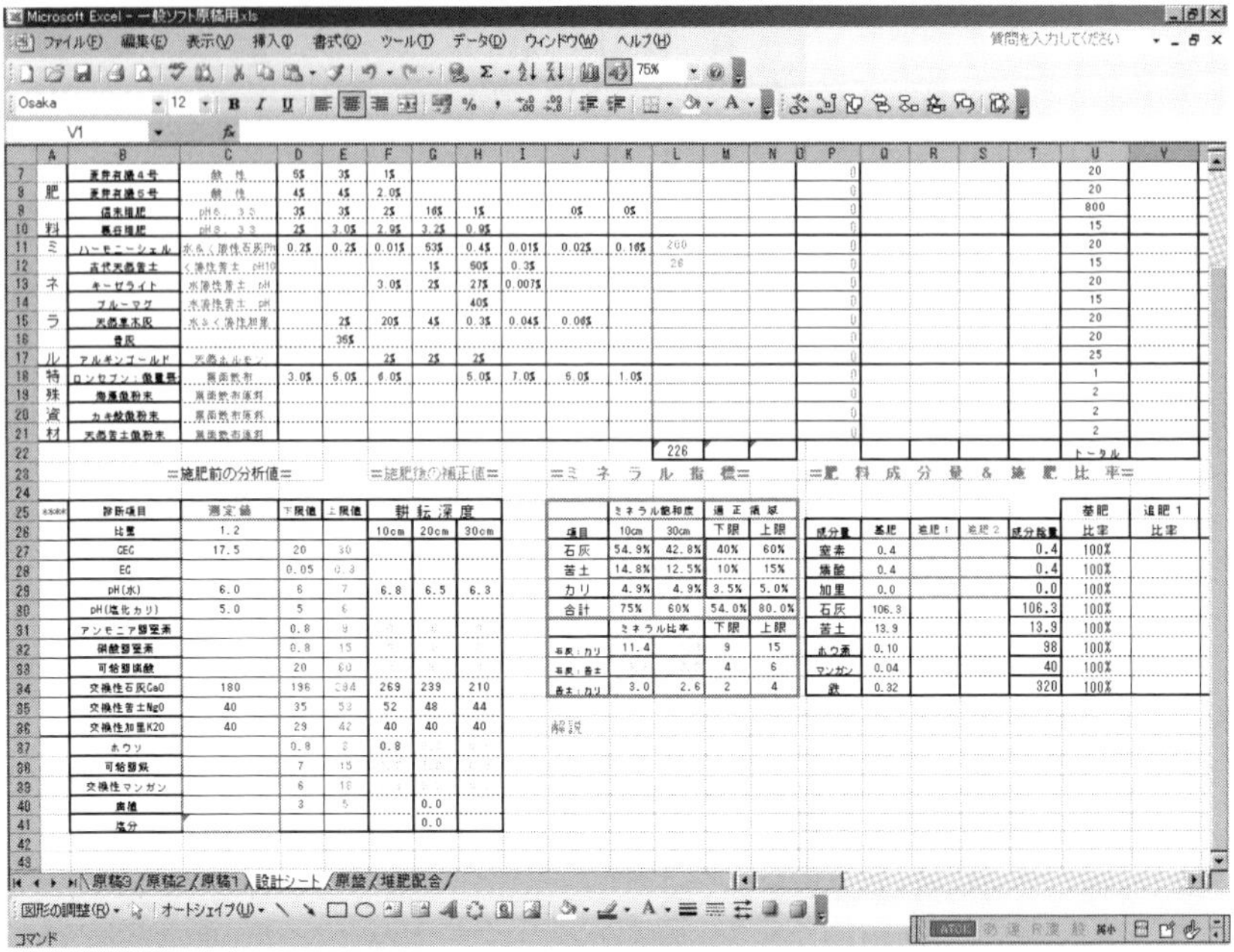

図1　施肥料設計ソフトの画面

そしてもうひとつ注目してほしいのは、数字の色です。測定値の数字はすべて黒字ですが、そのほかの連動して変わる数字は、その数値が適正値の範囲であれば黒字、適正値より低ければ緑の文字、適正値以上であれば赤の文字になるようにしてあります。

＜操作の流れ＞

さて、この「設計シート」の操作の流れをつかんでおきましょう。

まず、「測定値」の各欄に土壌分析のデータ（基本的にはpHと石灰・苦土・カリの分析値がわかればよい）を入力していきます。すると入力された数値に基づいてＣＥＣやpHが計算され、そのＣＥＣに対応した適正な土壌養分量の範囲が、「下限値」「上限値」の欄に表示されます。

私たちは、この「下限値」と「上限値」の間の数値になるように施肥設計をすればよいのです。

ただ、下限値から上限値までは幅があるので、そのなかのどのへんの数値を目安にしたらよいか、迷うところですが、ここは、土のＣＥＣの値によって変えていきます。どのようにするかというと、測定値に連動して表示されたＣＥＣが１０～１５程度と小さい値なら上限値に近い値を目安にします。２０より大きければ、上限値と下限値の中間くらいの値を目安にします。これはＣＥＣが小さいほど保肥力が小さいということなので、施肥量を適正幅いっぱいに多めに設定しないと追肥の回数がふえすぎてしまうからです。施肥量の目安をどのへんにとるかは幅のあるところで、各人の経験や栽培のねらいに応じた値をとればよいのです。

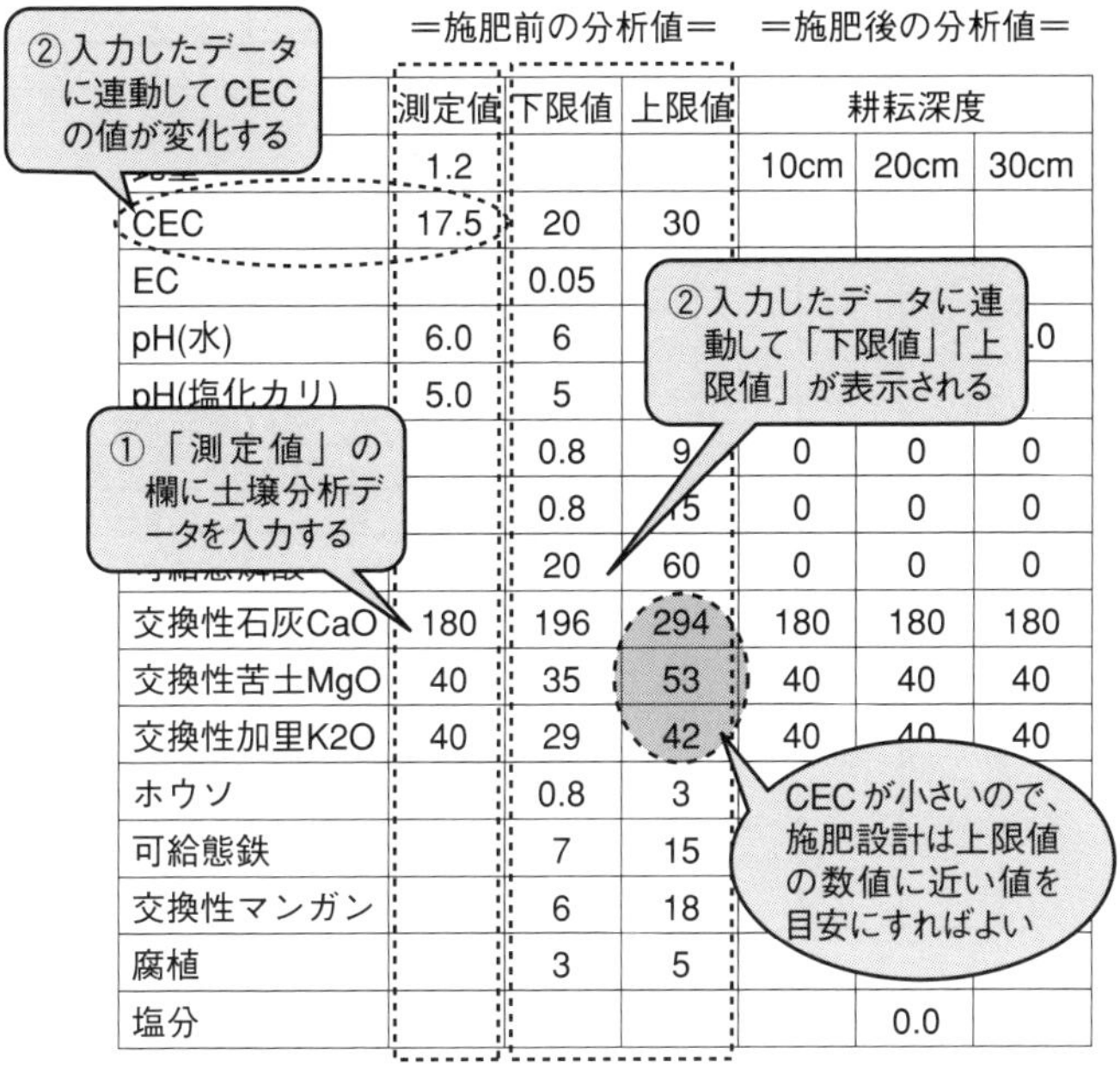

＝施肥前の分析値＝
＝施肥後の分析値＝
②入力したデータに連動してCECの値が変化する
②入力したデータに連動して「下限値」「上限値」が表示される
①「測定値」の欄に土壌分析データを入力する
CECが小さいので、施肥設計は上限値の数値に近い値を目安にすればよい

	測定値	下限値	上限値	耕耘深度		
[illegible]	1.2			10cm	20cm	30cm
CEC	17.5	20	30			
EC		0.05	[illegible]			
pH(水)	6.0	6	[illegible]			[illegible].0
pH(塩化カリ)	5.0	5	[illegible]			
[illegible]		0.8	9	0	0	0
[illegible]		0.8	[illegible]5	0	0	0
[illegible]		20	60	0	0	0
交換性石灰CaO	180	196	294	180	180	180
交換性苦土MgO	40	35	53	40	40	40
交換性加里K2O	40	29	42	40	40	40
ホウソ		0.8	3			
可給態鉄		7	15			
交換性マンガン		6	18			
腐植		3	5			
塩分					0.0	

図２　操作の手順

測定値が上限値よりも大きければ、養分的には過剰ということになりますので、その養分については施用する必要はありません。

＜操作の実際＞

では、実際にこのソフトを使ってみましょう。

①まず、測定値の欄に次のように入力します。比重１・２、pH（水）６・０、交換性石灰１８０、交換性苦土４０、交換性加里４０と打ち込みます。

②すると、ＣＥＣが１７・５となり、交換性石灰の下限値が１９６、上限値が２９４、交換性苦土が３５、５３、交換性加里が２９、４２となります。文字の色は石灰が緑で、苦土とカリは黒になっています。下限値、上限値の幅から見れば、石灰は不足しており、苦土とカリはその範囲内に収まっていることがわかります。これらの数値はすべて一〇ａ当たりの各養分の成分量（kg）を表しています。

ＣＥＣは低い値なので、上限値に近い値を目安に設計することにしましょう。

ということで、石灰はあと１１４、苦土は範囲内に入ってはいますが、上限値から見ると１３少ないので、この分を施肥しましょう。カリは上限値にあと2ということですから、今回は施用しないでも大丈夫でしょう。

以上から、石灰を成分にして１００kg程度、苦土を成分にして１０kg程度施用することにすれば、適正値にほぼ収まることになります（図２）。

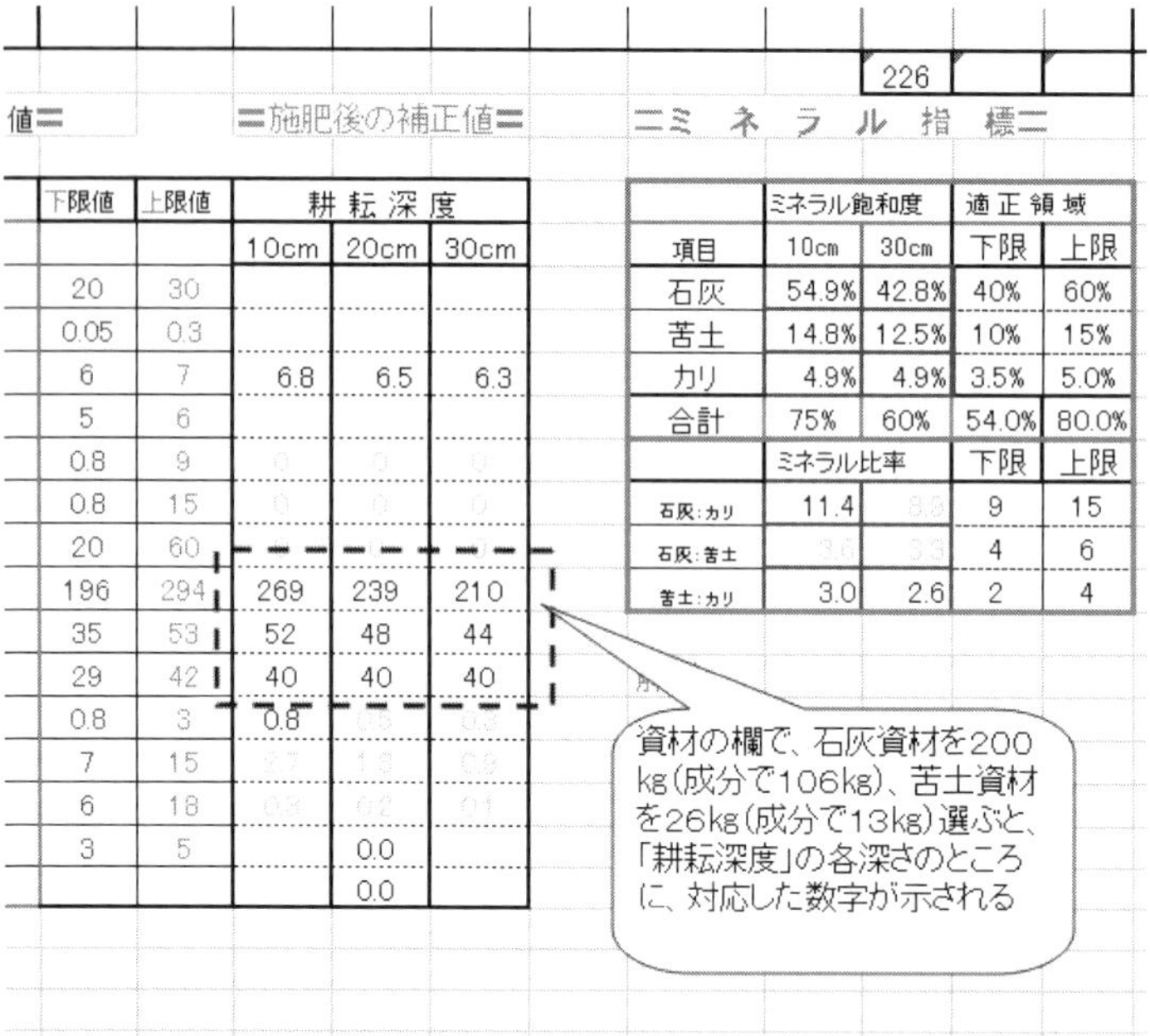

		226		

値＝　＝施肥後の補正値＝　＝ミ　ネ　ラ　ル　指　標＝

下限値	上限値	耕耘深度		
		10cm	20cm	30cm
20	30			
0.05	0.3			
6	7	6.8	6.5	6.3
5	6			
0.8	9	0	0	0
0.8	15	0	0	0
20	60	[illegible]	[illegible]	[illegible]
196	294	269	239	210
35	53	52	48	44
29	42	40	40	40
0.8	3	0.8	[illegible]	[illegible]
7	15	[illegible]	[illegible]	[illegible]
6	18	[illegible]	[illegible]	[illegible]
3	5		0.0	
			0.0	

	ミネラル飽和度		適正領域	
項目	10cm	30cm	下限	上限
石灰	54.9%	42.8%	40%	60%
苦土	14.8%	12.5%	10%	15%
カリ	4.9%	4.9%	3.5%	5.0%
合計	75%	60%	54.0%	80.0%
	ミネラル比率		下限	上限
石灰:カリ	11.4	8.8	9	15
石灰:苦土	3.6	3.3	4	6
苦土:カリ	3.0	2.6	2	4

資材の欄で、石灰資材を200kg(成分で106kg)、苦土資材を26kg(成分で13kg)選ぶと、「耕耘深度」の各深さのところに、対応した数字が示される

図３　「耕耘深度」別に土壌養分量が表示され、根の張り方にあわせた施肥設計ができる

＜根の張り方に応じた施肥設計＞

さて、ここでちょっと肥料の商品名が出ている一覧表を見てください。これで実際にどのように肥料をやるか見てみましょう。実際に施用するときは、もちろんこの肥料でなくてもかまいません。肥料成分を計算して、現物をどのくらいやればいいか、計算してください。

簡単にするために次のようにします。

ここではハーモニーシェルという石灰資材が５３％の石灰（カルシウム）を含んでいますので、これを２００kgやると、成分で石灰を１０６kg施用したことになります。また、古代天然苦土という苦土資材が５０％の苦土（マグネシウム）を含んでいますので、これを２６kgやると、成分で苦土を１３kg施用したことになります（ある石灰資材を成分で１０６kg、苦土資材を成分で１３kg施したことと同じです）。

そこで、これらの数値を商品名の一覧のところに入力して、「耕耘深度」の欄をみてください。すると１０cm、２０cm、３０cmの数値が変わっていることがわかります。これは、資材を入れることで各深さまでに、どの程度のミネラル量があるかをみています。これによって、作物の根の張り方にあわせた施肥設計が立てられるようにしています。たとえば、果菜なら１０cm程度、リンゴなら２０cm程度というように、その深さの数値が下限値と上限値の間の適正幅のどのへんに位置しているかをみながら、施肥設計を立てることができるわけです。

このように、測定値を入力すると、その値に連動して適正な土壌養分量の範囲（下限値から上限値まで）と、変化したＣＥＣが示されます。その土壌養分量の幅のなかからどの値を目安とするかは、ＣＥＣが１５程度より低ければ上限値に近い値を、２０より大きければまん中の値を、それぞれ目安として採用します。そうして、その目安とした土壌養分量から測定値を差し引いたものが、これから施肥すべき肥料養分量ということになります。

Ⅱ堆肥設計ソフトの使い方

〈ねらい〉

堆肥設計ソフトは、堆肥材料として、どんな材料をどのように組み合わせればよいかを算出するためのものです。

堆肥は、いくつかの堆肥材料を組み合わせ、発酵させてつくりますが、どのような原材料をどのくらい組み合わせればよいか迷うことも多いのです。というのも、堆肥の素材、原材料を組み合わせてよい発酵をさせ、良質堆肥にするには、水分とＣ／Ｎ比という二つの数値が適正な範囲に収まっていなければならないからです。ところが、これがなかなかむずかしいのです。

たとえば、水分を適正にするには、おがくずの量を加減することで調整はできます。牛ふんとおがくずを混ぜたのだが、まだ水分が多すぎるから、もう少しおがくずを足してみよう、といった具合です。ところが、そうしておがくずをふやして水分を適正にしても、よい堆肥になるとは限りません。それはＣ／Ｎ比が適正でないからです。おがくずをふやして水分調整したばあいは、おがくずの量が多すぎてＣ／Ｎ比が高くなりすぎるきらいがあります。それではと、牛ふんを多くしてみると、今度は水分が多すぎてべちゃべちゃになってしまい、発酵がうまく進みません。

実際の堆肥製造の場面では、このようなことが多く見られ、そのことが原因でよい堆肥ができなかったり、発酵途中で悪臭が発生してしまう、ということが多々あります。

この堆肥設計ソフトは、堆肥材料を混ぜる前に水分とＣ／Ｎ比を計算して出すことができます。混ぜようとしている堆肥材料では水分が多すぎる、Ｃ／Ｎ比が高すぎるといったことがわかり、ソフトのなかで堆肥の配合割合を変えるとどうなるか、他の材料を加えるとどうなるかということが簡単にパソコン上で仮想体験でき、どんな材料をどのように組み合わせればよいか、知ることができるのです。

なお、このソフトのＣ／Ｎ比は原材料の値であり、仕上がった際の堆肥のＣ／Ｎ比は低くなり、養分は濃縮されて高くなります。

〈特徴〉

この堆肥設計ソフトでは、どんな材料をどう組み合わせればよいかを計算するために、よく使われる素材を一〇〇ほどリストアップして、その水分とＣ／Ｎ比を表示しています。これらの数字を使ってソフトは計算結果を示してくれるわけです（図４）。

堆肥の材料として使いたい素材を原材料の一覧から選び、その

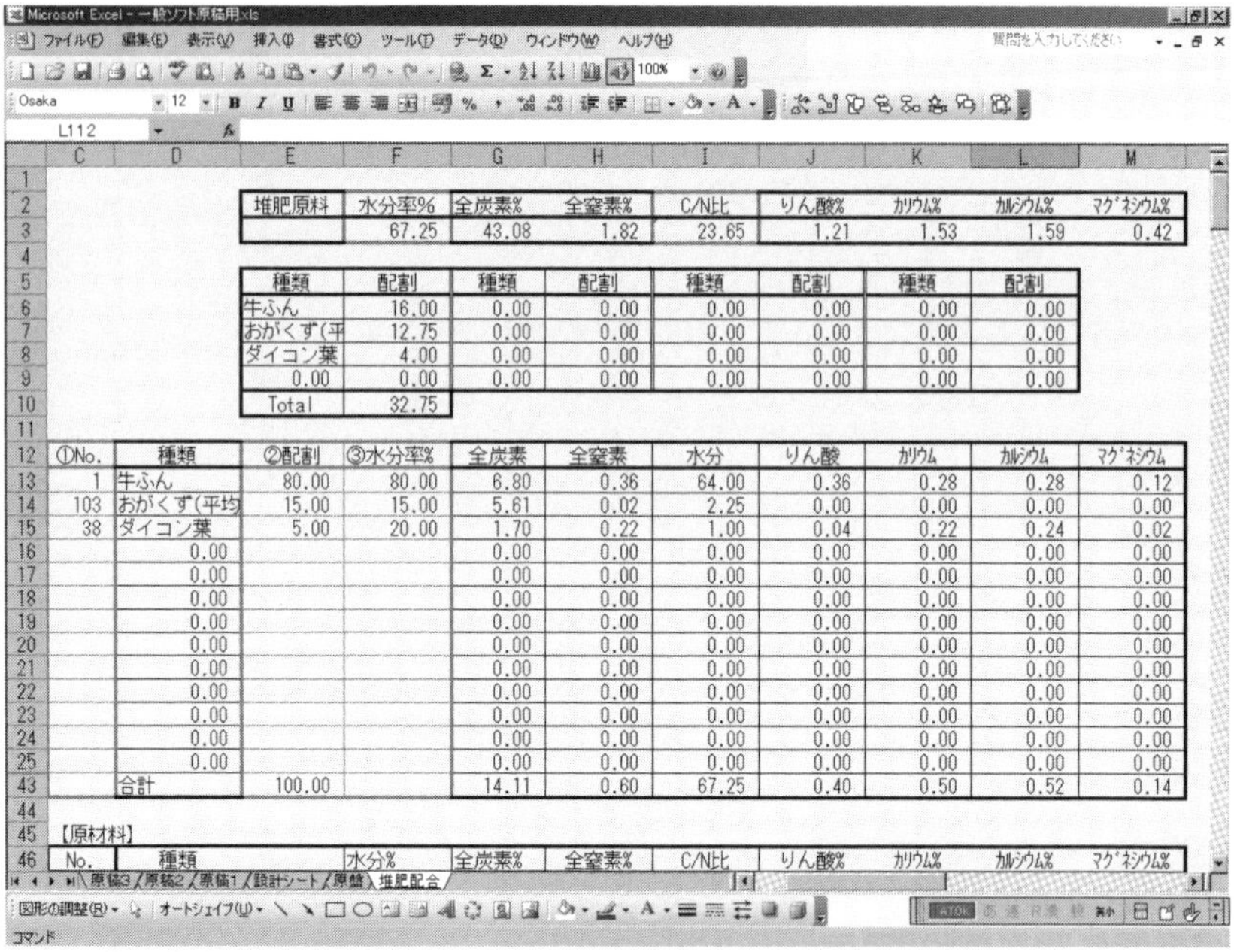

	C	D	E	F	G	H	I	J	K	L	M
1											
2			堆肥原料	水分率%	全炭素%	全窒素%	C/N比	りん酸%	カリウム%	カルシウム%	マグネシウム%
3				67.25	43.08	1.82	23.65	1.21	1.53	1.59	0.42
4											
5			種類	配割	種類	配割	種類	配割	種類	配割	
6			牛ふん	16.00	0.00	0.00	0.00	0.00	0.00	0.00	
7			おがくず(平	12.75	0.00	0.00	0.00	0.00	0.00	0.00	
8			ダイコン葉	4.00	0.00	0.00	0.00	0.00	0.00	0.00	
9			0.00	0.00	0.00	0.00	0.00	0.00	0.00	0.00	
10			Total	32.75							
11											
12	①No.	種類	②配割	③水分率%	全炭素	全窒素	水分	りん酸	カリウム	カルシウム	マグネシウム
13	1	牛ふん	80.00	80.00	6.80	0.36	64.00	0.36	0.28	0.28	0.12
14	103	おがくず(平均	15.00	15.00	5.61	0.02	2.25	0.00	0.00	0.00	0.00
15	38	ダイコン葉	5.00	20.00	1.70	0.22	1.00	0.04	0.22	0.24	0.02
16		0.00			0.00	0.00	0.00	0.00	0.00	0.00	0.00
17		0.00			0.00	0.00	0.00	0.00	0.00	0.00	0.00
18		0.00			0.00	0.00	0.00	0.00	0.00	0.00	0.00
19		0.00			0.00	0.00	0.00	0.00	0.00	0.00	0.00
20		0.00			0.00	0.00	0.00	0.00	0.00	0.00	0.00
21		0.00			0.00	0.00	0.00	0.00	0.00	0.00	0.00
22		0.00			0.00	0.00	0.00	0.00	0.00	0.00	0.00
23		0.00			0.00	0.00	0.00	0.00	0.00	0.00	0.00
24		0.00			0.00	0.00	0.00	0.00	0.00	0.00	0.00
25		0.00			0.00	0.00	0.00	0.00	0.00	0.00	0.00
43		合計	100.00		14.11	0.60	67.25	0.40	0.50	0.52	0.14
44											
45	【原材料】										
46	No.	種類		水分%	全炭素%	全窒素%	C/N比	りん酸%	カリウム%	カルシウム%	マグネシウム%

図４　堆肥設計ソフトの画面

数値を打ち込むことで、その原材料を組み合わせると、堆肥材料の水分率とC／N比が計算されます。その二つの数値を適正範囲内に収まるように、原材料の配合割合を変えたり、それでもなかなか適正範囲内に収まらなければ、他の原材料を加えてどうなるか、ということが簡単に調べられます。そして、最終的にどのような原材料を、どのように配合していけばいいかを知ることができます。

　ただし、このソフトでは、原材料がこれとこれだから、どう配合すればいいかということは一意的に決まりません。適正範囲という幅があるからです。そこで、配合割合や原材料の種類を増やしたりへらして、水分とC／N比が適正範囲に収まるようにするのです。その適正範囲は、本書でも紹介しているとおり、水分で五〇～六〇％程度、C／N比は一八～三〇程度になるようにするわけです。

〈操作の流れ〉

　このソフトの実際の操作方法の流れは次のようです。

　まず、つくろうとしている堆肥の原材料を【原材料】の一覧表から選び、その番号を「①Ｎｏ・」の欄に入れていきます。そして、その原材料をどのくらい使うか、その割合を「②配割」（配合割合の意）の欄に入れます。さらにその材料の水分を「③水分率」の欄に入れていきます。このとき気をつけることは、原材料の割合が合計で一〇〇％になるようにしておくことです。

　すると、一番上の行の「水分率」と「C／N比」の欄（赤い太枠で囲まれています）の数値が、自動的に表示されます。この数

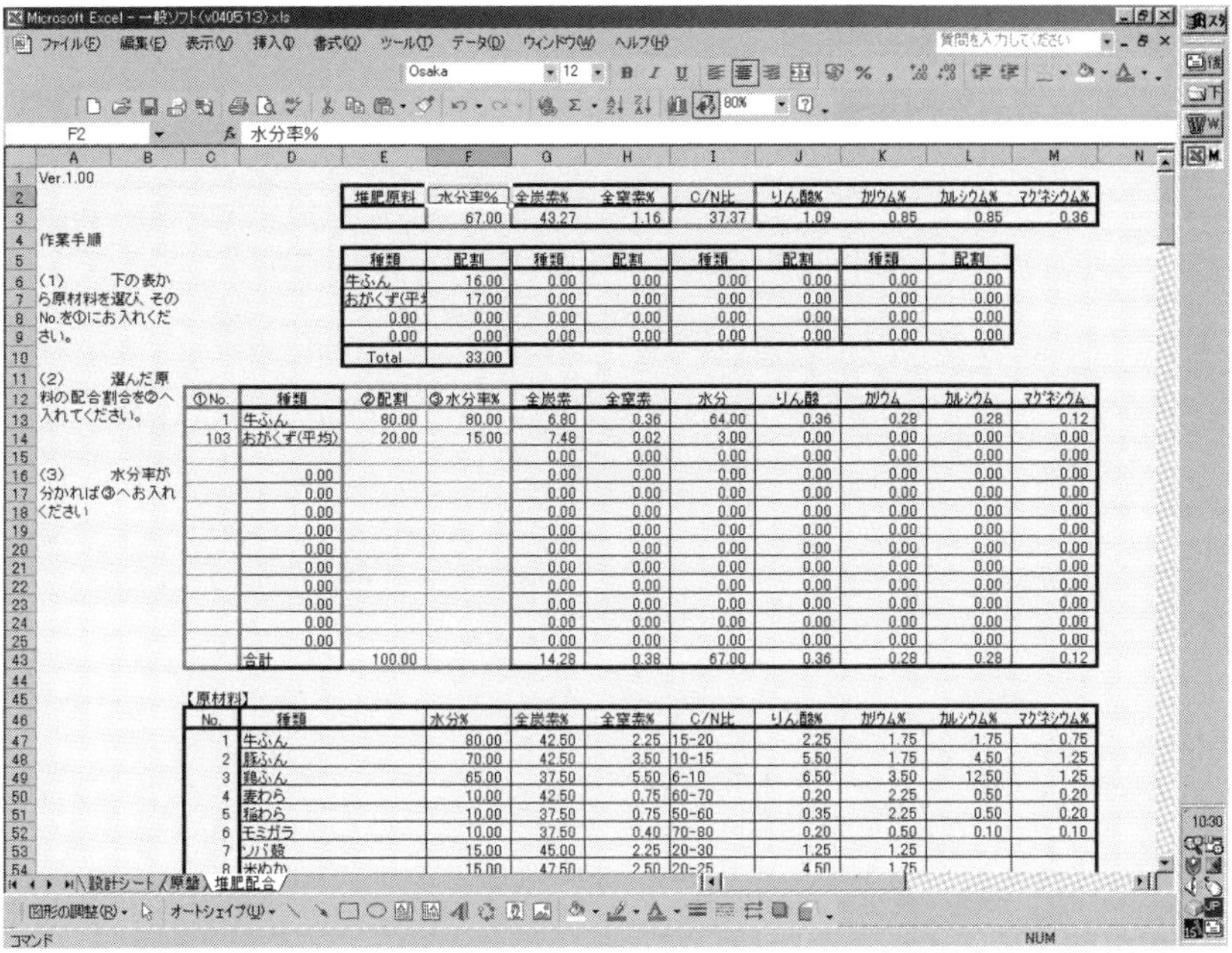

図５　原材料の「No.」を所定の場所に入れていき、トータルの水分量などを検討する

値が選んだ原材料をその配合割合で使ったときの水分率とＣ／Ｎ比です。

この数値が、水分率ではおおよそ、五〇～六〇程度に収まるようにします。エアレーションの設備があれば六五くらいまでは大丈夫でしょう。そしてＣ／Ｎ比は一八から三〇程度になるようにします。ここは試行錯誤です。何回か配合割合を変えながらやっていくと要領がつかめてきます。いろいろ原材料と割合の組み合わせを試してみてください。

〈操作の実際〉

では、ソフトを実際に操作してみましょう。ここでは牛ふんとおがくずを使った堆肥をつくります。原材料の一覧にある牛ふんのＮｏは１、水分は80.00、おがくずのＮｏは１０３、水分は15.00です。

まず「①No.」の欄に、原材料の一覧にある牛ふんのＮｏである「１」といれます。すると自動的に隣の種類の欄に「牛ふん」と表示されます。「③水分率％」の欄に「８０」と入力します。どのくらい牛ふんを混ぜるかということで、「②配割」の欄に「８０」と入力します。

同様に、おがくずの番号である「１０３」を「①No.」の欄に記入します。そして試しに「②配割」の欄に「２０」と記入します。

これで原材料は合計して１００になりました。

するとどうでしょう、一番上の表の赤枠の水分率が６７％、Ｃ／Ｎ比が３７・３７と出ましたね。この数値が、牛ふん８０％とおがくず２０％を混ぜたときの水分率とＣ／Ｎ比ということで

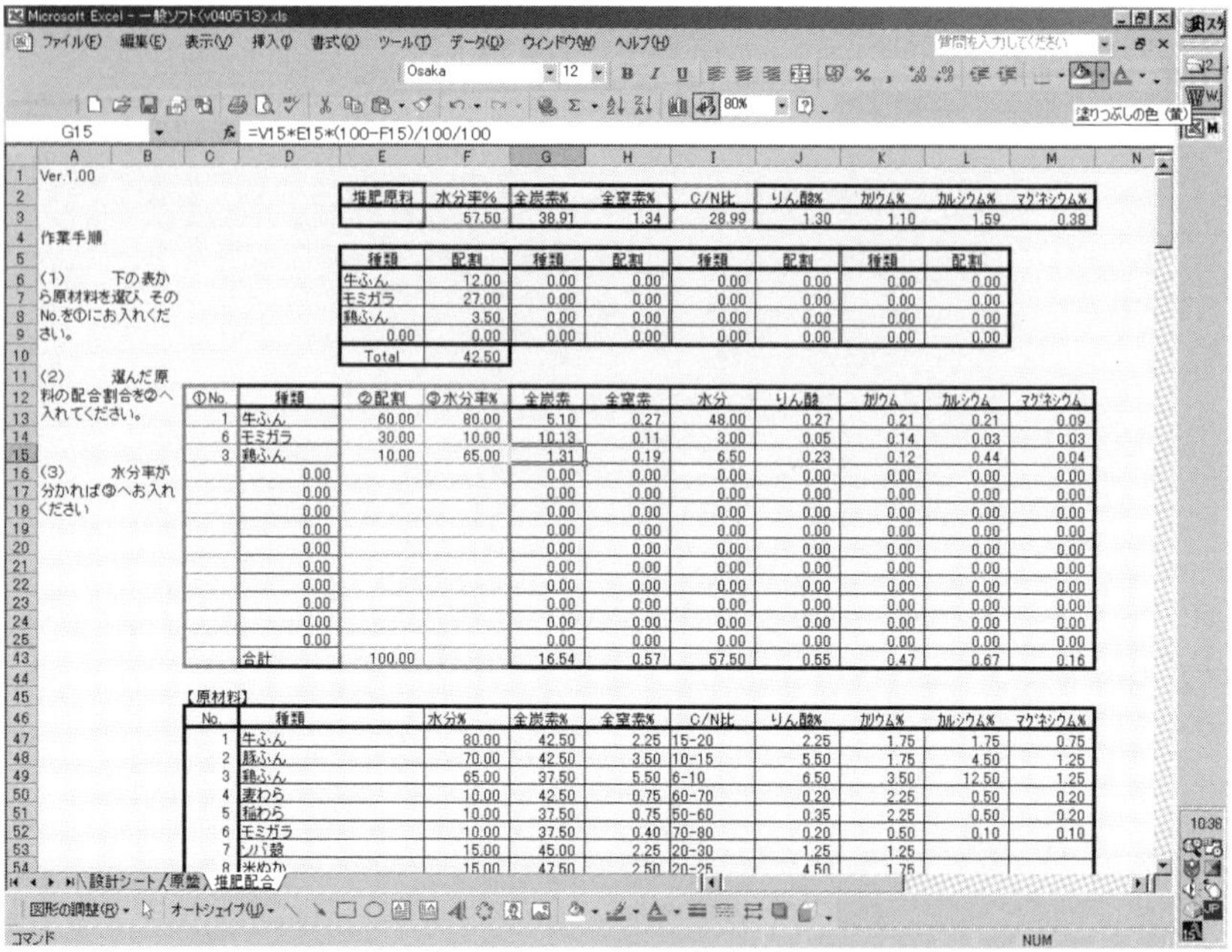

図6　牛ふん60%、モミガラ30%、鶏ふん10%で適当な堆肥の組み合わせが見つかった

す。

これでは水分がまだ多く、C／N比も高いので、もう少し水分の少なくて、C／N比の低いものを混ぜ合わせることにしましょう。

鶏ふんを混ぜてみましょう。

先ほどと同じように入力します。自動的に表示されないときは、個々の欄に数値を打ち込んでください。牛ふんを70、おがくずを20、そして鶏ふんを10としましょう。配合の合計は100です。

すると、水分で65・5%、C／N比で27・84となって、これなら多少水分は多いものの、エアレーションの設備のある堆肥舎ならうまく発酵が進みそうです。この割合であれば、よい堆肥ができあがります。

今度はおがくずでなくモミガラを使った場合はどうなるか見てみましょう。

試しに、牛ふん60%、モミガラ30%、鶏ふん10%でソフトの計算結果を見ると、水分57・50%、C／N比28・99となり、非常によい組み合わせということがわかります（図6）。

このように身近にあるものを堆肥にしようと思ったばあい、このソフトを使えば、容易に配合の割合をつかむことができるわけです。

〈調べておきたい原材料データ〉

このソフトの【原材料】の一覧には、大部分の有機物を網羅してあります。しかし、その水分やC／N比、各種養分の数値については、入手先や材料の種類によって大きくちがってくることも考えられます。

牛ふんや豚ぷん、鶏ふんなど、堆肥の主原料も、調製の仕方で水分は大きくちがってきます。モミガラには水をはじく性質がありますが、入手したモミガラはどうなっているでしょうか。モミガラが十分水分を含まなければ、よい堆肥つくりはできません。破砕モミガラに加工してあれば問題は解決しますが。オガクズについても、製材所の家屋の中にあったものか、野ざらしにされていたものかで水分状態はちがってきます。樹種によるちがいもあります。

このソフトは【原材料】の一覧にある水分やC/N比、そのほかの成分の含有量を元に計算します。そのため、実際に使用する原材料の数値とちがうところも出てきます。しかし、そのようなばあいでも、新しいデータを【原材料】の一覧に入力し直しておくことで、同じように堆肥の配合割合をつかむことができます。

特定の堆肥材料を長く使うのであれば、一度は普及センターや農協などに分析を頼んで、水分とC/N比などのデータを確かめてからこのソフトを使うことをおすすめします。

あとがき

　幼少時、両親のつごうから母方の実家（酪農、果樹、米作、野菜の複合農家）に預けられていた私は、祖父（保温折衷苗代の開発者）や叔父の手伝いを通して、知らず知らずのうちに農業を覚えていった。しかし、跡継ぎではなかったため、農業は好きではあったが、ちがう道を選ばざるを得なかった。

　高校・大学、そしてエンジニアと農とはまったく別の道を歩んだ私は、このままの生き方でいいのだろうかと悩み迷っていた。そんなとき『失われゆく生命』（森下敬一著）という本に出会い、食の重要性を知り食養生を学んでいった。「食養生」とは食べ物でさまざまな病気を治す方法である。しかし、当時の穀物や野菜は効果が出たり出なかったりと安定しなかった。その原因を調べていくと、それは、作物の栽培法にあるということに気付いた。

　農薬漬けの作物は、見かけはきれいでも効果がないどころか逆に病状を悪化させ、取り返しの付かない事態もいくどとなく引き起こした。そうした経験から人間が本当に健康になるには、病気のない健康な作物をとらなければならないと思い、食養生をきわめるよりも農業をきわめるほうが本道と思い、今に至っている。

　われわれの時代は地球温暖化によりさまざまな危機に直面している。これらはすべてわれわれ人間が引き起こしたことであり、また人間の叡智でしか直せないことでもある。過去何万年かの植物の炭素（石油、石炭など）を二酸化炭素として放出したことが温暖化の原因であることは疑う余地もないが、温暖化は植物の生長を速め、二酸化炭素を植物に吸収させようとする地球の自衛手段でもあるのだ。

　すべての生命の源である植物を理解すれば、現在おこっているさまざまな事態も、時間はかかるものの、必ず解決できると考えている。緑がふえ、そこから放出される豊富で新鮮な酸素が満ちあふれ、豊かな実りがもたらされれば誰も争うことはない。またわれわれが本来もっている健康も取り戻せると考えている。この本はそんな私の思いを有機栽培の技術としてかたちにしたものである。

実用書の「あとがき」としては個人的な思いを書きつづっただけになってしまったが、これを読んだ読者の皆さんには技術だけではない著者の思いがあることを理解していただきたい。

またこの本の内容はけっして私一人の力でできなかった。『パーマカルチャー』の著者のビル・モリスン氏。MOA自然農法の先生方。微生物農法を教授いただいた琉球大学の比嘉照夫教授。土壌昆虫を教えていただいた中村好夫先生。日本に帰国後、㈱ジャパンバイオファームを開くサポートをしていただいた現㈲風浜名の高田幸雄社長とご家族。私のアミノ酸理論を支えてくれた肥料メーカーの稗田正昭氏。そして日本の葉緑素を支えているといっても過言でない中国の肥料メーカーの金江波社長と関係者の皆様。「小祝塾」を立ち上げ、新しい論理的な有機の構築を支えてくれたらでぃっしゅぼーや㈱の横山徹氏とラディックスの会の皆様。そして現在もともに多くを学び合っている全国の生産者の皆様の叡智と技術のお陰でこの本が完成したことをお知らせいたします。

またこの本の出版に並々ならぬ協力をいただいた農文協編集部と柑風庵編集耕房の本田耕士氏。とくに氏には言葉には尽くせないサポートをいただき、感謝の言葉すら見つかりません。

この場を借りて皆様に心の底からお礼を申し上げるとともに、今後益々この有機農業の世界を確実にしていくためにご協力をお願いする次第です。

二〇〇五年三月

著者

小祝政明（こいわい　まさあき）

1959年、茨城県生まれ。大学の外国語学部と、さらに農業関係の大学で学んで現場に。その後オーストラリアで有機農業の研究所に勤務して、帰国。

現在は、有機肥料の販売、コンサルティングの㈱ジャパンバイオファーム（長野県伊那市）代表を務めながら、経験やカンに頼るだけでなく客観的なデータを駆使した有機農業の実際を指導している。

有機栽培の基礎と実際

肥効のメカニズムと施肥設計

2005年３月31日　第１刷発行
2024年11月15日　第18刷発行

著者　小祝政明

発行所　一般社団法人 農山漁村文化協会
郵便番号　335-0022　埼玉県戸田市上戸田2−2−2
電　話　048(233)9351(営業)　048(233)9355(編集)
F A X　048(299)2812　振替　00120-3-144478
U R L　https://www.ruralnet.or.jp/

ISBN978-4-540-03197-7
〈検印廃止〉

Printed in Japan
乱丁・落丁本はお取りかえいたします。

DTP制作／ニシ工芸(株)
印刷・製本／(株)光陽メディア
定価はカバーに表示